华东交通大学教材（专著）基金资助项目
高等学校电气工程及其自动化规划教材

U0169450

电力电子技术基础

主编　胡文华　袁义生　叶满园

参编　杨丰萍

西南交通大学出版社
·成　都·

内容简介

本书主要讲述电力电子技术的基本理论和基础知识，主要内容包括电力电子技术绪论、电力电子器件、交流-直流变流电路、直流-交流变流电路、直流-直流变流电路、交流-交流变流电路、开关电源等内容。

本书布局合理、层次清晰、删繁就简、重点突出、难点讲透，便于自学。每章配有例题、小结并附有足够数量的习题及思考题。

本书可作为普通高等学校和成人教育电气工程及其自动化、自动化等强电类专业"电力电子技术""开关电源"等课程的教材或参考书，也可供有关工程技术人员学习参考。

图书在版编目（CIP）数据

电力电子技术基础 / 胡文华，袁义生，叶满园主编
. 一成都：西南交通大学出版社，2020.4（2024.1 重印）
高等学校电气工程及其自动化规划教材
ISBN 978-7-5643-7365-8

Ⅰ. ①电… Ⅱ. ①胡… ②袁… ③叶… Ⅲ. ①电力电
子技术 – 高等学校 – 教材 Ⅳ. ①TM1

中国版本图书馆 CIP 数据核字（2020）第 067528 号

高等学校电气工程及其自动化规划教材
Dianli Dianzi Jishu Jichu
电力电子技术基础

主编 胡文华 袁义生 叶满园

责任编辑 张文越
封面设计 曹天擎

出版发行 西南交通大学出版社
（四川省成都市金牛区二环路北一段 111 号
西南交通大学创新大厦 21 楼）
邮政编码 610031
发行部电话 028-87600564 028-87600533
网址 http://www.xnjdcbs.com
印刷 四川森林印务有限责任公司

成品尺寸 185 mm × 260 mm
印张 16.25
字数 403 千
版次 2020 年 4 月第 1 版
印次 2024 年 1 月第 3 次
书号 ISBN 978-7-5643-7365-8
定价 39.80 元

课件咨询电话：028-81435775

图书如有印装质量问题 本社负责退换
版权所有 盗版必究 举报电话：028-87600562

前 言

"电力电子技术"是电气工程及其自动化、自动化等强电类专业重要的专业基础课程。该课程的特点是：理论性强，概念多，与工程实际联系密切。其教学目标是：通过本课程的学习使学生获得电力电子技术系统的基本理论知识、基本分析方法、基本实验技能。这些基本内容和分析方法对分析其他电气设备也有普遍指导意义，因此，"电力电子技术"是强电类各专业的理论基础。本书正是以此为指导，全面阐述了电力电子技术系统的基本理论、基础知识。

本书内容共分 7 章。第 1 章是电力电子技术绪论部分，主要介绍了什么是电力电子技术、电力电子技术的发展历史和电力电子技术的应用领域；第 2 章阐述了电力电子器件的原理及其工作特性；第 3 章阐述了交流-直流变流电路，包括晶闸管整流电路、二极管整流电路和全控型器件的 PWM 整流电路；第 4 章阐述了直流-交流变流电路，包括单相电压型逆变器及其调制、三相电压型逆变器及其调制、多电平逆变器、高压大容量逆变器复合结构、电流型逆变器及其调制等；第 5 章阐述了直流-直流变流电路，即降压斩波电路、升压斩波电路、升降压斩波电路、Cúk 斩波电路、Sepic 斩波电路和 Zeta 斩波电路，复合斩波电路和多相多重斩波电路；第 6 章阐述了交流调压电路、交流调功电路、交流电力电子开关及交交变频电路；第 7 章阐述了反激变换电路、正激变换电路、推挽变换电路、全桥和半桥隔离式降压变换器、带隔离的 Sepic 和 Cúk 变换器、Boost 派生隔离变换器和软开关技术等。

本书的特点是：将电力电子技术的基本原理与开关电源两部分内容有机地结合为一个整体。以电力电子技术中应用最为广泛的四类基本变流电路为重点，侧重于基本原理和基本概念的阐述，并始终强调基本理论的实际应用。本书文字阐述方面层次清楚、概念准确、通俗易懂、深入浅出；内容阐述方面循序渐进、删繁就简、重点突出、难点讲透，便于自学。每章开篇结合专业特点用楔子引入，每章结尾用小结高度概括本章的重点内容，便于复习巩固，同时针对各章节的重点和难点，精心编写了例题和习题，题目具有典型性、启发性和实用性，能很好地引导学生掌握本课程的主要理论，培养学生解决工程实际问题的能力。

本书可作为普通高等学校和成人高等学校电气工程及其自动化、自动化等强电类专业"电力电子技术"等课程的教材或参考书，也可供有关工程技术人员参考使用。

本书由胡文华、袁义生、叶满园主编，杨丰萍参编。参加编写工作的还有：宋平岗、徐晓玲、许莹莹等老师。

在本书的编写过程中，编者参考了不少电力电子技术学界前辈的著作和兄弟院校的教材，在此谨对他们致以衷心的感谢。本书的出版还得到了华东交通大学教材出版基金的资助，在此深表谢意。本书的编写也得到研究生的支持，他们是章超凡、谭光辉、孟新宇等。在此，一并表示感谢。

由于编者水平有限，加之编写时间比较仓促，书中难免会有疏漏之处，恳请广大读者批评指正。

编 者

2019 年 11 月

电力电子技术符号说明

A——安培；安培表；晶闸管阳极

α——调制度

a，b，c——三相电源

b——晶体管基极

BU_{cbo}——晶体管发射极开路时集电极和基极间反向击穿电压

BU_{ceo}——晶体管基极开路时集电极和发射极间击穿电压

BU_{cer}——晶体管发射极和基极间接电阻时集电极和发射极间击穿电压

BU_{ces}——晶体管发射极和基极短路时集电极和发射极间击穿电压

BU_{cex}——晶体管发射结反向偏置时集电极和发射极间击穿电压

C——电容器；电容量

C——IGBT 集电极

c——晶体管集电极

C_{in}——MOSFET 输入电容

C_{iss}——MOSFET 源漏短路时的输入电容

C_{oss}——MOSFET 共源极输出电容

C_{rss}——MOSFET 反向转移电容

D——MOSFET 漏极

D——畸变功率；导通占空比

di/dt——晶闸管通态电流临界上升率

du/dt——晶闸管断态电压临界上升率

E——IGBT 发射极

E——直流电源电动势

e——晶闸管发射极

e_L——电感的自感电动势

E_M——电动机反电动势

F——电容量的单位（法）

f——频率

G——发电机；MOSFET 栅极；晶闸管门极；GTO 门极；IGBT 栅极

G_{fs}——MOSFET 跨导

h_{FE}——晶闸管直流电流增益

HRI_n——n 次谐波电流含有率

I——整流后负载电流的有效值

I_1——变压器一次侧相电流有效值

i_1——变压器一次侧相电流瞬时值

I_2——变压器二次侧相电流有效值

i_2——变压器二次侧相电流瞬时值

I_{ATO}——GTO 最大可关断阳极电流

i_b——晶体管基极电流

i_e——晶体管集电极电流

I_c——IGBT 集电极电流

I_{ceo}——晶体管集电极与发射极间漏电流

I_{cM}——晶体管集电极最大允许电流

I_{cs}——晶体管集电极饱和电流

I_{VD}——流过整流管的电流有效值

I_D——MOSFET 漏极直流电流

I_d——整流电路的直流输出电流平均值

i_{VD}——流过整流管的电流瞬时值

i_d——整流电路的直流输出电流平均值

I_{dVD}——流过整流管的平均电流

I_{DM}——MOSFET 漏极电流幅值

I_{DR}——流过续流二极管的电流有效值

i_{DR}——流过续流二极管的电流瞬时值

I_{dVT}——流过晶闸管的平均电流

i_e——晶体管发射极电流

$I_{F（AV）}$——电力二极管的正向平均电流

I_{FSM}——电力二极管的浪涌电流

I_G——晶闸管、GTO 的门极电流

I_H——晶闸管的维持电流

I_L——晶闸管的擎住电流

I'_n——变压器一次侧线电流中的 n 次谐波有效值

i_o——输出电流；负载电流

I_o——负载电流有效值

i_P——两组整流桥之间的环流（平衡电流）

I_R——整流后输出电流中谐波电流有效值

I_{VT}——流过晶闸管的电流有效值

i_{VT}——流过晶闸管的电流瞬时值

$I_{VT（AV）}$——晶闸管的通态平均电流

I_{VTSM}——晶闸管的浪涌电流

$i*$——指令电流

K——晶闸管的阴极

K——常数

L——电感；电感量；电抗器符号

L_B——从二次侧计算时变压器漏感

L_P——平衡电抗器

M——电动机

M——变压比；调制比

m——相数；一个周期的脉波数

m_a——幅值调制比

m_f——频率调制比

n——电动机转速

n_N——电动机额定转速

N——线圈匝数；载波比

N——负（组）；三相电源中点

P——有功功率、功率

P——正（组）

p——极对数

P_{CM}——IGBT 集电极最大耗散功率

P_{cM}——晶体管集电极最大耗散功率

P_d——整流电路输出直流功率

P_G——直流发电机功率

P_M——直流电动机反电动势功率

P_R——电阻上消耗的功率

P_{SB}——晶闸管二次击穿功率

Q——无功功率

R——电阻器；电阻

R_B——从变压器二次侧计算的变压器等效电阻

R_M——直流电动机电枢电阻

S——视在功率

S——MOSFET 源极；功率开关器件

s——秒

S_r——电力二极管的恢复时间

t——时间

t_d——晶体管、GTO 开通时的延迟时间；电力二极管关断延迟时间

$t_{d(on)}$——MOSFET、IGBT 开通时的延迟时间

$t_{d(off)}$——MOSFET、IGBT 关断时的延迟时间

t_f——电力半导体关断时的下降时间

t_{fi}——MOSFET、IGBT 等器件关断时的电流下降时间

t_{fv}——MOSFET、IGBT 等器件开通时的电压下降时间

t_{gr}——晶闸管正向阻断恢复时间

t_{gt}——晶闸管的开通时间

THD_i——电流谐波总畸变率

T_{JM}——电力二极管、晶体管的最高工作结温

t_{off}——晶体管、GTO、MOSFET、IGBT 的关断时间

t_{on}——晶体管、GTO、MOSFET、IGBT 的开通时间

t_q——晶闸管的关断时间

t_r——电力半导体器件开通时的上升时间

t_{ri}——MOSFET、IGBT 等器件开通时的电流上升时间

t_{rv}——MOSFET、IGBT 等器件关断时的电压上升时间

t_{rr}——电力二极管反向恢复时间；晶闸管反向阻断恢复时间

t_s——晶体管、GTO 关断时的存储时间

t_t——GTO 关断时的尾部时间

t_δ——并联谐振逆变电路触发引前时间

U、V、W——逆变器输出端

U——整流电路负载电压有效值

U_1——变压器一次侧相电压有效值

u_1——变压器一次侧相电压瞬时值

U_{1L}——变压器一次侧线电压有效值

U_2——变压器二次侧相电压有效值

U_{2L}——变压器二次侧线电压有效值

u_c——载波电压

U_{ces}——晶体管饱和时集电极和发射极间的管压降

U_{CES}——IGBT 最大集射极间电压

u_{co}——控制电压

U_d——整流电路输出电压平均值；逆变电路的直流侧电压

u_{VD}——整流管两端电压瞬时值

u_d——整流电路输出电压瞬时值

u_{DR}——续流二极管两端电压瞬时值

U_{DRM}——晶闸管的断态重复峰值电压

U_{DS}——MOSFET 漏极与源极间电压

$U_{d\alpha}$——延迟角为 α 时整流电压平均值

$U_{d\beta}$——延迟角为 β 时整流电压平均值

U_F——电力二极管的正向电压

U_{FP}——电力二极管的正向电压过冲

u_g——晶闸管门极电压瞬时值

u_{GE}——IGBT 栅极与发射极间电压

$u_{GE(th)}$——IGBT 开启电压

U_{GS}——MOSFET 栅极与源极间电压

U_i——斩波电路输入电压

u_k——整流变压器的阻抗电压

u_L——电抗器两端电压瞬时值

U_n——整流电路输出电压中的 n 次谐波有效值

U_{nm}——整流电路输出电压中的 n 次谐波电压最大值

U_o——斩波电路输出电压

u_o——负载电压

u_r——信号波电压

u_P——峰值电压

U_R——整流电路输出电压中谐波电压有效值

U_{RP}——电力二极管的反向电压过冲

U_{RRM}——电力二极管、晶闸管的反向重复峰值电压

u_s——同步电压

U_T——MOSFET 的开启电压

U_{TO}——电力二极管的门槛电压

U_{TM}——晶闸管通态（峰值）电压

U_{UN}——逆变电路负载 U 相相电压有效值

U_{UV}——逆变电路负载 U 相与 V 相间线电压有效值

V——晶体管；IGBT；电力 MOSFET

VD——整流管

VD_R——续流二极管

VS——硅稳压管

VT——晶闸管；GTO

X——电抗器的电抗值

X_B——从二次侧计算时的变压器漏抗

5

X_P——平衡电抗器的电抗

Z——复数阻抗
Z_1——基波阻抗
Z_n——n 次谐波的阻抗

α——晶闸管的触发延迟角；晶体管共基极电流放大系数；用于斩波电路表示器件导通占空比；导通比

β——晶闸管的逆变控制角；晶体管电流放大系数

β_{min}——最小逆变角

β_{off}——GTO 电流关断增益

δ——晶闸管的停止导电角；并联谐振逆变电路触发引前角；波形畸变率

γ——换相重叠角；纹波因数；输出电压比

θ——晶闸管的导通角

φ——位移因数；相位滞后角；负载阻抗角

ω——角频率

ω_c——载波角频率

ω_r——信号波角频率

ν——基波因数

λ——功率因数

Φ——磁通

σ——三角化率

目　录

第 1 章

绪　论

　　电力电子技术初学者一开始会有这样的疑问：什么是电力电子技术？它的发展经历了哪些阶段？主要的应用领域有哪些？对这些问题的初步讲解将使读者对电力电子技术有一个大致的了解。

1.1　电力电子技术的产生

　　自 20 世纪 50 年代末第一只晶闸管问世以来，电力电子技术开始登上现代电气控制技术的舞台，标志着电力电子技术的诞生。究竟什么是电力电子技术呢？美国电气与电子工程师协会（IEEE）下设的电力电子学会对电力电子技术的阐述是：电力电子技术是有效地使用电力半导体器件，应用电路设计理论以及分析开发工具，实现对电能高效能变换和控制的一门技术。对电能的高效能变换和控制包括对电压、电流、频率或波形等方面的变换。

　　电力电子技术也叫功率电子技术。顾名思义，电力电子技术就是应用于电力领域的电子技术。电子技术包括信息电子技术和电力电子技术两大分支。通常所说的模拟电子技术和数字电子技术都属于信息电子技术。电力电子技术中所变换的"电力"与"电力系统"所指的"电力"是有一定差别的。两者都指"电能"，但后者更具体，特指电力网的"电力"，前者则范围更广些。具体地说，电力电子技术就是使用电力电子器件对电能进行变换和控制的技术。目前所用的电力电子器件均由半导体制成，故也称功率半导体器件。电力电子技术所变换的"电力"功率可以大到数百兆瓦甚至吉瓦，也可以小到数瓦甚至是毫瓦。信息电子技术主要用于信息处理，而电力电子技术主要用于电力变换，这是两者的本质区别。

　　通常所用的电力有交流和直流两种。从公用电网直接得到的电力是交流，从蓄电池得到的电力是直流。从这些电源得到的电力往往不能直接满足要求，需要进行电力变换。如图 1-1 所示，电力变换通常可分为四大类，即交流变直流（AC-DC）、直流变交流（DC-AC）、直流变直流（DC-DC）和交流变交流（AC-AC）。进行上述电力变换的技术称为变流技术。

　　通常把电力电子技术分为电力电子器件制造技术和变流技术两个分支。变流技术也称为电力电子器件的应用技术，它包括由电力电子器件构成的各种电力变换电路和对这些电路进行控制的技术，以及由这些电路构成功率电子装置和功率电子系统的技术。"变流"不只指交直流之间的变换，也包括上述的直流变直流和交流变交流的变换。其系统框图如图 1-2 所示。

输出 ＼ 输入	交流（Alternating Current）	直流（Direct Current）
直流（Direct Current）	整流	直流斩波
交流（Alternating Current）	交流电力控制、变频、变相	逆变

图 1-1　电力变换的种类

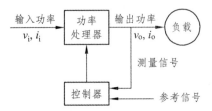

图 1-2　功率电子变换系统框图

　　如果没有晶闸管、电力场效应管、IGBT 等电力电子器件，也就没有电力电子技术，而电力电子技术主要用于电力变换。因此可以认为，电力电子器件的制造技术是电力电子技术的基础，而变流技术则是电力电子技术的核心。电力电子器件制造技术的理论基础是半导体物理，而变流技术的理论基础是电路理论。

　　电力电子学这一名称是在 20 世纪 60 年代出现的。1974 年，美国学者 W. Newell 用图 1-3 的倒三角形对电力电子学进行了描述，认为电力电子学是由电力学、电子学和控制理论三个学科交叉而形成的。这一观点被全世界普遍接受。

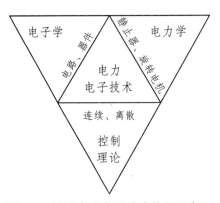

图 1-3　描述电力电子技术的倒三角形

　　"电力电子学"和"电力电子技术"是分别从学术和工程技术两个不同的角度来称呼的，其实际内容没有很大的不同。

　　电力电子技术和电子学的关系是显而易见的（见图 1-3）。信息电子学可分为电子器件和电子电路两大分支，这分别与电力电子器件和电力电子电路相对应。电力电子器件的制造技术和用于信息处理的电子器件制造技术的理论基础（都是基于半导体理论）是一样的，其大多数工艺也是相同的。特别是现代电力电子器件的制造大都使用集成电路制造工艺，采用微电子制造技术，许多设备都和微电子器件制造设备通用，这说明二者同根同源。电力电子电路和电子电路的许多分析方法也是一样的，只是二者应用目的不同。前者用于电力变换和控制，后者用于信息处理。在信息电子技术中，电子器件既可工作于放大状态，也可工作于开关状态；而在电力电子技术中，为避免功率损耗过大，电力电子器件总是工作于开关状态，这成为电力电子技术区别于信息电子技术的一个重要特征。

电力电子技术广泛应用于电气工程中，这就是电力电子技术与电力学（电气工程）的主要关系。电力电子装置广泛应用于高压直流输电、静止无功补偿、电力机车牵引、交直流电力传动、电解、励磁、感应加热、开关电源等之中。因此，无论是在国内还是国外，通常把电力电子技术归属于电气工程学科。电力电子技术是电气工程学科中最活跃的分支。电力电子技术的不断进步给电气工程的现代化以巨大的推动力，是电气工程这一相对古老学科保持活力的重要源泉。

控制理论广泛用于电力电子技术中，它使功率电子装置和系统的性能不断提高，满足人们日益增长的生活水平的需求。电力电子技术可以看成是弱电控制强电的技术，是弱电和强电之间的接口。而控制理论是实现这种接口的一条强有力的纽带。

另外，控制理论是自动化技术的理论基础，二者密不可分，而功率电子装置则是自动化技术的基础元件和重要支撑技术。

电力电子技术是 20 世纪后半叶诞生和发展的一门崭新的技术。可以预见，在 21 世纪，电力电子技术仍将迅猛发展。以计算机为核心的信息科学将是 21 世纪起主导作用的科学技术之一，这是毫无疑问的。有人预言，电力电子技术和运动控制一起，将与计算机技术共同成为未来科学技术的两大支柱。通常把计算机的作用比作人的大脑，那么，可以把电力电子技术比作人的消化系统和循环系统。消化系统对能量进行转换（把电网等电源提供的"粗电"变成适合人们使用的"精电"），再由以心脏为中心的循环系统把转换后的能量传送到大脑和全身（基于电力电子技术的高压直流输电技术和柔性交流输电技术）。电力电子技术连同运动控制一起，还可比作人的肌肉和四肢，使人能够运动和从事劳动。只有聪明的大脑，没有灵巧的四肢甚至不能运动的人是难以从事工作的。可见，电力电子技术在 21 世纪中将会起着十分重要的作用。

1.2　电力电子技术的发展

电力电子技术的发展包括电力电子器件的发展和电力电子变流电路的发展两个部分。这两个部分的发展是相辅相成、密不可分的。

电力电子技术起始于 20 世纪五十年代末六十年代初的硅整流器件，其发展先后经历了整流器时代、逆变器时代和变频器时代，并促进了电力电子技术在许多新领域的应用。20世纪 80 年代末期和 90 年代初期发展起来的，以功率 MOSFET 和 IGBT 为代表的，集高频、高压和大电流于一身的功率半导体复合器件，表明传统电力电子技术已经进入现代电力电子时代。

电力电子器件的发展对电力电子技术的发展起着决定性的作用，因此，电力电子技术的发展史是以电力电子器件的发展史为纲的。图 1-4 给出了电力电子器件的发展史。

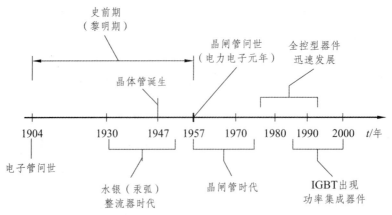

图 1-4　电力电子器件发展史

一般认为,电力电子技术的诞生是以 1957 年美国通用电气公司研制出第一只晶闸管为标志的。但在晶闸管出现以前,用于电力变换的电子技术就已经存在了。晶闸管出现前的时期可称为电力电子技术的史前期或黎明期。

1904 年出现了电子管,它能在真空中对电子流进行控制,并应用于无线电和通信,从而开启了电子技术应用于电力领域的先河。后来出现了水银整流器,它把水银密封于管内,利用对其蒸气的电弧可对大电流进行控制,其性能与晶闸管已经非常相似。当然,水银整流器所用的水银对人体有害,另外,水银整流器的电压降落也很大,很不理想。20 世纪 30 年代—50 年代,是水银整流器发展迅速并大量应用的时期。在这一时期,水银整流器广泛应用于电化学工业、电气铁道直流变电所以及轧钢用直流电动机的传动,甚至用于直流输电。这一时期,各种整流电路、逆变电路、周波变流电路的理论已经发展成熟并广为应用。在晶闸管出现以后的相当长一段时期内,所使用的电路依然是这些形式。

在这一时期,把交流变为直流的方法除水银整流器外,还有发展更早的电动机-直流发电机组,即变流机组。和旋转变流机组相对应,静止变流器的称呼从水银整流器开始而沿用至今。

1947 年,美国著名的贝尔实验室发明了晶体管,引发了电子技术的一场革命。最先用于电力领域的半导体器件是硅二极管。晶闸管出现后,由于其优越的电气性能和控制性能,使之很快就取代了水银整流器和旋转变流机组,并且其应用范围迅速扩大。电化学工业、铁道电气机车、钢铁工业(轧钢用电气传动、感应加热等)、电力工业(直流输电、无功补偿等)的迅速发展也给晶闸管的发展提供了用武之地。电力电子技术的概念和基础就是由于晶闸管及晶闸管变流技术的发展而确立的。

晶闸管是通过对门极的控制能够使其导通而不能使其关断的器件,属于半控型器件。对晶闸管电路的控制方式主要是相位控制方式,简称相控方式。晶闸管的关断通常依靠电网电压等外部条件来实现。这就使得晶闸管的应用受到了很多的局限。

20 世纪 70 年代后期,以门极可关断晶闸管(GTO)、电力双极性晶体管和电力场效应晶体管(Power MOSFET)为代表的全控型器件迅速发展。这些器件都属于全控型器件。全控型器件的特点是,通过对门极(基极、栅极)的控制既可使其导通又可使其关断。此外,这些器件的开关速度普遍高于晶闸管,可用于开关频率较高的电路。这些优越的特性使电力电子技术的面貌焕然一新,把电力电子技术推进到一个新的发展阶段。

与晶闸管电路的相位控制方式相对应，采用全控型器件的电路的主要控制方式为脉冲宽度调制（Pulse Width Modulation，PWM）方式。相对于相位控制方式，可称之为斩波控制方式，简称斩控方式。PWM 控制技术在电力电子变流技术中占有十分重要的位置，它在逆变、直流斩波、整流、交流-交流控制等所有电力电子电路中均可应用。它使电路的控制性能大为改善，使以前难以实现的功能也得以实现，对电力电子技术的发展产生了深远的影响。

20 世纪 80 年代后期，以绝缘栅双极型晶体管（IGBT）为代表的复合型器件异军突起。IGBT 属于全控型器件，是 Power MOSFET 和 BJT 的复合。它把 Power MOSFET 的驱动功率小、开关速度快的优点和 BJT 的通态压降小、载流能力大、可承受高电压的优点集于一身，性能十分优越，使之成为现代电力电子技术的主导器件。与 IGBT 相对应，MOS 控制晶闸管（MCT）和集成门极换流晶闸管（IGCT）都是 Power MOSFET 和 GTO 的复合，它们也综合了 Power MOSFET 和 GTO 两种器件的优点。其中 IGCT 也取得了相当的成功，已经获得大量的应用。

为了使电力电子装置的结构紧凑、体积减小，常常把若干个电力电子器件及必要的辅助元件做成模块的形式，这给应用带来了很大的方便。后来，又把驱动、控制、保护电路和电力电子器件集成在一起，构成电力电子集成电路（PIC）。目前电力电子集成电路的功率还都比较小，电压也较低，它面临着电压隔离（主电路为高压，而控制电路为低压）、热隔离（主电路发热严重）、电磁干扰（开关器件通断高压大电流，它和控制电路处于同一芯片上）等几大难点，但这代表了电力电子技术发展的一个重要方向。

目前，电力电子集成技术的发展十分迅速，除以 PIC 为代表的单片集成技术外，电力电子集成技术发展的焦点是混合集成技术，即把不同的单个芯片集成封装在一起。这样，虽然功率密度不如单片集成，但却为解决上述几大难题提供了很大的方便。这里，封装技术就成了关键技术。除单片集成和混合集成外，系统集成也是电力电子集成技术的一个重要方面，特别是对于超大功率集成技术更是如此。

随着全控型电力电子器件的不断进步，电力电子电路的工作频率也不断提高。同时，电力电子器件的开关损耗也随之增大。为了减小开关损耗，软开关技术便应运而生，零电压开关（ZVS）和零电流开关（ZCS）就是软开关的最基本形式。理论上采用软开关技术可使开关损耗降为零，进而提高效率。另外，它也使得开关频率得以进一步提高，从而提高了功率电子装置的功率密度。

目前电力电子技术的主要发展方向有：

（1）集成化。高度的集成化能使体积更小，质量更小，功率密度更高，性能更好。

（2）智能化。电力传动系统的智能化，使其更具自动调节能力，从而获得更高的性能指标，包括高效率、高功率因数、宽调速范围、快速准确的动态性能和高故障容错能力等。

（3）通用化。更有效地扩大应用范围，从而降低生产制造成本。

（4）信息化。现代信息通信技术渗透到电力传动系统中，使其不但是转换、传送能量的装置，也是传递和交换信息的通道。这就扩展了电力传动系统的内涵和外延，大大提高了电力传动系统的效用。

与此同时，在电力电子技术的发展过程中还应该解决其电路理论进展所遇到的问题：对于高电压，大电流的问题关键是要生产出能耐受高电压，承受大电流的电力电子器件及其串并联技术。

1.3　电力电子技术的应用

电力电子技术的应用大致可以归为两大类，电力电子变换电源和电力电子补偿控制器。电力电子技术不仅用于一般工业，也广泛用于交通运输、电力系统、通信系统、计算机系统、新能源系统等，在照明、空调等家用电器及其他领域中也有着广泛的应用。以下分几个主要的应用领域加以叙述。

1）一般工业

工业中大量应用各种交直流电动机。直流电动机有良好的调速性能，为其供电的可控整流电源或直流斩波电源都是电力电子装置。近年来，由于电力电子变频技术的迅速发展，使得交流电动机的调速性能可与直流电动机相媲美，交流调速技术逐渐大量应用并占据了主导地位。大至数千千瓦的各种轧钢机，小到几百瓦的数控机床的伺服电动机，以及矿山牵引等场合都广泛采用电力电子交流调速技术。一些对调速性能要求不高的大型鼓风机等近年来也采用了变频装置，以达到节能目的。还有些并不特别要求调速的电动机，为了避免起动时的电流冲击而采用了软起动装置，这种软起动装置也是电力电子装置。由于电动机的应用十分广泛，其所消耗的电力甚至达到了发电厂所发电力的 60%以上，以至于有人认为，电力传动是电力电子技术的"主战场"。

电化学工业大量使用直流电源，电解铝、电解食盐水等都需要大容量整流电源。电镀装置也需要整流电源。

电力电子技术还大量用于冶金工业中的高频或中频感应加热电源、淬火电源及直流电弧炉电源等场合。

2）交通运输

电气化铁道中广泛采用电力电子技术。电气机车中的直流机车采用整流装置，交流机车采用变频装置。直流斩波器也广泛用于铁道车辆。在磁悬浮列车中，电力电子技术更是一项关键技术。除牵引电动机传动外，车辆中的各种辅助电源也离不开电力电子技术。

电动汽车的电动机依靠电力电子装置进行电力变换和驱动控制，其蓄电池的充电也离不开电力电子装置。一台高级汽车中需要许多控制电机，它们也要靠变频器和斩波器驱动并控制。

3）电力系统

电力电子技术在电力系统中的应用非常广泛。在发电、输电、用电和储能方面都有大量的应用。电力系统在通向现代化的进程中，电力电子技术是关键技术。可以毫不夸张地说，如果离开电力电子技术，电力系统的现代化是不可想象的。

各种新能源、可再生能源及新型发电方式越来越受到重视。其中风力发电、太阳能光伏发电的发展最为迅速，燃料电池更是备受关注。太阳能发电和风力发电受到环境的制约，发出的电能质量较差，常需要储能装置缓冲，为了改善电能质量，就需要电力电子技术。当这些新能源需要和电力系统联网时，更离不开电力电子技术。

直流输电在长距离、大容量输电时有很大的优势，其送电端的整流阀和受电端的逆变阀都采用晶闸管变流装置，而轻型直流输电则主要采用全控型的 IGBT。近年来发展起来的柔性交流输电系统（FACTS）也是依靠电力电子装置才能得以实现。

无功补偿和谐波抑制对电力系统有重要的意义。晶闸管控制电抗器（TCR）、晶闸管投切电容器（TSC）都是重要的无功补偿装置。近年来出现的采用全控型器件的静止无功发生器（SVG）、有源电力滤波器（APF）等新型电力电子装置具有更为优越的无功功率和谐波补偿的性能。在配电网系统，电力电子装置还可以防止电网瞬时停电、瞬时电压跌落、闪变等，以进行电能质量控制，改善供电质量。

在变电所中，给操作系统提供可靠的交直流操作电源、给蓄电池充电等都需要电力电子装置。

4）电子装置用电源

各种电子装置一般都需要不同电压等级的直流电源供电。通信设备中的程控交换机所用的电源、大型计算机所需的工作电源、微型计算机内部的电源现在都采用全控型器件的高频开关电源。

5）家用电器

照明在家用电器中占有十分突出的地位。由于电力电子照明电源体积小、发光效率高、可节省大量能源，通常采用电力电子装置的光源被称为"节能灯"，它正在逐步取代传统的白炽灯和荧光灯。

变频空调、变频冰箱和变频洗衣机是家用电器中应用电力电子技术的典型例子。电视机、音响设备的电源部分也都需要电力电子技术。

以前电力电子技术的应用偏重于中、大功率。现在，电力电子技术的应用越来越广，在1 kW 以下，甚至几十瓦以下的功率范围内，也有电力电子技术的应用，其地位也越来越重要。这已成为一个重要的发展趋势，值得引起人们的重视。

总之，电力电子技术的应用范围十分广泛。从人类对宇宙和大自然的探索，到国民经济的各个领域，再到我们的衣食住行，到处都能感受到电力电子技术的存在和巨大魅力。

电力电子装置提供给负载的是各种不同的直流电源、恒频交流电源以及变频交流电源，因此也可以说，电力电子技术研究的就是电源技术。

电力电子技术对节省电能有重要意义。特别在大型风机、水泵采用变频调速方面，在使用十分庞大的照明电源方面，电力电子技术的节能效果十分显著。因此，它也被称为是节能技术。

本章小结

由半导体电力电子器件构成的电力电子变流电路，可以实现电力变换和控制。利用半导体电力电子器件实现电力变换和控制的技术称为电力电子技术。为实现开关模式的电力电子变换和控制，包括电压（电流）大小、频率、波形、相位的变换和控制，既需要半导体电力电子器件构成变流电路，又需要以半导体集成电路和微处理器为基本硬件所构成的控制系统，并将先进的控制理论和策略引入电力电子电路的通、断控制。因此，电力电子技术是一门综合了电子技术、控制技术和电力技术的新兴交叉学科，它具有广泛的应用前景和重大的经济技术效益。

习题及思考题

1. 电力技术、电子技术和电力电子技术三者所涉及的技术内容和研究对象是什么？理论基础是什么？

2. 电力变换有哪几种基本类型？

3. 电力电子技术应用领域有哪些？

4. 开关型电力电子变换器有哪些基本特征？

5. 开关型电路的输出电压（电流）有哪两种控制方式？

第 2 章

电力电子器件

电力电子器件是组成变流电路的主要元件，电力电子器件的性能关系着变流电路的结构和特性，在学习变流电路及其应用之前首先要了解电力电子器件。电力电子器件是建立在半导体原理基础上的元件，与其他半导体元件不同的是，它一般能承受较高的工作电压和流过较大的电流，并且主要工作在开关状态，因而在变流电路中也常被简称为"开关"。电力电子器件的特点是可以用小信号控制器件的通断，从而控制大功率电路的工作状态，这意味着器件有很高的放大倍数。电力电子器件工作在开关状态时有较低的通态损耗，可以提高变换器的效率，这对功率变换电路是很重要的。

电力电子器件可根据可控性和驱动信号类型来进行分类。

1. 按可控性分类

根据能被驱动（触发）电路输出控制信号所控制的程度，可将电力电子器件分为不可控器件、半控型器件和全控型器件三种。

（1）不可控器件，如电力二极管，它没有控制极，只有阳极和阴极两个端子，在阳极和阴极间施加正向电压时器件导通，施加反向电压时器件关断。

（2）半控型器件，主要是具有闸流管特性的晶闸管系列器件（可关断晶闸管除外），它的特点是可以通过控制极（门极）信号控制器件的开通，但是其关断却取决于器件承受的外部电压和电流情况，不受门极信号控制。

（3）全控型器件，是指可以通过控制极信号控制其导通和关断的器件，这类器件发展最快，典型的全控型器件有 GTO、GTR、Power MOSFET 和 IGBT 等。

2. 按驱动信号类型分类

（1）电流驱动型，通过在控制端注入或抽出电流来实现开通或关断的器件称为电流驱动型电力电子器件。GTO、GTR、晶闸管为电流驱动型电力电子器件。

（2）电压驱动型，通过在控制端和另一公共端加入一定的电压信号来实现其开通或关断的器件称为电压驱动型电力电子器件。例如，Power MOSFET、IGBT 等。

本章主要从应用的角度出发介绍电力电子器件的基本原理、主要参数和开关特性，同时也介绍器件驱动的基本要求和保护等内容。

2.1 电力二极管

电力二极管（Power Diode）也称为半导体整流器（Semiconductor Rectifier，SR），属于不可控器件。由于其结构和工作原理简单、性能可靠，因而在需要将交流电变为直流电且不需要调压的场合广泛使用，如交-直-交变频的整流、大功率直流电源等。

2.1.1 电力二极管的结构与基本原理

电力二极管基本结构和工作原理与信息电子电路中的二极管一样以半导体 PN 结为基础，是由一个面积较大的 PN 结（PN-junction）和两端引线以及封装组成的。从外形上看，主要有螺栓形和平板形两种封装。如图 2-1（a）左边的为螺栓形，右边的为平板形；图 2-1（b）为电力二极管的结构图；图 2-1（c）为它的电气图形符号。

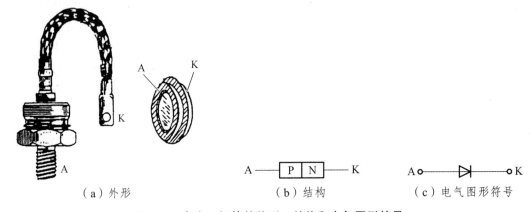

（a）外形　　　　　　　　（b）结构　　　　　　　（c）电气图形符号

图 2-1　电力二极管的外形、结构和电气图形符号

电力二极管由 P 型半导体和 N 型半导体结合成一体，其中，N 型半导体区电子浓度大，P 型半导体区空穴浓度大，因此，N 区电子要向 P 区扩散与 P 区空穴复合，在 N 区边界侧留下正离子层，P 区空穴要向 N 区扩散与 N 区电子复合，在 P 区边界侧留下负离子层。在交界处逐渐形成空间电荷区，正、负离子层形成内电场，促进少数载流子漂移运动，即 N 区空穴漂到 P 区，P 区电子漂移到 N 区，同时，阻碍多数载流子的扩散运动。最终，扩散运动和漂移运动达到动态平衡，形成 PN 结。

电力二极管和信息电子电路中的二极管工作原理一样，即若二极管处于正向电压作用下，则 PN 结导通，正向管压降很小；反之，若二极管处于反向电压作用下，则 PN 结截止，仅有极小的可忽略的漏电流流过二极管。

2.1.2 电力二极管的基本特性

1. 静态特性

电力二极管的静态特性主要是指其伏安特性曲线，如图 2-2 所示。当外加正向电压大于门槛电压 U_{TO}

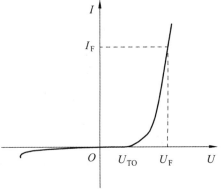

图 2-2　电力二极管的伏安特性曲线

时，电流开始迅速增加，二极管开始导通。与正向电流 I_F 对应的二极管两端的电压 U_F 即为其正向电压降。当二极管承受反向电压时，只有少子引起的微小而数值恒定的反向漏电流。当反向电压增大到一定数值，反向电流剧增，电力二极管击穿。

2. 动态特性

因为 PN 结存在结电容，所以零偏置、正向偏置、反向偏置三种状态之间转换必然有一个过渡过程。动态过程是指电力二极管上电压、电流随时间变化的特性。

电力二极管的开通需一定的过程，初期出现较高的动态压降，过一段时间后才达到稳定，且导通压降很小。上述现象表明大功率二极管在开通初期呈现出明显的电感效应，无法立即响应正向电流的变化。

图 2-3（a）所示为电力二极管由零偏置转为正向偏置开通过程中的管压降和正向电流的变化曲线。由图可见，在正向恢复时间 t_{fr} 内，正在开通的电力二极管上承受的峰值电压 U_{FP} 比稳态管压降 U_F 高得多，有时达到几十伏。

图 2-3（b）所示为电力二极管内正向偏置导通状态转换为反向偏置关断状态的电压、电流波形。t_F 时刻二极管的外加电压反向，正向电流 i_F 开始下降，由于电导调制效应，其管压降变化不大，至 t_0 时刻，i_F 下降至零，此后反向增长，在这个时间段内二极管仍维持一个正向偏置的管压降。t_1 时刻反向电流达其峰值 I_{RP}，然后逐步衰减，至 t_2 时刻恢复阻断，图中 $t_{rr} = t_2 - t_0$ 为反向恢复时间。这样的电流、电压波形是由于电力二极管内载流子或电荷分布与变化的结果。t_0 时刻后，尽管流过的电流已反向，但二极管仍正向偏置，决定了管内 PN 结存储的电荷仍是一个正向分布。从正的电荷分布到能承受反压，需要花时间来改变这个电荷分布，也就产生了关断时延 t_d。电荷变化的大小决定了反向恢复电流的峰值 I_{RP}，所以正向电流 I_F 越大，总的电荷变化也越大，I_{RP} 也越大。随着载流子或电荷的消失，二极管电阻增大，最终阻断反向恢复电流。如果反向电流很快下降至零，将会在带电感的电路中感应出一个危险的过电压，从而危及二极管的安全，必须采用适当吸收电路来加以保护。

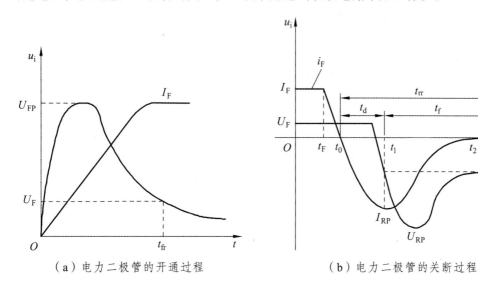

（a）电力二极管的开通过程 　　　　（b）电力二极管的关断过程

图 2-3　电力二极管的动态特性

2.1.3 电力二极管的主要参数

1. 正向平均电流 $I_{F(AV)}$

电力二极管的正向平均电流 $I_{F(AV)}$ 是指在规定的管壳温度和散热条件下允许通过的最大工频正弦半波电流的平均值。元件标称的额定电流就是这个电流。实际应用中，若电力二极管所流过的最大电流有效值为 I，则其额定电流一般选择为

$$I_{F(AV)} \geqslant (1.5 \sim 2)\frac{I}{1.57} \tag{2-1}$$

式中，系数 $1.5 \sim 2$ 是安全系数。

2. 正向压降 U_F

正向压降 U_F 是指在规定温度下，流过某一稳定正向电流时所对应的正向压降。

3. 反向重复峰值电压 U_{RRM}

反向重复峰值电压 U_{RRM} 是电力二极管能重复施加的反向最高峰值电压，通常是其雪崩击穿电压 U_B 的 2/3。一般在选用电力二极管时，以其在电路中可能承受的反向峰值电压的两倍为准则来选择反向重复峰值电压。

4. 反向恢复时间 t_{rr}

反向恢复时间 t_{rr} 是指电力二极管从所施加的反向偏置电流到完全恢复对反向电压阻断能力的时间。

5. 浪涌电流 I_{FSM}

浪涌电流 I_{FSM} 是指电力二极管所能承受的最大的连续一个或几个工频周期的过电流。

2.1.4 电力二极管的主要类型

电力二极管在电路中有整流、续流、隔离、保护等作用。因电力二极管按照正向压降、反向耐压、反向漏电流等性能，特别是反向恢复特性的不同可进行不同分类，故应根据不同场合的不同要求选择不同类型的电力二极管。当然，从根本上讲，性能上的不同都是由半导体物理结构和工艺上的差别造成的。下面按照其性能，介绍几种常用的电力二极管。

1. 普通二极管

普通二极管（General Purpose Diode）又称整流二极管（Rectifier Diode），多用于开关频率不高（1 kHz 以下）的整流电路中。其反向恢复时间较长，一般在 5 μs 以上，这在开关频率不高时并不重要。正向电流定额和反向电压定额可以达到很高，分别可达数千安和数千伏以上。多用在电镀、充电等整流电路中。

2. 快恢复二极管

快恢复二极管（Fast Recovery Diode，FRD）恢复过程很短，特别是反向恢复过程很短（一

般在 5 μs 以下），也简称快速二极管。工艺上多采用掺金措施，有的采用 PN 结型结构，若采用外延型 PN 结构的快恢复外延二极管（Fast Recovery Epitaxial Diodes，FRED），则其反向恢复时间更短（可低于 50 ns），正向压降也很低（0.9 V 左右），但其反向耐压多在 400 V 以下。快恢复从性能上可分为快速恢复和超快速恢复两个等级。前者反向恢复时间为数百纳秒或更长，后者则在 100 ns 以下，甚至达到 20 ~ 30 ns。二极管主要用在逆变、斩波电路中。

3. 肖特基二极管

以金属和半导体接触形成的势垒为基础的二极管称为肖特基势垒二极管（Schottky Barrier Diode，SBD），简称为肖特基二极管。20 世纪 80 年代以来，肖特基二极管由于工艺的发展得以在电力电子电路中广泛应用。

肖特基二极管的优点是：反向恢复间很短（10 ~ 40 ns），正向恢复过程中也不会有明显的电压过冲；在反向耐压较低的情况下其正向压降也很小，明显低于快恢复二极管；其开关损耗和正向导通损耗都比快速二极管还要小，效率高。肖特基二极管的缺点是：当反向耐压提高时，其正向压降也会高得不能满足要求，因此多用于 200 V 以下；反向漏电流较大且对温度敏感，因此反向稳态损耗不能忽略，而且必须更严格地限制其工作温度。

2.2 晶闸管及其派生器件

晶闸管（Thyristor）是晶体闸流管的简称，早期称作可控硅整流器（Silicon Controlled Rectifier，SCR），简称为可控硅。它是一种较理想的大功率变流器件，主要应用在可控整流、交流调压、无触点交（直）流开关、逆变和直流斩波等方面。晶闸管的种类很多，包括普通晶闸管、双向晶闸管、快速晶闸管、可关断晶闸管、光控晶闸管和逆导晶闸管等。本节主要介绍普通晶闸管的结构与工作原理、基本特性和主要参数，然后对其派生器件也作简要介绍。

2.2.1 晶闸管的结构与基本原理

普通晶闸管简称晶闸管。图 2-4 所示为普通晶闸管的内部结构和图形符号，普通晶闸管是一种功率四层半导体（$P_1N_1P_2N_2$）器件，由三个 PN 结 J_1、J_2、J_3 组成。有三个电极为：阳极（A）、阴极（K）、门极（G）。从外形结构上看有塑封式、螺栓式、平板式，目前有的厂

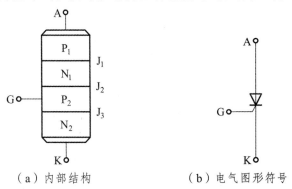

（a）内部结构　　　　（b）电气图形符号

图 2-4　普通晶闸管的内部结构和图形符号

家将多个晶闸管做在一个模块内形成了模块式结构。对于大功率器件使用时必须安装散热器，其冷却方式有自冷、风冷、水冷等方式。

为了进一步说明晶闸管的工作原理，可把晶闸管看成是由一个 PNP 型晶体管和一个 NPN 型晶体管连接而成的，连接形式如图 2-5 所示。阳极 A 相当于 PNP 型晶体管 V_1 的发射极，阴极 K 相当于 NPN 晶体管 V_2 的发射极。

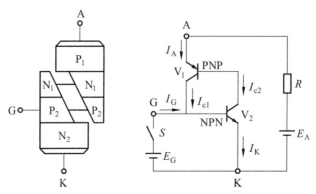

图 2-5　晶闸管工作原理等效电路

当晶闸管阳极承受正向电压，门极也加正向电压时，晶体管 V_2 处于正向偏置，E_G 产生的门极电流 I_G 就是 V_2 的基极电流 I_{B2}，V_2 的集电极电流 $I_{C2} = \beta_2 I_G$。而 I_{C2} 又是晶体管 V_1 的基极电流，V_1 的集电极电流 $I_{C1} = \beta_1 I_{C2} = \beta_1 \beta_2 I_{G2}$（$\beta_1$ 和 β_2 分别是 V_1 和 V_2 的电流放大系数）电流 I_{C1} 又流入 V_2 的基极，再一次放大。这样循环下去，形成了强烈的正反馈，使两个晶体管很快达到饱和导通，这就是晶闸管的导通过程。导通后，晶闸管上的压降很小，电源电压几乎全部加在负载上，晶闸管中流过的电流即负载电流。

在晶闸管导通之后，它的导通状态完全依靠管子本身的正反馈作用来维持，即使门极电流消失，晶闸管仍将处于导通状态。因此，门极的作用仅是触发晶闸管使其导通，导通之后，门极就失去了控制作用。要想关断晶闸管，最根本的方法就是必须将阳极电流减小到使之不能维持正反馈的程度，也就是将晶闸管的阳极电流减小到小于维持电流。可采用的方法有：将阳极电源断开，改变晶闸管阳极电压的方向，即在阳极和阴极间加反向电压。

2.2.2　晶闸管的基本特性

1. 晶闸管的静态伏安特性

晶闸管阳极与阴极间的电压 U_{AK} 和阳极电流 I_A 的关系称为晶闸管伏安特性，如图 2-6 所示。晶闸管的伏安特性包括正向特性（第 Ⅰ 象限）和负向特性（第 Ⅲ 象限）两部分。

晶闸管的正向特性又有阻断状态和导通状态之分。在正向阻断状态时，晶闸管的伏安特性是一组随门极电流 I_G 的增加而不同的曲线簇。当 $I_G = 0$ 时，逐渐增大阳极电压 U_{AK}，只有很小的正向漏电流，晶闸管正向阻断，随着阳极电压的增加，当达到正向转折电压 U_{bo} 时，漏电流突然剧增，晶闸管由正向阻断状态突变为正向导通状态。这种在 $I_G = 0$ 时，依靠增大阳极电压而强迫晶闸管导通的方式称为"硬开通"。"硬开通"使电路工作于非控制状态，并可能导致晶闸管损坏，因此通常需要避免。

14

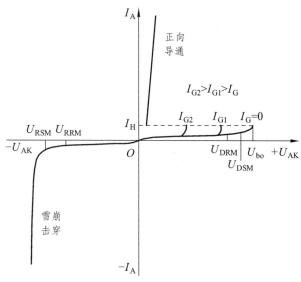

图 2-6 晶闸管的伏安特性曲线

随着门极电流 I_G 的增大，晶闸管的正向转折电压 U_{bo} 迅速下降；当 I_G 足够大时，晶闸管的正向转折电压很小，可以看成与一般二极管一样，只要加上正向阳极电压，管子就导通了。此时晶闸管正向导通的伏安特性与二极管的正向特性相似，即当流过较大的阳极电流时，晶闸管的压降很小。晶闸管正向导通后，要使晶闸管恢复阻断，只有逐步减小阳极电流 I_A，使 I_A 下降到小于维持电流 I_H，则晶闸管又由正向导通状态变为正向阻断状态。晶闸管的反向特性与一般二极管的反向特性相似。在正常情况下，当承受反向阳极电压时，晶闸管总是处于阻断状态，只有很小的反向漏电流流过。当反向电压增加到一定值时，反向漏电流增加较快，再继续增大反向电压会导致晶闸管反向击穿，造成晶闸管永久性损坏，这时对应的电压称为反向击穿电压 U_{Ro}。综上所述，晶闸管的基本工作特性可以归纳如下：

（1）当晶闸管承受反向电压时，无论门极是否有触发电流，晶闸管都不会导通；

（2）当晶闸管承受正向电压时，仅在门极有触发电流的情况下，晶闸管才能导通；

（3）晶闸管一旦导通，门极就失去控制作用，无论门极触发电流是否还存在，晶闸管都保持导通；

（4）若要使已经导通的晶闸管关断，只能利用外加电压和外电路的作用使流过晶闸管的阳极电流降到接近于零的某一数值以下。

2. 晶闸管的动态特性

晶闸管开通与关断过程中的伏安特性变化关系称为晶闸管的动态特性。晶闸管开通与关断过程的波形如图 2-7 所示。开通过程是使门极在坐标原点时刻开始受到理想阶跃电流触发的情况；而关断过程则是对已导通的晶闸管，外电路所加电压在某一时刻突然由正向变为反向的情况。

由于晶闸管内部的正反馈过程需要时间，再加上外部电路电感的限制，晶闸管触发后阳极电流增长需要一个过程。从门极电流阶跃时刻开始至阳极电流上升到稳定值的 10%，这段时间称为延迟时间 t_d，此时晶闸管的正向电压也同步减小。阳极电流从 10% 上升到稳态值 90%

所需的时间称为上升时间 t_r。开通时间 t_{gt} 定义为前两者之和，即 $t_{gt} = t_d + t_r$。通常增加触发电流可以加快开通过程。

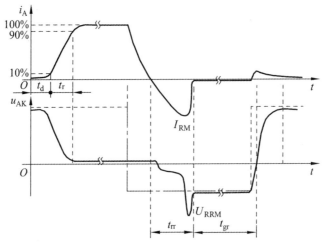

图 2-7　晶闸管开通与关断过程波形图

从正向电流降为零到反向恢复电流衰减至零的时间称为反向阻断恢复时间 t_{rr}，反向恢复过程结束后由于载流子复合过程比较慢，晶闸管要恢复其对正向电压的阻断能力还需要一段时间 t_{gr}。在正向阻断恢复时间内，如果重新对晶闸管施加正向电压，晶闸管会重新正向导通而不受门极控制。在实际应用中，应对晶闸管施加足够长时间的反向电压，使晶闸管充分恢复其对正向电压的阻断能力，如此电路才能可靠工作。晶闸管的关断时间 t_q 定义为 t_{rr} 与 t_{gr} 之和，即 $t_q = t_{rr} + t_{gr}$。

2.2.3　晶闸管的主要参数

要想正确地选择和合理地使用晶闸管，不仅需要了解晶闸管的工作原理及特性，更重要的是掌握晶闸管的主要参数。下面介绍晶闸管的主要参数。

1）额定电压 U_{TN}

从晶闸管的阳极伏安特性曲线可以看到，当 $I_G = 0$ 时，晶闸管处于额定结温时，使阳极漏电流显著增加的阳极电压 U_{DSM} 称为正向不重复峰值电压，同理 U_{RSM} 为反向不重复峰值电压。这两个数值分别乘以 0.9 所得的数值定义为正向重复峰值电压 U_{DRM} 和反向重复峰值电压 U_{RRM}。晶闸管的额定电压 U_{TN} 为 U_{DRM} 与 U_{RRM} 中较小值在靠近标准电压等级所对应的电压值。

考虑晶闸管工作过程中结温可能会升高等各种因素，为防止各种不可避免的瞬时过电压造成晶闸管损坏，在选择晶闸管的额定电压时，应比晶闸管在电路中实际承受的最大瞬时电压 U_{TM} 大 2~3 倍。

2）额定电流 $I_{T(AV)}$

额定电流 $I_{T(AV)}$ 也称为额定通态平均电流。在室温 40 ℃ 和规定的冷却条件下，晶闸管在电阻负载流过正弦半波电流（导通角不小于 170°）电路中，结温不超过规定结温时，所允许的最大通态平均电流值，将此值取相近电流等级所对应的电流值，即为晶闸管的额定电流 $I_{T(AV)}$。

3）通态平均电压 $U_{T(AV)}$

当晶闸管流过正弦半波的额定平均电流并处于稳定的额定结温时，元件阳极与阴极之间电压降的平均值称为晶闸管的通态平均电压 $U_{T(AV)}$。管压降越小，表明元件耗散功率越小，管子质量越好。

4）维持电流 I_H

在室温与门极断开时，使晶闸管维持导通所需要的最小阳极电流称维持电流 I_H，维持电流一般为几十到几百毫安。I_H 与结温有关，结温越高，则 I_H 越小。

5）擎住电流 I_L

擎住电流是指晶闸管刚从断态转入通态并移除触发信号后，能维持晶闸管导通所需的最小阳极电流。对同一晶闸管来说，通常 I_L 为 I_H 的 2～4 倍。

6）断态电压临界上升率 du/dt

这是指在额定结温和门极开路的情况下，不导致晶闸管从断态到通态转换的外加阳极电压最大上升率。晶闸管在使用中，其实际电压上升率必须低于此临界值。

7）通态电流临界上升率 di/dt

这是指在规定条件下，晶闸管能承受而无有害影响的最大通态阳极电流上升率。如果电流上升太快，则晶闸管刚一开通，便会有很大的电流集中在门极附近的小区域内，从而造成局部过热而使晶闸管损坏。

例 2-1 图 2-8 中阴影部分分别表示流过晶闸管的电流波形，其最大值分别为 I_{m1}、I_{m2}、I_{m3} 和 I_{m4}。

（1）试计算流过晶闸管各波形的电流平均值、有效值及其波形系数。

（2）选用 KP-100 型晶闸管，不考虑安全裕量。试计算图 2-8 中 4 种电流波形下晶闸管能承受的平均电流是多少，对应的电流最大值各是多少。

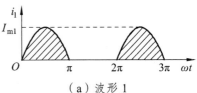

（a）波形 1

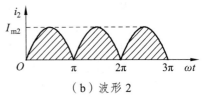

（b）波形 2

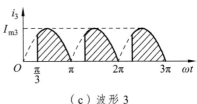

（c）波形 3

解：（1）（a）$I_{d1} = \dfrac{1}{2\pi}\int_0^\pi I_{m1}\sin\omega t\,d(\omega t) = \dfrac{I_{m1}}{\pi} \approx 0.32 I_{m1}$

$$I_{T1} = \sqrt{\dfrac{1}{2\pi}\int_0^\pi (I_{m1}\sin\omega t)^2\,d(\omega t)} = \dfrac{I_{m1}}{2}$$

$$k_{f1} = \dfrac{0.5 I_{m1}}{0.32 I_{m1}} \approx 1.57$$

根据通态平均电流的定义，此处求出的 I_{d1} 即为通态平均电流 $I_{T(AV)}$。

（b）$I_{d2} = \dfrac{1}{\pi}\int_0^\pi I_{m2}\sin\omega t\,d(\omega t) = \dfrac{2I_{m2}}{\pi} \approx 0.64 I_{m2}$

$$I_{T2} = \sqrt{\dfrac{1}{\pi}\int_0^\pi (I_{m2}\sin\omega t)^2\,d(\omega t)} = \dfrac{I_{m2}}{\sqrt{2}}$$

（d）波形 4

图 2-8 电流波形

$$k_{f2} = \frac{I_{T2}}{I_{d2}} = \frac{\pi}{2\sqrt{2}} \approx 1.11$$

（c） $I_{d3} = \frac{1}{\pi} \int_{\frac{\pi}{3}}^{\pi} I_{m3} \sin\omega t \mathrm{d}(\omega t) = \frac{3I_{m3}}{2\pi} \approx 0.48 I_{m3}$

$$I_{T3} = \sqrt{\frac{1}{\pi} \int_{\frac{\pi}{3}}^{\pi} (I_{m3} \sin\omega t)^2 \mathrm{d}(\omega t)} \approx 0.63 I_{m3}$$

$$k_{f3} = \frac{I_{T3}}{I_{d3}} = \frac{0.63 I_{m3}}{0.48 I_{m3}} \approx 1.3$$

（d） $I_{d4} = \frac{1}{2\pi} \int_{0}^{\frac{\pi}{2}} I_{m4} \mathrm{d}(\omega t) = \frac{1}{4} I_{m4}$

$$I_{T4} = \sqrt{\frac{1}{2\pi} \int_{0}^{\frac{\pi}{2}} (I_{m4})^2 \mathrm{d}(\omega t)} = \frac{I_{m4}}{2}$$

$$k_{f4} = \frac{I_{T4}}{I_{d4}} = 2$$

（2）若选用 KP-100 型晶闸管，则 $I_{T(AV)} = 100\,\mathrm{A}$，其有效值：

$$I_k = 1.57 I_{T(AV)} = 157\,\mathrm{A}$$

（a）由 $I_{T1} = I_k$，得 $\frac{1}{2} I_{m1} = 157\,\mathrm{A}$，$I_{m1} = 314\,\mathrm{A}$，$I_{d1} = 100\,\mathrm{A}$。

（b）由 $I_{T2} = I_k = \frac{1}{\sqrt{2}} I_{m2}$，得 $\frac{1}{\sqrt{2}} I_{m2} = 157\,\mathrm{A}$，$I_{m2} \approx 222\,\mathrm{A}$，$I_{d2} \approx 141\,\mathrm{A}$。

（c）由 $I_{T3} = I_k = 0.63 I_{m3}$，得 $0.63 I_{m3} = 157\,\mathrm{A}$，$I_{m3} \approx 250\,\mathrm{A}$，$I_{d3} \approx 120\,\mathrm{A}$。

（d）由 $I_{T4} = I_k = \frac{1}{2} I_{m4}$，得 $\frac{1}{2} I_{m4} = 157\,\mathrm{A}$，$I_{m4} = 314\,\mathrm{A}$，$I_{d4} = 78.5\,\mathrm{A}$。

结论：晶闸管的电流波形不同（即使电流波形相同但导通角不同），其允许通过的电流平均值及其峰值都不同。

2.2.4　晶闸管的派生器件

1. 快速晶闸管

快速晶闸管（Fast Switching Thyristor，FST）是专为快速应用而设计的晶闸管，有快速晶闸管和高频晶闸管两种。快速晶闸管的结构和符号与普通晶闸管相似，区别在于快速晶闸管对管芯结构和制造工艺进行了改进。使开关时间、$\mathrm{d}u/\mathrm{d}t$ 和 $\mathrm{d}i/\mathrm{d}t$ 耐量都有明显改善。普通晶闸管关断时间为数百微秒，快速晶闸管为数十微秒，高频晶闸管为 $10\,\mathrm{\mu s}$ 左右。高频晶闸管的不足在于其电压定额和电流定额都不易做高，由于工作频率较高，当选择通态平均电流时不能忽略其开关损耗的发热效应。

2. 双向晶闸管

双向晶闸管（Bidirectional Triode Thyristor）不论从结构还是从特性方面来说都可以把它看成一对反向并联的普通晶闸管。双向晶闸管有两个主电极 T_1 和 T_2，一个门极 G，此门极具有短路发射极结构，使主电极的正、反两个方向均可用交流或直流电流触发导通。通常采用在门极 G 和主电极 T_1 间加负脉冲方式触发双向晶闸管。

双向晶闸管的电气图形符号和伏安特性如图 2-9 所示。

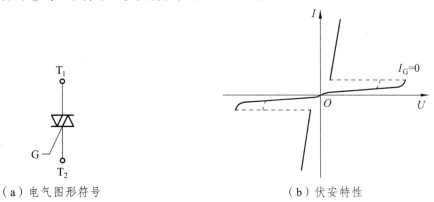

（a）电气图形符号　　　　　　　　　　（b）伏安特性

图 2-9　双向晶闸管的电气图形符号和伏安特性

3. 逆导晶闸管

逆导晶闸管（Reverse Conducting Thyristor，RCT）是将晶闸管和整流管制作在同一管芯上的集成元件。与普通晶闸管相比，逆导晶闸管具有正向压降小、关断时间短、高温特性好、额定结温高等优点。由于逆导晶闸管等效于反并联的普通晶闸管和整流管，因此在使用时，使器件的数目减少、装置体积缩小、质量降低、价格降低和配线简单，特别是消除了整流管的配线电感，使晶闸管承受的反向偏置时间增加。但也因晶闸管和整流管制作在同一管芯上，故它只能应用于某些场合。

逆导晶闸管的电气图形符号和伏安特性如图 2-10 所示。

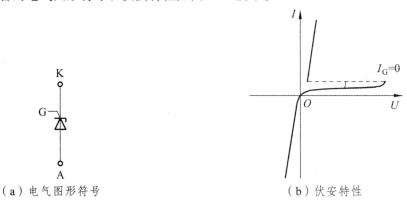

（a）电气图形符号　　　　　　　　　　（b）伏安特性

图 2-10　逆导晶闸管的电气图形符号和伏安特性

4. 光控晶闸管

光控晶闸管（Light Triggered Thyristor，LTI）又称光触发晶闸管，是利用一定波长的光照信号触发导通的晶闸管。由于采用光触发保证了主电路与控制电路之间的绝缘，而且可以避免电磁干扰的影响，因此光控晶闸管成为高压直流输电、无功功率补偿等高压变流设备上的理想器件，其应用范围还涉及电力控制、电力拖动及电机等领域。

光控晶闸管的电气图形符号和伏安特性如图 2-11 所示。

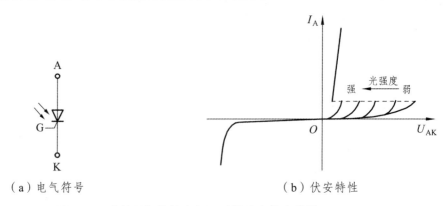

（a）电气符号　　　　　　　　　　　　　　（b）伏安特性

图 2-11　光控晶闸管的电气图形符号和伏安特性

2.3　门极可关断晶闸管（GTO）

GTO（Gate-Turn-Off Thyristor）是门极可关断晶闸管的简称，是具有门极正信号触发导通和门极负信号触发关断的全控型电力电子器件。它具有普通晶闸管的全部优点，如耐压高、电流大、控制功率小、使用方便和价格低等；它具有自关断能力，属于全控器件，在质量、效率及可控性等方面有着明显的优势，是被广泛应用的自关断器件之一。

2.3.1　GTO 的结构和工作原理

1. GTO 的结构

GTO 的结构与普通晶闸管的相同点：PNPN 四层半导体结构，外部引出阳极、阴极和门极。和普通晶闸管不同的是：GTO 是一种多元的功率集成器件，内部包含数十个甚至数百个共阳极的小 GTO 元，这些 GTO 元的阴极和门极则在器件内部并联在一起。这种特殊结构是为了便于实现门极控制关断而设计的。GTO 的结构、等效电路及图形符号如图 2-12 所示。图 2-12 中 A、G、K 分别代表 GTO 的阳极、门极和阴极；a_1 为 $P_1N_1P_2$ 晶体管的共基极电流放大系数，a_2 为 $N_1P_2N_2$ 晶体管的共基极电流放大系数；箭头方向表示多数载流子运动方向。

2. GTO 的工作原理

GTO 的工作原理与普通晶闸管一样，两个等效晶体管 PNP 和 NPN 的电流放大倍数分别为 a_1 和 a_2。GTO 及普通晶闸管触发导通的条件是：当它的阳极与阴极之间承受正向电压，门极加正脉冲信号（门极为正，阴极为负）时，可使 $a_1 + a_2 > 1$，从而在其内部形成电流正反馈，使两个等效晶体管饱和导通。但 GTO 兼顾到关断特性，晶体管饱和导通接近临界状态。导通后的管压降比较大，一般为 2～3 V。当 GTO 的门极加负脉冲信号（门极为负，阴极为正）时，门极出现反向电流，此反向电流将 GTO 的门极电流抽出，使其电流减小，a_1 和 a_2 也同时下降，以致无法维持正反馈，从而使 GTO 关断。所以只要在 GTO 的门极加负脉冲信号，即可将其关断。多元集成结构还使 GTO 比普通晶体管开通过程快，承受 di/dt 能力强。

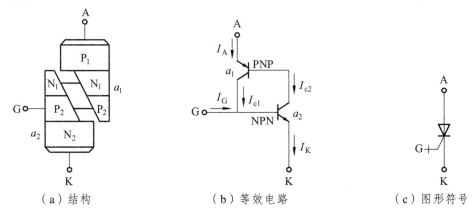

（a）结构　　　　　　（b）等效电路　　　　　　（c）图形符号

图 2-12　GTO 的结构、等效电路和图形符号

2.3.2　GTO 的基本特性

1. 阳极伏安特性

GTO 的阳极伏安特性与普通晶闸管相似，如图 2-13 所示。当外加电压超过正向转折电压 U_{bo} 时，GTO 正向开通，正向开通次数多了就会引起 GTO 性能变差，但若外加电压超过反向击穿电压 U_{br}，则发生雪崩击穿，造成元件的永久性损坏。对 GTO 门极加正向触发电流时，GTO 的正向转折电压随门极正向触发电流的增大而降低。

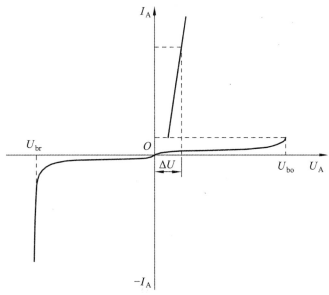

图 2-13　GTO 的阳极伏安特性

2. GTO 的动态特性

图 2-14 给出了 GTO 开通和关断过程中门极电流 i_G 和阳极电流 i_A 的波形。与普通晶闸管类似，开通过程中需要延迟时间 t_d 和上升时间 t_r。关断过程则有所不同，首先需要经历抽取饱和导通时储存的大量载流子的时间-储存时间 t_s，从而使等效晶体管退出饱和状态；然后则是等效晶体管从饱和区退至放大区，阳极电流逐渐减少所需时间——下降时间 t_f；最后还有残存载流子复合所需时间——尾部时间 t_t。

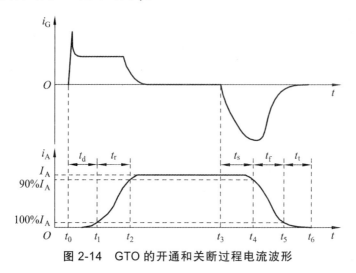

图 2-14　GTO 的开通和关断过程电流波形

通常 t_f 比 t_s 小的多，而 t_t 比 t_s 长。门极负脉冲电流幅值越大，前沿越陡，抽走储存载流子的速度越快，t_s 就越短。若使门极负脉冲的后沿缓慢衰减，在 t_t 阶段仍能保持适当的负电压，则可以缩短尾部时间。

3. GTO 的主要参数

GTO 的基本参数与普通晶闸管的参数大多相同，这里只简单介绍一些意义不同的参数。

1）最大可关断阳极电流 I_{ATO}

最大可关断阳极电流 I_{ATO} 是用来标称 GTO 额定电流的参数，这一点与普通晶闸管用通态平均电流作为额定电流是不同的。

2）电流关断增益 β_{off}

最大可关断阳极电流与门极负脉冲电流最大值 I_{GM} 之比，称为电流关断增益，即

$$\beta_{off} = \frac{I_{ATO}}{I_{GM}} \tag{2-2}$$

关断增益这个参数是用来描述 GTO 关断能力的。β_{off} 一般很小，只有 5 左右，这是 GTO 的一个主要缺点。采用适当的门极电路，很容易获得上升率较快、幅值足够大的门极负电流，因此在实际应用中不必追求过高的关断增益。

3）擎住电流 I_L

与普通晶闸管定义一样，I_L 是指门极加触发信号后，阳极大面积饱和导通时的临界电流。GTO 由于工艺结构特殊，其 I_L 要比普通晶闸管大得多，因此在加电感性负载时必须有足够的触发脉冲宽度。GTO 有能承受反压和不能承受反压两种类型，在使用时要特别注意。

2.4　电力晶体管

电力晶体管（Giant Transistor，GTR），是一种耐高压、大电流的双极结型晶体管（Bipolar Junction Transistor，BJT），在功率电子技术的范围内，GTR 与 BJT 是等效的。

GTR 与模拟电路中的双极结型晶体管基本原理是一样的，这里不再详述。但是对 GTR 来说，最主要的特性是耐高压、大电流、开关特性好，而不是像小功率的用于信息处理的双极结型晶体管那样注重单管电流放大系数、线性度、频率响应以及噪声和温漂等性能参数。因此，GTR 通常采用至少由两个晶体管按达林顿接法组成的单元结构，同 GTO 一样采用集成电路工艺将许多这种单元并列而成。单管的 GTR 结构与普通的双极结型晶体管是类似的。GTR 是由三层半导体（分别引出基极、集电极和发射极）形成的两个 PN 结构成，多采用 NPN 结构。图 2-15（a）和（b）分别给出了 NPN 型 GTR 内部结构断面示意图和电气图形符号。其中"+"表示高掺杂浓度，"－"表示低掺杂浓度。

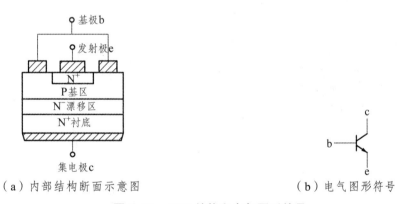

（a）内部结构断面示意图　　　　　　　　　　（b）电气图形符号

图 2-15　GTR 结构和电气图形符号

可以看出，与信息电子电路中的普通双极结型晶体管相比，GTR 多了一个 N⁻ 漂移区（低掺杂 N 区）。其主要作用是用来承受高电压的。而且，GTR 导通时也是靠从 P 区向 N⁻ 漂移区注入大量的少子形成的电导调制效应来减小通态电压和损耗的。需要说明的是，随着电力电子器件的发展，其电气性能已被其他器件全面超越，因此在工程上很少使用。

2.5　电力场效应晶体管

电力场效应晶体管（Metal Oxide Semiconductor Field Effect Transistor），简称功率 MOSFET。它是一种单极型电压控制器件，具有输入阻抗高（可达 40 MΩ 以上）、工作速度快（开关频率可达 500 kHz 以上）、驱动功率小且驱动电路简单、热稳定性好、无二次击穿问题、安全工作区（SOA）

宽等优点。目前功率 MOSFET 的耐压可达 1 000 V，电流为 200 A，开关时间仅为 13 ns。因此，它在小容量机器人传动装置、荧光灯镇流器及各类开关电路中应用极为广泛。

2.5.1 功率 MOSFET 的结构和工作原理

功率 MOSFET 种类和结构繁多，按导电沟道可分为 P 沟道和 N 沟道。当栅极电压为零时漏源极之间就存在导电沟道的称为耗尽型；对于 N（P）沟道器件，栅极电压大于（小于）零时才存在导电沟道的称为增强型。在功率 MOSFET 中，主要是 N 沟道增强型。

功率 MOSFET 在导通时只有一种极性的载流子（多子）参与导电，是单极型器件。其导电机理与小功率 MOS 管相同，但结构上有较大区别。小功率 MOS 管是一次扩散形成的器件，其导电沟道平行于芯片表面，是横向导电器件。而目前功率 MOSFET 大都采用了垂直导电结构，所以又称为 VMOSFET（Vertical MOSFET）。这大大提高了 MOSFET 器件的耐压和通流能力。按垂直导电结构的差异，功率 MOSFET 又分为利用 V 形槽实现垂直导电的 VVMOSFET 和具有垂直导电双扩散 MOS 结构的 VDMOSFET。这里主要以 VDMOSFET 器件为例进行讨论。

图 2-16（a）为常用的功率 MOSFET 的外形，图 2-16（b）给出了 N 沟道增强型功率 MOSFET 的结构，图 2-16（c）为功率 MOSFET 的电气图形符号，其引出的三个电极分别为栅极 G、漏极 D 和源极 S。

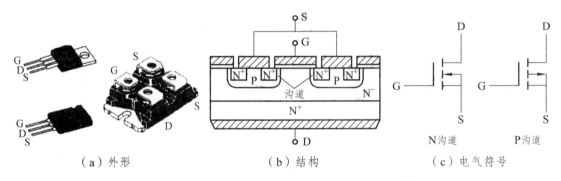

（a）外形　　　　　　　　（b）结构　　　　　　　　（c）电气符号

图 2-16　功率 MOSFET 的外形、结构和电气图

当漏极接电源正极，源极接电源负极，栅源之间电压为零或为负时，P 基区和 N 漂移区之间的 PN 结反偏，漏源极之间无电流流过。如果在栅极和源极之间加正向电压 U_{GS}，由于栅极是绝缘的，不会有栅极电流。但栅极的正电压所形成电场的感应作用却会将其下面 P 型区中的少数载流子（电子）吸引到栅极下面的 P 型区表面。当 U_{GS} 大于某一电压值 U_T 时，栅极下面 P 型区表面的电子浓度将超过空穴浓度，使 P 型半导体反型成 N 型半导体，沟通了漏极和源极（注意这时整个源极到漏极的区间均为 N 型半导体，因此电流既可以从源极流向漏极，也可以从漏极流向源极。），形成漏极电流 I_D，电压 U_T 称为开启电压，U_{GS} 超过 U_T 越多，导电能力越强。漏极电流 I_D 越大。

功率 MOSFET 也是多元集成结构，一个器件由许多个小 MOSFET 元组成。功率 MOSFET 的多元结构使每个 MOSFET 元的沟道长度大为缩短，而且所有 MOSFET 的沟道并联，势必使沟道电阻大幅度减小，从而使得在同样的额定结温下，器件的通流能力大大提高。此外，沟道长度的缩短，使载流子的渡越时间减小，又因为所有 MOSFET 单元的沟道都是并联的，所以，允许很多的载流子同时渡越，使器件的开通时间缩短，提高了工作频率，改善了器件性能。

2.5.2 功率 MOSFET 的基本特性

1. 静态特性

转移持性是指功率场效应管的输入栅源电压 U_{GS} 与输出漏极电流 I_D 之间的关系。如图 2-17（a）所示。当 $U_{GS} < U_T$ 时，I_D 近似为 0，当 $U_{GS} > U_T$ 时，随着 U_{GS} 的增大 I_D 也随之增大，当 I_D 较大时，I_D 与 U_{GS} 的关系近似为线性，曲线的斜率被定义为跨导 g。

$$g = \frac{\Delta I_D}{\Delta U_{GS}} \tag{2-3}$$

图 2-17（b）是功率 MOSFET 的漏极伏安特性，即输出特性。从图中可以看到我们所熟悉的截止区、饱和区、非饱和区三个区域。这里饱和与非饱和的概念与晶体管不同。饱和是指漏源电压增加时漏极电流不再增加，非饱和是指漏源电压增加时漏极电流相应增加。功率 MOSFET 工作在开关状态，即在截止区和非饱和区之间来回切换。

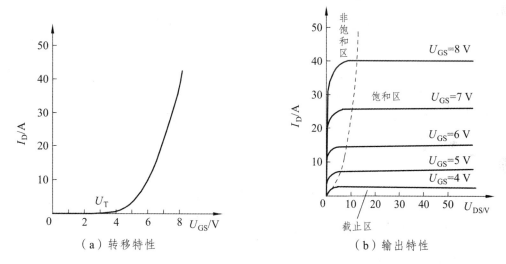

（a）转移特性　　　　　　（b）输出特性

图 2-17　功率 MOSFET 的正向特性

顺便指出从图 2-16（b）中功率 MOSFET 的基本结构可以看到其漏极、源极之间有寄生二极管（称为寄生体二极管），漏极、源极间加反向电压时器件导通，因此功率 MOSFET 可看作是逆导器件。使用功率 MOSFET 时应注意这个寄生二极管的影响。

2. 动态特性

用图 2-18（a）所示电路来测试功率 MOSFET 的开关特性。图中 u_P 为矩形脉冲电压信号源，R_S 为信号源内阻，R_G 为栅极电阻，R_L 为漏极负载电阻，R_F 用于检测漏极电流。

信号源产生阶跃脉冲电压，当其前沿到来时，极间电容 C_{in} 充电，栅极电压 u_{GS} 按指数曲线上升，如图 2-18（b）所示，当 u_{GS} 上升到开启电压 U_T 时，开始出现漏极电流 i_D，从 u_P 前沿到 i_D 出现这段时间称为开通延迟时间 $t_{d(on)}$。之后，i_D 随 u_{GS} 增大而上升，漏极电流从零上升

到稳态值所用时间称为上升时间 t_r，开通时间 t_{on} 表示为

$$t_{on} = t_{d(on)} + t_r \quad\quad (2\text{-}4)$$

当脉冲电压 u_p 下降到零时，栅极输入电容通过信号源内阻 R_S 和栅极电阻 R_G 开始放电，栅极电压 u_{GS} 按指数曲线下降，当下降到 U_{GSP} 时，漏极电流 i_D 才开始减小，这段时间称为关断延迟时间 $t_{d(off)}$。此后极间电容继续放电，u_{GS} 从 U_{GSP} 继续下降，i_D 减小，到 $u_{GS} < U_T$ 时沟道消失，i_D 下降到零。这段时间称为下降时间 t_f。关断时间 t_{off} 表示为

$$t_{off} = t_{d(off)} + t_f \quad\quad (2\text{-}5)$$

功率 MOSFET 是单极型器件，只有多子参与导电，不存在少子储存效应。因而关断过程非常迅速，是常用电力电子器件中最快的。

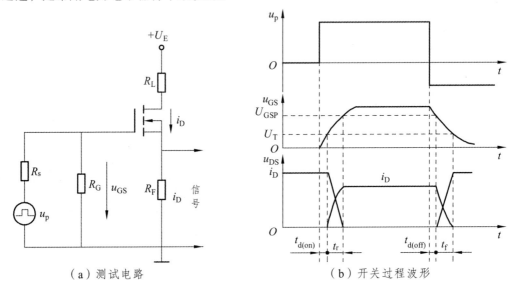

（a）测试电路　　　　　（b）开关过程波形

图 2-18　功率 MOSFET 开关过程

3. 功率 MOSFET 的主要参数

1）漏极额定电压 U_{DS}

这是标称功率场效应管的电压定额的参数。

2）漏极连续电流 I_D 和漏极峰值电流 I_{DM}

在器件内部温度不超过最高工作温度时，功率 MOSFET 允许通过的最大漏极连续电流和脉冲电流称为漏极连续电流 I_D 和漏极峰值电流 I_{DM}。这是功率 MOSFET 的电流定额的参数。

3）栅源击穿电压 U_{BGS}

栅源之间的绝缘层很薄，超过 20 V 将导致绝缘层击穿。规定了最大栅源击穿电压 U_{BGS} 极限值为 20 V。

4）极间电容

功率场效应管的三个极间分别存在极间电容 C_{GS}、C_{GD} 以及 C_{DS}；而一般生产厂家提供的是漏源极短路时的输入电容 C_{iss}、共源极输出电容 C_{oss} 和反向转移电容 C_{rss}。它们之间的关系是

$$C_{iss} = C_{GS} + C_{GD} \tag{2-6}$$

$$C_{rss} = C_{GD} \tag{2-7}$$

$$C_{oss} = C_{DS} + C_{GD} \tag{2-8}$$

5）通态电阻 R_{on}

通常规定在确定的栅极电压 U_{GS} 下，功率 MOSFET 由可调电阻区进入饱和区时的直流电阻为通态电阻。它是影响最大输出功率的重要参数。在开关电路中，它决定了信号输出幅度和自身损耗，还直接影响器件的通态压降。一般其值较小，仅为毫欧级。但器件的电压等级越高，其值会越大。

2.6 绝缘栅双极晶体管（IGBT）

绝缘栅双极晶体管（Insulated Gate Bipolar Transistor），简称 IGBT。IGBT 综合了 Power MOSFET 和电力晶体管的输入阻抗高、工作速度快、通态电压低、阻断电压高、承受电流大的优点，并得到迅速发展和广泛应用，成为当前电力半导体器件的发展方向。IGBT 在电机控制、中频电源、开关电源及要求快速的中、低压的领域备受青睐，而且其还在继续努力提高电压和电流容量。

2.6.1 IGBT 的结构以及工作原理

1. IGBT 的结构

绝缘栅双极型晶体管的结构、符号及等效电路如图 2-19 所示。从图中可见，有一个区域是由 NPN 组成的，这可以看成 MOSFET 的源极和栅极之间的部分，另一个区域为 PNP 结构，即双极型晶体管。IGBT 相当于一个由 MOSFET 驱动的厚基区晶体管。从图中还可以看到，在集电极和发射极之间存在着一个寄生晶闸管。采用空穴旁路结构并使发射区宽度微细化后，可基本上克服寄生晶闸管的擎住作用。IGBT 的低掺杂 N 漂移区较宽，因此可以阻断较高的反向电压。

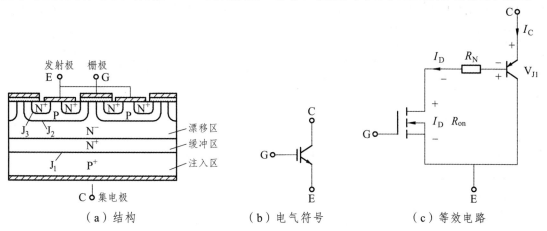

（a）结构　　　　　　　（b）电气符号　　　　　　　（c）等效电路

图 2-19　IGBT 的结构、电气符号及等效电路

2. IGBT 的工作原理

IGBT 是三端口器件，有栅极 G、集电极 C 和发射极 E。IGBT 的结构是在功率场效应管的漏极一侧附加 P⁺层而构成。IGBT 的等效电路如图 2-19（c）所示。由图可知，若在 IGBT 的栅极和发射极之间加上驱动正电压，则 MOSFET 导通，这样 PNP 晶体管的集电极与基极之间成低阻状态而使得晶体管导通；若 IGBT 的栅极和发射极之间电压为 0 V，则 MOSFET 截止，切断 PNP 晶体管基极电流的供给，使得晶体管截止。

由此可知，IGBT 的安全可靠与否主要由以 IGBT 栅极与发射极之间的电压、IGBT 集电极与发射极之间的电压、流过 IGBT 集电极与发射极的电流及 IGBT 的结温四个因素决定。

如果 IGBT 栅极与发射极之间的电压，即驱动电压过低，则 IGBT 不能稳定正常地工作，如果过高超过栅极与发射极之间的耐压则 IGBT 可能永久性损坏；同样，如果加在 IGBT 集电极与发射极的电压超过允许的集电极与发射极之间的耐压，流过 IGBT 集电极与发射极的电流超过集电极与发射极允许的最大电流，IGBT 的结温超过其结温的允许值，IGBT 都可能会永久性损坏。

2.6.2 IGBT 的基本特性

1. 静态特性

IGBT 的静态特性主要有伏安特性、转移特性和开关特性。IGBT 的伏安特性是指以栅射电压 U_{GE} 为参变量时，集电极电流与集射极电压之间的关系曲线。输出集电极电流受栅射电压 U_{GE} 的控制，U_{GE} 越高，I_C 越大。它与晶体管的输出特性相似，也可分为饱和区、放大区和截止区部分。在截止状态下的 IGBT，正向电压由 J_2 结承担，反向电压由 J_1 结承担。如果无 N⁺缓冲区，则正反向阻断电压可以做到同样水平，加入 N⁺缓冲区后，反向关断电压只能达到几十伏水平，因此限制了 IGBT 的某些应用范围。

IGBT 的转移特性是指输出集电极电流 I_C 与栅射电压 U_{GE} 之间的关系曲线。它与 MOSFET 的转移特性相同，当栅射电压小于开启电压 $U_{GE(th)}$ 时，IGBT 处于关断状态。在 IGBT 导通后的大部分集电极电流范围内，I_C 与 U_{GE} 呈线性关系。最高栅射电压受最大集电极电流限制，其最佳值一般取为 15 V 左右。IGBT 的开关特性是指集电极电流与集射电压之间的关系。IGBT 处于导通态时，由于它的 PNP 晶体管为宽基区晶体管，所以其值 β 极低。尽管等效电路为达林顿结构，但流过 MOSFET 的电流成为 IGBT 总电流的主要部分。此时，通态电压 $U_{CE(on)}$ 可用下式表示：

$$U_{CE(on)} = U_{j1} + U_{dr} + I_C R_{on} \tag{2-9}$$

式中　U_{j1}——J_1 结的正向电压，其值为 0.7～1 V；

　　　U_{dr}——扩展电阻 R_{dr} 上的压降；

　　　R_{on}——沟道电阻。

通态电流 I_C 可用下式表示：

$$I_C = (1 + \beta_{pnp}) I_{mos} \tag{2-10}$$

式中　I_{mos}——流过 MOSFET 的电流。

由于 N⁺区存在电导调制效应，所以 IGBT 的通态压降小，耐压 1 000 V 的 IGBT 通态压降为 2~3 V。IGBT 处于断态时，只有很小的漏电流存在。

2. 动态特性

IGBT 在开通过程中，大部分时间是作为 MOSFET 来运行的，只是在集射电压 U_{CE} 下降过程后期，PNP 晶体管由放大区至饱和区，又增加了一段延迟时间。$t_{\text{d(on)}}$ 为开通延迟时间，t_{ri} 为电流上升时间。实际应用中常给出的集电极电流开通时间 t_{on} 为 $t_{\text{d(on)}}$ 与 t_{ri} 之和。集射电压的下降时间由 t_{f1} 和 t_{f2} 组成，如图 2-20 所示。

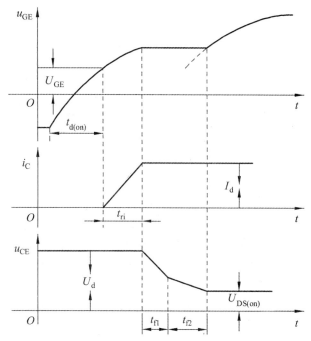

图 2-20　开通时 IGBT 的电流、电压波形

IGBT 在关断过程中，集电极电流的波形变为两段。因为 MOSFET 关断后，PNP 晶体管的存储电荷难以迅速消除，造成集电极电流较长的尾部时间，$t_{\text{d(off)}}$ 为关断延迟时间，t_{rv} 为电压 u_{CE} 的上升时间。实际应用中常常给出的集电极电流的下降时间 $t_{\text{(f)}}$ 由图 2-21 中的 t_{f1} 和 t_{f2} 两段组成，而集电极电流的关断时间 $t_{\text{off}} = t_{\text{d(off)}} + t_{\text{rv}} + t_{\text{(f)}}$ 式中，$t_{\text{d(off)}}$ 与 t_{rv} 之和又称为存储时间。

3. IGBT 的主要参数

（1）最大集射极间电压 U_{CES} 决定了器件的最高工作电压，它由内部 PNP 晶体管的击穿电压确定，具有正温度系数。

（2）最大集电极电流：包括额定直流电流 I_{C} 和 1 ms 脉宽最大电流 I_{CP}。

（3）最大集电极功耗 P_{CM}：正常工作温度下允许的最大功耗。

（4）最大栅射极电压 U_{GES}：栅极电压是由栅氧化层和特性所限制，为了确保长期使用的可靠性，应将栅极电压限制在 20 V 以下。

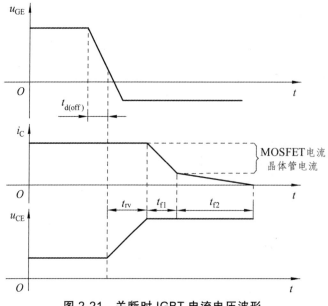

图 2-21　关断时 IGBT 电流电压波形

4. IGBT 的擎住效应和安全工作区

（1）擎住效应。

IGBT 为 4 层结构，其体内存在一个寄生晶闸管。在 NPN 晶体管的基极与发射极之间，存在一个体区短路电阻。P 型区的横向空穴流过该电阻会产生一定压降，对 J_3 结来说相当于一个正偏置电压。在规定的集电极电流范围内，这个正偏置电压不大，NPN 晶体管不会导通；当 I_C 大到一定程度时，该正偏置电压使 NPN 晶体管导通，进而使 NPN 和 PNP 晶体管处于饱和状态。于是寄生晶闸管导通，栅极失去控制作用，这就是所谓的擎住效应。IGBT 发生擎住效应后，造成导通状态锁定，无法关断 IGBT。因此，IGBT 在使用中，应注意防止过高的 du/dt 和过大的过载电流。

（2）安全工作区。

IGBT 的优点之一是没有二次击穿。其正向导通时的安全工作区如图 2-22 所示。当 IGBT

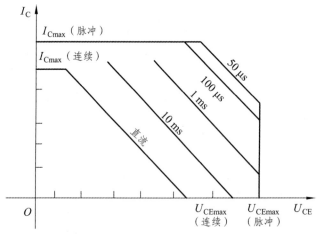

图 2-22　IGBT 正向偏置安全工作区

正向偏置时，其安全工作区称为正向安全工作区（Forward Biased Safe Operating Area，FBSOA）。FBSOA 与 IGBT 的导通时间密切相关。当导通时间很短时，安全工作区为矩形，随着导通时间的增加，安全工作区逐渐减少，当直流工作时，由于导通时间长，发热严重，安全工作区最小。

当 IGBT 反向偏置时关断，其安全工作区称为反向偏置安全工作区（Reverse Biased Safe Operating Area，RBSOA）。IGBT 的射极与栅极之间相当于有一个等效电容，当其由导通状态变为截止状态时，电压上升产生的 du/dt 通过这个小电容与发射级 E 之间产生一个小的感应电流，使 IGBT 误导通，产生擎住效应。这是人们不希望的。du/dt 越大，安全工作区越小，一般使 U_{GE} 驱动电压大于 5 V 即可解决这样的问题。

2.7 集成门极换流晶闸管（IGCT）

IGCT（Integrated Gate Commutated Thyristor）指的是集成门极换流晶闸管，一种用于巨型电力电子成套装置中的新型电力半导体器件。IGCT 将 IGBT 与 GTO 的优点结合起来，其容量与 GTO 相当，但开关速度比 GTO 快 10 倍，而且可以省去 GTO 应用时庞大而复杂的缓冲电路。但是 IGCT 所需的驱动功率仍然很大。IGCT 是在晶闸管基础上发展的，其关断机理是通过在门极上施加负的关断电流脉冲，把阳极电流从阴极向门极分流，使原来的 PNPN 四层结构变成 PNP 三层结构，从而关断器件。由于负的关断电流脉冲限制，故 IGCT 有一个能关断的最大阳极电流值，超过此值器件便不能关断，出现"直通"现象，器件的额定电流就定义为这个最大可关断电流。

它的应用使交流装置在功率、可靠性、开关速度、效率、成本、质量和体积等方面都取得了巨大进展，给电力电子成套装置带来了新的飞跃。

2.8 半导体电力开关模块和功率集成电路

2.8.1 半导体电力开关模块

把同类或者不同类的一个或者多个开关器件按照一定的拓扑结构连接封装在一起的开关器件组合称为电力开关模块。半导体电力开关模块在现代电力电子技术中占据着重要的地位，它正向高频化、大功率化、智能化和模块化方向发展，其中模块化应用更为深入。电力半导体模块产品广泛用于建筑、通信、电力、电子、化工、机械等领域。常用的有二极管模块、晶闸管模块、Power MOSFET 模块以及 IGBT 模块。

2.8.2 功率集成电路

功率集成电路（Power Integrated Circuit），简称 PIC。它是至少包含一个半导体功率器件和一个独立功能电路的单片集成电路，成为除单极型、双极型和复合型器件以外的第四大类电力半导体器件。功率集成电路是微电子技术和电力电子相结合的产物。

功率集成电路分为两类：一类是高压集成电路，简称 HVIC，它是耐高压电力半导体器件与控制电路的单片集成；另一类是智能功率集成电路，简称 SPIC，它是电力半导体器件与控制电路、保护电路以及传感器等电路的多功能集成。

为了实现功率集成，必须解决多项技术和工艺难题。高低压电路之间的绝缘问题以及温升和散热的有效处理，一度是功率集成电路的主要技术难点。因此，以前功率集成电路的开发和研究主要在中小功率应用场合，如家用电器、办公设备电源、汽车电器等。智能功率模块则在一定程度上回避了这两个难点，只将保护和驱动电路与 IGBT 器件封装在一起，因而最近几年获得了迅速发展。目前最新的智能功率模块产品已用于高速子弹列车牵引这样的大功率场合。

2.9 宽禁带半导体材料的电力电子器件

从晶闸管问世到 IGBT 的普遍应用，电力电子器件近 40 年的长足发展，其表现基本上都是器件原理和结构上的改进和创新，在材料的使用上始终没有逾越硅的范围。无论是功率 MOSFET 还是 IGBT，它们跟晶闸管和整流二极管一样都是硅制造的器件。但是，随着硅材料和硅工艺的日趋完善，各种硅器件的性能逐渐接近其理论极限，而电力电子技术的发展却不断对电力电子器件的性能提出更高的要求，尤其希望器件的功率和频率能够得到一定程度的兼顾。因此，硅是不是制造电力电子器件的最佳材料以及具备何种特性的半导体材料更适合于制造电力电子器件的问题，成为 21 世纪电力电子器件工程师们的热门研究课题。

我们知道，固体中电子的能量具有不连续的量值，电子都分布在一些相互之间不连续的能带（Energy Band）上。价电子所在能带与自由电子所在能带之间的间隙称为禁带或带隙（Energy Gap 或 Band Gap）。所以禁带的宽度实际上反映了被束缚的价电子要成为自由电子所必须额外获得的能量。硅的禁带宽度为 1.12 eV（电子伏特），而宽禁带半导体材料是指禁带宽度在 3.0 eV 及以上的半导体材料，典型的是碳化硅（SiC）、氮化镓（GaN）、金刚石等材料。

作为一种宽禁带半导体材料，碳化硅不但具有击穿电场强度高、热稳定性好，还具有载流子饱和漂移速度高、热导率高等特点，可以用来制造各种耐高温的高频大功率器件，应用于硅器件难以胜任的场合，或在一般应用中实现硅器件难以达到的效果。使用碳化硅制造的电力电子器件，有可能将半导体器件的极限工作温度提高到 600 ℃ 以上，至少可以在硅器件难以承受的高温下长时间稳定工作。不仅如此，在额定阻断电压相同的前提下，碳化硅功率开关器件不但具有通态电阻低的优点，其工作频率一般也比硅器件高 10 倍以上。因此，包含微波电源在内的电力电子技术有可能从碳化硅材料的实用化得到的好处不仅有整体性能的改善，同时还有整机体积的大幅度缩小，以及对工作环境的广泛适应能力。

使用宽禁带半导体制造电力电子器件的第一优势是容易提高开关器件，特别是高频大电流器件的耐压能力。对电力电子技术而言，使用宽禁带半导体并不仅仅在于提高了器件的耐压能力，更重要的还在于能够大幅度地降低器件及其辅助电路的功率消耗，从而使电力电子技术的节能优势得以更加充分的发挥。宽禁带半导体材料的电力电子器件的另一优势是能够兼顾器件的功率和频率，以及耐高温。这些正好都是电力电子技术的进一步发展对器件提出的基本要求，而硅和砷化镓在这些方面都有很大的局限性。

宽禁带半导体电力电子器件的诞生和长足发展是电力电子技术的一次革命性进展。人们期待着宽禁带半导体电力电子器件在成品率、可靠性和价格等方面的较大改善，从而进入全面推广的阶段。不久的将来，性能优越的各种宽禁带半导体电力电子器件会逐渐成为电力电子技术的主流器件，从而极有可能引发电力电子技术的一场新的革命。

2.10 电力电子器件的驱动、保护和串、并联使用

2.10.1 电力电子器件的驱动

通过控制极加一定的信号使器件导通或关断，产生驱动信号的电路称为驱动电路（晶闸管类器件称为触发电路）。电力电子器件的驱动电路是电力电子主电路与控制电路之间的接口，是电力电子装置的重要环节，对整个装置的性能有很大的影响。采用性能良好的驱动电路，可使电力电子器件工作在较理想的开关状态，缩短开关时间，减小开关损耗，对装置的运行效率、可靠性和安全性都有重要的意义。

各种不同的电力电子器件有不同的驱动电路，但总体来说，是对驱动信号的电压、电流、波形和驱动功率的要求，以及对驱动电路的抗扰和与主电路的隔离等要求。驱动电路与主电路的隔离是很重要的，驱动电路是低压电路，一般在数十伏以下，而主电路电压可以高达数千伏以上，如果二者之间有电的直接联系，主电路高压将对低压驱动电路产生威胁，因此二者之间需要电气隔离。隔离的主要方法一般是用脉冲变压器的磁隔离或采用光耦器件的光隔离，如图 2-23 所示。

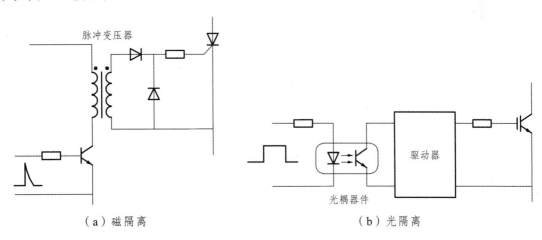

（a）磁隔离　　　　　　　　　　　　　（b）光隔离

图 2-23　隔离电路类型

对于磁隔离，当脉冲较宽时（如数毫秒），为避免铁心饱和，常采用高频信号（几千赫兹至数十千赫兹）进行调制后再加在脉冲变压器上。而对于光隔离，光耦合器是由发光二极管和光敏晶体管组成并封装于一体，其类型有普通、高速和高传输比三种，内部电路和基本接法分别如图 2-24 所示。

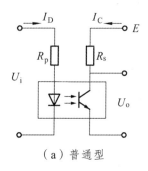
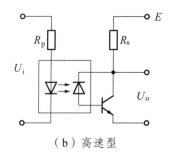
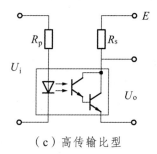

（a）普通型   （b）高速型   （c）高传输比型

图 2-24　光耦合器的类型和接法

普通光耦合器的输出特性和晶体管相似，只是其电流传输比 I_C/I_D 比晶体管的电流放大倍数 β 小得多，一般只有 0.1～0.3。高传输比光耦合器的 I_C/I_D 要大得多。普通光耦合器的响应时间约为 10 μs。高速耦合器的发光二极管流过的是反向电流，其响应时间小于 1.5 μs。在主电路电压等级比较高的情况下，还可以采用光纤来传导控制信号替代电信号的空间传导。

按照驱动电路加在电力电子器件控制端和公共端之间信号的性质，可以将电力电子器件分为电流驱动型和电压驱动型两类。晶闸管虽然属于电流驱动型器件，但是它是半控型器件，因此下面将单独讨论其驱动电路。晶闸管的驱动电路常称为触发电路。对典型的全控型器件 GTO、功率 MOSFET 和 IGBT，则将按电流驱动型和电压驱动型分别讨论。

应该说明的是，驱动电路的具体形式可以是分立元件构成的驱动电路，但目前的趋势是采用专用的集成驱动电路，包括双列直插式集成电路，以及将光耦隔离电路也集成在内的混合集成电路，而且为达到参数最佳配合，应首先选择所用电力电子器件的生产厂家专门为其器件开发的集成驱动电路。

1. 半控型器件（SCR）的触发驱动器

晶闸管是电流型驱动器件，采用脉冲触发，为触发晶闸管开通，门极的脉冲电流必须有足够大的幅值和持续时间，以及尽可能短的电流上升时间。控制电路和主电路的隔离通常是必要的。隔离可由光耦或脉冲变压器实现，这两种方式各有优缺点：光电耦合器隔离时两侧的电磁干扰小，但光耦器件需要承受主电路高压，有时还需要在晶闸管侧有一个电源和一个脉冲电流放大器，而用脉冲变压器隔离驱动就不要另加电源，然而，脉冲变压器需要采取措施防止磁芯饱和。

基于脉冲变压器（PTR）和三极管放大器（TRA）的驱动器如图 2-25（a）所示。当控制系统发出的驱动信号加至三极管放大器后，脉冲变压器输出电压经 D_2 输出晶闸管的触发脉冲电流 I_G。三极管放大器的输入信号为零后，脉冲变压器原边电流经齐纳二极管 D_Z 和二极管 D_1 续流并迅速衰减至零，防止脉冲变压器磁饱和。电路中的二极管 D_2 使脉冲变压器副边对门极只提供正向驱动电流 I_G。

图 2-25（b）给出了晶闸管的一个简单光电隔离驱动电路。光电耦合器由发光二极管（LED）和光控晶闸管（LAT）组成。驱动电路的能量直接由主电路获得，当 LED 触发 LAT 时，LAT 串联电阻 R 上的电压用来产生门极电流 I_G。显然，这时 LAT 必须承受与被驱动的晶闸管一样的高电压。

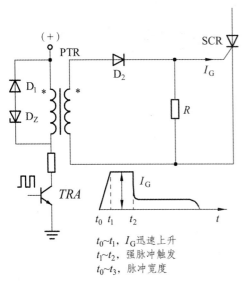

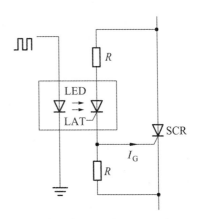

$t_0 \sim t_1$, I_G 迅速上升
$t_1 \sim t_2$, 强脉冲触发
$t_0 \sim t_3$, 脉冲宽度

（a）脉冲变压器的 SCR 驱动器　　　　　（b）光电耦合器的 SCR 驱动器

图 2-25　晶闸管（SCR）触发驱动器

现今晶闸管主要应用于交流-直流相控整流和交流-交流相控调压，适用于这些应用的各种驱动触发器都已集成化、系列化。例如目前国内生产的 KJ 系列和 KC 系列的晶闸管驱动（触发器），都可供读者选用。

2. 全控型器件的驱动电路

全控型器件可分为电流驱动和电压驱动，其驱动电流或电压的波形基本如图 2-26 所示，一般驱动脉冲前沿要求比较陡（小于 1 μs），以保证快速开通；关断时在控制极加一定负电压，有利于减小关断时间和关断损耗。

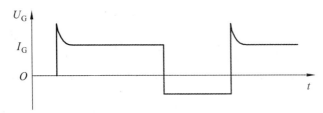

图 2-26　全控型器件的驱动波形

1）GTO 的驱动器

虽然 GTO 的开通和 SCR 类似，即要求在其门极施加脉冲电流，但由于其关断时要求施加很大的门极负脉冲电流，因此全控型器件 GTO 的驱动器比半控型器件 SCR 复杂得多。图 2-27 中给出了一个门极驱动电路的例子。需要 GTO 开通时，MOS 管 M_1、M_2 接收来自控制系统的开通信号（M_1、M_2 为高频互补式方波脉冲电压），两个 MOS 管 M_1、M_2 交替地通、断变换。脉冲变压器 PTR 传输高频脉冲列，脉冲变压器副边为高频交流脉冲电压 U_{AB}，当 A 为正，B 为负时，副边电压 U_{OB} 从 O 点经稳压齐纳二极管 D_Z 和电感 L 产生 $+I_G$，再经 D_2 回

到 B 点。当 B 为正，A 为负时，副边电压 U_{OA} 从 O 点经 D_Z 和 L 产生 $+I_G$ 开通 GTO，再经 D_1 回到 A 点。在 GTO 被 $+I_G$ 驱动的同时，电容 C 经由四个二极管组成的整流桥充电。GTO 导通后，撤除 M_1、M_2 控制信号，GTO 仍保持通态，电容 C 已被充好电，积蓄了关断 GTO 所需能量，一旦需要关断 GTO 时，控制系统发出关断信号，一方面令 M_1、M_2 失去开通信号，同时触发图中的 SCR 导通，电容 C 经 SCR 到 GTO 的阴极、门极和电感 L 放电，产生 $-I_G$，关断 GTO。

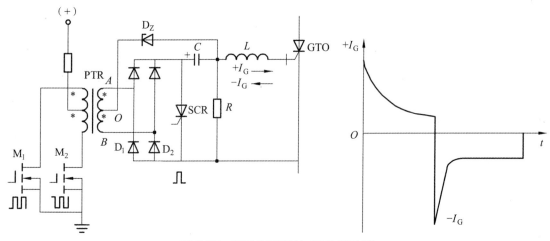

图 2-27　脉冲变压器的 GTO 驱动器

　　光电耦合器隔离的 GTO 驱动器中，其 GTO 侧必须有电源提供门极电流，特别是在关断时需要提供很大的关断电流，这是个大缺点。

2）Power MOSFET、IGBT 驱动器

　　电压控制型半导体电力电子器件在稳态时其栅极实际上不取用电流，因此有可能直接通过逻辑门来触发。然而当需要驱动大功率高频开关时，电荷必须尽快传至栅极电容或从其抽出，这就要求在开通和关断信号的起始段有很高的栅极脉冲电流，单独的标准逻辑门自身并不能提供数值很高的正值脉冲驱动电流，也不能吸收 IGBT 等大功率器件栅极电容在关断时所送出的数值很高的负值脉冲电流，因而严重制约了开关频率的提高。所以，为了充分利用电压控制型器件（尤其是 Power MOSFET）的高速能力，驱动器必须能输出和吸收高值暂态脉冲电流。

　　为简便起见，以下均以 Power MOSFET 的驱动器为例进行介绍，它们同样也可用于 IGBT。图 2-28（a）给出了采用专用 TTL 驱动器 CD 的一个简单栅极驱动电路，该驱动器 CD 在逻辑门电压的作用下能提供起始值较大的脉冲电流，因而适用于驱动 Power MOSFET 等电压型全控电力电子器件。图 2-28（b）给出了由脉冲变压器 PTR 驱动的 Power MOSFET，图中的辅助 MOS 管 AM 是 N 沟道增强型 MOS 管。当有正信号输入时，脉冲变压器副边电压 U_{SG} 经二极管 D_1（辅助 MOS 管的寄生二极管 D_1）向 Power MOSFET 管提供开通电压并给栅极/源极结电容 C 充电，这时辅助 MOS 管反偏（S 为正，G 为负）而不导通，阻断了 Power MOSFET 栅极结电容 C 经 AM 放电。当有负信号输入时，脉冲变压器副边电压 $U_{GS}>0$，辅助 MOS 管导通，抽出 Power MOSFET 管栅极结电容 C 的电荷，使其关断。

36

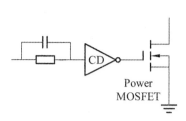 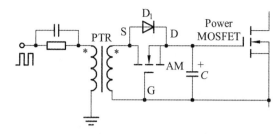

（a）大脉冲电流 TTL 的 Power MOSFET 驱动器　　（b）脉冲变压器的 Power MOSFET 驱动器

图 2-28　Power MOSFET 驱动器

图 2-29 给出了 Power MOSFET、IGBT 带光耦的驱动器，当有驱动信号时，A 点为正电位，T_1 管导通使 Power MOSFET 导通。当无驱动信号时，A 点为负电位，T_2 管导通，稳压管 D_Z 的电压 V_Z 作为反压加至 Power MOSFET 的栅极-源极关断 Power MOSFET。

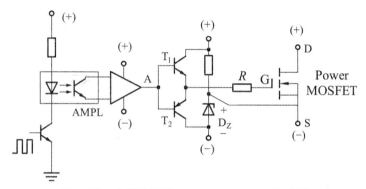

图 2-29　光耦隔离的 Power MOSFET 驱动器

Power MOSFET 的驱动电压一般取 10 ~ 15 V，IGBT 取 15 ~ 20 V，关断时控制极加 – 15 ~ – 5 V 电压。

至今各国许多生产厂家已经有各类电力电子开关器件的各种驱动器产品可供电力电子变换器设计者选用。常用的 Power MOSFET 驱动模块有三菱公司的 M57918，其输入电流信号幅值为 16 mA，输出最大脉冲电流达 + 2 A 和 – 3 A，输出驱动电压 + 15 V 和 – 10 V。IGBT 驱动模块有三菱公司的 M579 系列（M57962L、M57959L），富士公司的 EXB 系列（如 EXB840、EXB841、EXB850 和 EXB851），西门子 2ED020I12，等。

2.10.2　电力电子器件的保护

电力电子器件承受过电压和过电流的能力较低，一旦电压电流超过额定值，器件极易损坏，造成损失，需要采取保护措施。电力电子装置的过电压和过电流，是由于外部或内部的状态突变造成的，例如雷击，线路开关（断路器）的分合，电力电子器件的通断都会引起电路状态的变化，电路状态的变化将引起电磁能量的变化，从而激发很高的 $L \mathrm{d}i/\mathrm{d}t$，产生过电压。电力电子装置负载过大（过载），电动机"堵转"，以及短路等故障会引起装置的过电流。本文主要介绍过电压和过电流保护的方法。

1. 过电压保护（图 2-30）

避免过电压产生要在电路状态变化时为电磁能量的消散提供通路，其主要措施有：

（1）在变压器入户侧安装避雷器（图 2-30 中 A），在雷击发生时避雷器阀芯击穿，雷电经避雷器入地，避免雷击过电压对变压器及变流器产生影响。

（2）变压器附加接地的屏蔽层绕组或者在副边绕组上适当并联接地电容（图 2-30 中 B），以避免合闸瞬间变压器原副边绕组分布电感产生过电压。

（3）非线性器件保护。非线性器件有雪崩二极管、金属氧化物压敏电阻、硒堆和转折二极管等，这些器件在正常电压时有高阻值，在过电压时器件被击穿产生泄电通路，过电压消失后能恢复阻断能力，其中压敏电阻（图 2-30 中 E）是常用的过电压保护措施，在三相线路上压敏电阻可作星形或三角形连接。

（4）阻容保护（图 2-30 中 C）。利用电容吸收电感释放的能量，电阻限制电容电流，阻容吸收装置比较简单实用。在三相线路上三相阻容吸收装置可作星形或三角形连接。图 2-30 中 D 是带不控整流器的阻容吸收装置，其中与电容并联的电阻用以消耗电容吸收的电能。

（5）电力电子器件开关过电压保护。晶闸管电路可以在晶闸管上并联 RC 吸收电路（图 2-30F），全控器件则采用缓冲电路。

（6）整流装置的直流侧一般采用阻容保护和压敏电阻作过电压保护（图 2-30 中 G 和 H）。

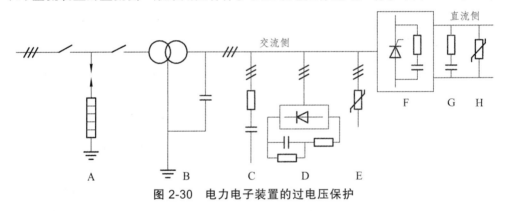

图 2-30　电力电子装置的过电压保护

2. 过电流保护（图 2-31）

（1）快速熔断器。快速熔断器采用银质材料的熔断体，熔断点的电流值较普通熔断器准确，一旦电流超过规定值可以快速切断电路。快速熔断器与器件直接串联，过电流时对器件的保护作用最好，也可以串联在变流电路的交流侧或直流侧，这时对电力电子器件的保护作用减小。

（2）过电流继电器。通过电流互感器检测电流，一旦过电流发生，则通过电流继电器使接触器断开切断电源，从而避免过电流影响的扩大。在小容量装置中也采用带过电流跳闸功能的自动空气开关。

（3）电子保护电路。一般过电流继电器的电流保护值容差较大，继电器的反应速度也较慢，采用电子过流保护装置，一旦检测到过电流可以准确快速地切断故障电路，或者使触发器（或驱动器）停止脉冲输出，使开关器件关断避免器件损坏，这是较好的保护方式。

（4）直流快速开关。大功率直流回路电感储存大量电磁能量，切断直流回路时电磁能量的释放会在开关触点间形成强大电弧，因此切断大功率直流回路需要用直流快速开关，其断弧能力强，可以在数毫秒内切断电路。

因为过电流时器件极易损坏，过电流发生时需要及时切断有关电路避免故障的扩大。过电流继电器和电子保护在故障排除后易于现场恢复，而熔断器保护则需要更换熔断器，因此过电流故障发生时应尽量使电子保护和继电器保护首先动作，熔断器主要作短路保护。全控型器件一般工作频率较高，很难用快速熔断器保护，通常采用电子保护电路。过电压过电流保护元器件参数的计算和选择可以参考《电工手册》，各种保护方法也可根据需要选择，例如小功率装置可以只用压敏电阻和阻容吸收电路作过电压保护，以快速熔断器作过电流保护。另外，功率 MOSFET 在保管存放时要注意静电防护，MOSFET 有高输入阻抗，栅极上容易积累静电荷引起静电击穿，因此器件需要保存在金属容器中而不能使用塑料容器存放，焊接或者测试时电烙铁、仪器和工作台要良好接地。

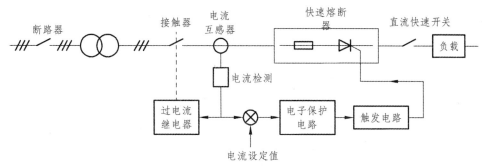

图 2-31　电力电子装置的过电流保护

2.10.3　电力电子器件的串联和并联使用

对较大型的电力电子装置，当单个电力电子器件的电压或电流定额不能满足要求时，往往需要将电力电子器件串联或并联起来工作，或者将电力电子装置串联或并联起来工作。本节将先以晶闸管为例简要介绍电力电子器件串、并联应用时应注意的问题和处理措施，然后概要介绍应用较多的功率 MOSFET 并联以及 IGBT 并联的一些特点。

1. 晶闸管的串联

当晶闸管的额定电压小于实际要求时，可以用两个以上同型号器件相串联。理想的串联希望各器件承受的电压相等，但实际上因器件特性之间的差异，一般都会存在电压分配不均匀的问题。串联的器件流过的漏电流总是相同的，但由于静态伏安特性的分散性，各器件所承受的电压是不等的。图 2-32（a）表示两个晶闸管串联时，在同一漏感电流 I_R 下所承受的正向电压是不同的。若外加电压继续升高，则承受电压高的器件将首先达到转折电压而导通，使另一个器件承担全部电压也转折导通，两个器件都失去控制作用。同理，反向时，因伏安特性不同而不均压，可能使其中一个器件先反向击穿，另一个随之击穿。这种由于器件静态特性不同而造成的均压问题称为静态不均压问题。

为达到静态均压，首先应选用参数和特性尽量一致的器件，此外可以采用电阻均压，如图 2-32（b）中的 R_P。R_P 的阻值应比任何一个器件阻断时的正、反向电阻小得多，这样才能使每个晶闸管分担的电压取决于均压电阻的分压。

类似地，由于器件动态参数和特性的差异造成的不均压问题称为动态不均压问题。为达到动态均压，同样首先应选择动态参数和特性尽量一致的器件，另外，还可以用 RC 电路与晶闸管并联做动态均压，如图 2-29（b）所示。对于晶闸管来讲，采用门极强脉冲触发可以显著减小器件开通时间上的差异，因此有利于器件的动态均压。

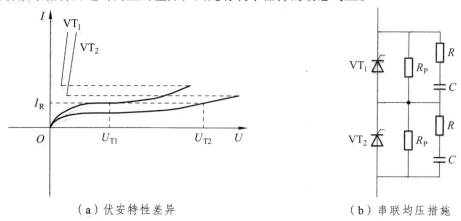

（a）伏安特性差异　　　　　　　（b）串联均压措施

图 2-32　晶闸管的串联

2. 晶闸管的并联

大功率晶闸管装置中，常用多个器件并联来承担较大的电流。当晶闸管并联时就会分别因静态和动态特性参数的差异而存在电流分配不均匀的问题。均流不佳，有的器件电流不足，有的过载，有碍提高整个装置的输出，甚至造成器件和装置的损坏。

均流的首要措施是挑选特性参数尽量一致的器件。此外，还可以采用均流电抗器。同样，采用门极强脉冲触发也有助于动态均流。

当需要同时串联和并联晶闸管时，通常采用先串后并的方式连接。

3. 功率 MOSFET 和 IGBT 并联运行的特点

功率 MOSFET 的通态电阻 R_{on} 具有正的温度系数，并联使用时具有电流自动均衡的能力，因而并联使用比较容易，但也要注意选用通态电阻 R_{on}、开启电压 U_T、跨导 g 和输入电容 C_{iss} 尽量相近的器件并联；电路走线和布局应尽量做到对称；为了更好地动态均流，有时可以在源极电路中串入小电感，起到均流电抗器的作用。

IGBT 的通态压降在 1/2 或 1/3 额定电流以下的区段具有负的温度系数，在 1/2 或 1/3 额定电流以上的区段则具有正的温度系数，因此 IGBT 在并联使用时（正温度系数区间）也具有电流的自动均衡能力，与功率 MOSFET 类似，易于并联使用。当然，实际并联时，在器件参数选择、电路布局和走线等方面也应尽量一致。

本章小结

本章集中介绍了半导体电力二极管、晶闸管及其派生器件、GTO、GTR、功率 MOSFET

以及绝缘栅双极型晶体管（IGBT）等电力电子器件的基本组成、工作原理、静态动态特性及其主要工作参数，同时还介绍了其中一些常见的电力电子器件的驱动、保护电路的组成、要求、工作原理和电路形式。由于本章内容较多且较繁杂，同时主要叙述的是器件，故而在学习时应注意下列几点：

（1）电力二极管是指允许流过电流较大、承受电压较高的一种二极管，目前主要是指模块化的二极管。

（2）电力二极管自身损耗较大，应用时要注意散热问题。同时，还要根据功率变换电路的工作频率来正确选择电力二极管，但要注意肖特基管不宜工作在高压状态。

（3）晶闸管（SCR）实际上可以理解为两等效晶体管的交叉正反馈，从这个等效电路很容易理解与掌握它作为开关的导通与关断的条件。

（4）GTO 与 SCR 最大的区别是结构上的，GTO 在门极加反偏后，可以使其自行关断。GTO 的参数有许多和 SCR 是一样的，但重要的参数是不同于 SCR 的可关断阳极电流、关断增益等。

（5）功率 MOSFET 最大的优点是驱动容易，工作频率高，温度特性好，易于并联，没有二次击穿的问题。但在大电流使用时应充分注意其通态电阻的指标。另外，要注意正确使用，在装配、调试、测试时都应保证功率 MOSFET。

（6）IGBT 是将 MOSFET 与电力晶体管的优点集于一身的一种新型全控器件，具有输入阻抗高、工作速度快、热稳定性好和驱动电路简单的特点，但仍需一定的驱动功率。

（7）驱动电路主要是为了有效控制功率开关器件的通断。根据不同的开关器件，应采用不同的驱动方式和电路。

（8）电力电子器件承受过电压和过电流的能力较低，一旦电压电流超过额定值，器件极易损坏造成损失，需要采取保护措施。

（9）电力电子器件串、并联应用时，应尽量挑选特性参数一致的器件。实际串、并联时，在器件参数选择、电路布局和走线等方面也应尽量一致。

习题及思考题

1. 晶闸管导通的条件是什么？怎样使晶闸管由导通变为关断？

2. 单相正弦交流电源，其电压有效值为 220 V，晶闸管和电阻串联相接，试计算晶闸管实际承受的正、反向电压最大值是多少。考虑晶闸管的安全裕量，其额定电压如何选取？

3. 如图 2-33 所示的电路中，E=50 V，R=0.5 Ω，L=0.5 H，晶闸管的擎住电流为 15 mA，要使晶闸管导通，门极触发电流脉冲宽度至少应为多少？

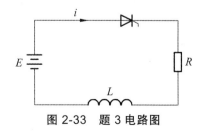

图 2-33　题 3 电路图

4. 图 2-34 为晶闸管调试电路，在断开 R_d 测量输出电压 U_d 是否正确可调时，发现电压表读数不正常，接上 R_d 后一切正常，为什么？

5. 如图 2-35 所示，用万用表怎么区分晶闸管阳极（A）、阴极（K）和门极（G）？判断晶闸管的好坏有哪些简单实用的方法？

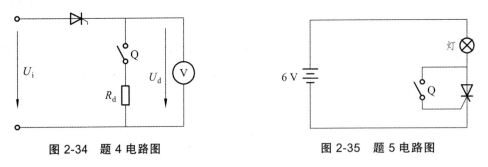

图 2-34　题 4 电路图　　　　　　　　　　图 2-35　题 5 电路图

6. 螺栓式与平板式晶闸管拧紧在散热器上，是否拧得越紧越好？

7. 试求图 2-36 中电压波形的平均值及其有效值。

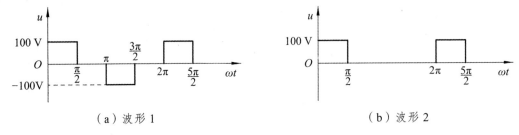

（a）波形 1　　　　　　　　　　　　（b）波形 2

图 2-36　题 7 的电压波形

8. 试列举你所知道的电力电子器件，并从不同的角度对这些器件进行分类。试写出目前常用的全控型电力电子器件有哪些，并对其特征进行对比。

9. 试说明功率 MOSFET 及 IGBT 各自的优、缺点。

第 3 章

交流-直流变换电路

利用电力半导体开关器件的通、断控制，将交流电变为直流电称为整流。整流电路（Rectifier）是电力电子电路中出现最早的一种，它的作用是将交流电变为直流电供给直流用电设备。实现整流的电力半导体开关电路连同其辅助元器件和系统称为整流器。

整流器的类型很多，归纳分类如下：

（1）按交流电源电流的波形可分为：

① 半波整流；② 全波整流。

（2）按交流电源的相数的不同可分为：

① 单相整流；② 三相整流。

（3）按整流电路中所使用的开关器件及控制能力的不同可分为：

① 不控整流；② 半控整流；③ 全控整流。

（4）按控制原理的不同可分为：

① 相控整流；② 高频 PWM 整流。

下面我们按照所使用的开关器件及控制能力分类对整流电路进行详细分析。

3.1 晶闸管整流电路

3.1.1 单相半波整流电路

1. 带电阻负载的工作情况

1）电路分析

单相半波可控整流电路及波形如图 3-1 所示，变压器 T 起变换电压和隔离的作用，其一次侧和二次侧电压瞬时值分别用 u_1 和 u_2 表示，有效值分别用 U_1 和 U_2 表示，其中 U_2 的大小根据需要的直流输出电压的平均值 U_d 确定。

电阻负载的特点是电压与电流成正比，两者波形相同。在分析整流电路工作时，认为晶闸管（开关器件）为理想器件，即晶闸管导通时其管压降等于零，晶闸管阻断时其漏电流等于零，除非特意研究晶闸管的开通、关断过程，一般认为晶闸管的开通与关断过程瞬时完成。

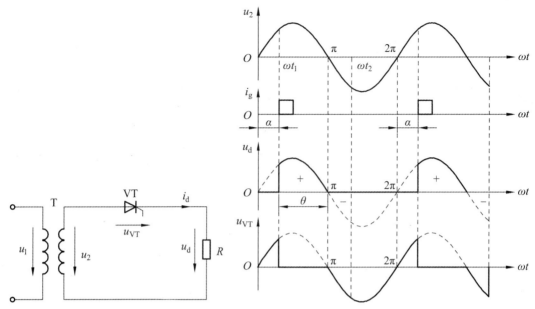

图 3-1   单相半波可控整流电路及波形

改变触发时刻，u_d 和 i_d 波形随之改变，直流输出电压 u_d 为极性不变但瞬时值变化的脉动直流，其波形只在 u_2 正半周内出现，故称"半波"整流。加之电路中采用了可控器件晶闸管，且交流输入为单相，故该电路称为单相半波可控整流电路。整流电压 u_d 波形在一个电源周期中只脉动 1 次，故该电路为单脉波整流电路。

2）基本数量关系

从晶闸管开始承受正向阳极电压到施加触发脉冲，经过的电角度称为触发延迟角，也称触发角或控制角。晶闸管在一个电源周期中处于通态的电角度称为导通角。直流输出电压平均值：

$$U_d = \frac{1}{2\pi}\int_\alpha^\pi \sqrt{2}U_2 \sin\omega t \cdot d(\omega t) = \frac{\sqrt{2}U_2}{2\pi}(1+\cos\alpha) = 0.45U_2\frac{1+\cos\alpha}{2} \qquad （3\text{-}1）$$

随着 α 增大，U_d 减小，该电路中 VT 的 α 移相范围为 180°。通过控制触发脉冲的相位来控制直流输出电压大小的方式称为相位控制方式，简称相控方式。

2. 带阻感负载的工作情况

带阻感负载的单相半波可控整流电路及其波形如图 3-2 所示，阻感负载的特点是电感对电流变化有抗拒作用，使得流过电感的电流不能发生突变。晶闸管 VT 处于断态，$i_d = 0$，$u_d = 0$，$u_{VT} = u_2$。在 ωt_1 时刻，即触发角 α 处 $u_d = u_2$。L 的存在使 i_d 不能突变，i_d 从 0 开始增加。u_2 由正变负的过零点处，i_d 已经处于减小的过程中，但尚未降到零，因此 VT 仍处于通态。

t_2 时刻，电感能量释放完毕，i_d 降至零，VT 关断并立即承受反压。由于电感的存在延迟了 VT 的关断时刻，使 i_d 波形出现负的部分，与带电阻负载时相比其平均值 U_d 下降。其波形如图 3-2 所示。

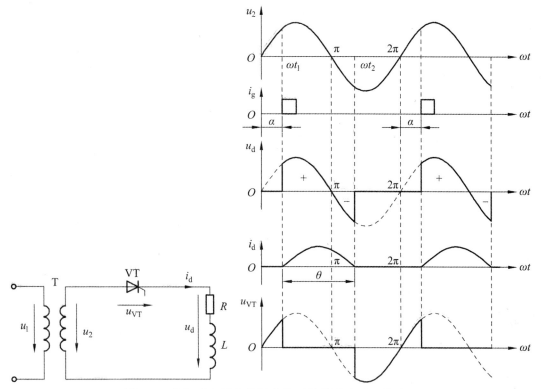

图 3-2　带阻感负载的单相半波可控整流电路及其波形

通过器件的理想化，将电路简化为分段线性电路，器件的每种状态对应于一种线性电路拓扑，对单相半波电路的分析可基于上述方法进行：

当 VT 处于断态时，相当于电路在 VT 处断开，$i_d = 0$。当 VT 处于通态时，相当于 VT 短路，等效电路如图 3-3 所示。

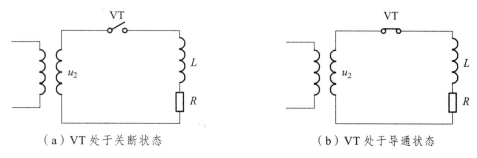

（a）VT 处于关断状态　　　　　　　　　　（b）VT 处于导通状态

图 3-3　单相半波可控整流电路的分段线性等效电路

当 VT 处于通态时，如下方程成立：

$$L\frac{\mathrm{d}i_d}{\mathrm{d}t} + Ri_d = \sqrt{2}U_2\sin\omega t \tag{3-2}$$

初始条件：$\omega t = \alpha$，$i_d = 0$。求解上式并将初始条件代入可得

$$i = -\frac{\sqrt{2}U_2}{Z}\sin(\alpha - \varphi)\mathrm{e}^{-\frac{R}{\omega L}(\omega t - \alpha)} + \frac{\sqrt{2}U_2}{Z}\sin(\omega t - \varphi) \tag{3-3}$$

其中： $Z = \sqrt{R^2 + (\omega L)^2}$ $\varphi = \arctan \dfrac{\omega L}{R}$

当 $\omega t = \theta + \alpha$ 时， $i_d = 0$ ，代入上式并整理得

$$\sin(\alpha - \varphi)e^{-\frac{\theta}{\tan\varphi}} = \sin(\theta + \alpha - \varphi) \tag{3-4}$$

若 φ 为定值， α 角越大， θ 越小。若 α 为定值， φ 越大， θ 越大，且平均值 U_d 越接近零。为解决上述矛盾，在整流电路的负载两端并联一个二极管，称为续流二极管，用 VD_R 表示。

3. 有续流二极管的电路

单相半波带阻感负载有续流二极管的电路及波形如图 3-4， u_2 正半周时，与没有续流二极管时的情况是一样的。当 u_2 过零变负时， VD_R 导通， u_d 为零，此时为负的 u_2 通过 VD_R 向 VT 施加反压使其关断， L 储存的能量保证了电流 i_d 在 L—R—VD_R 回路中流通，此过程通常称为续流。若 L 足够大， i_d 连续，且 i_d 波形接近一条水平线。

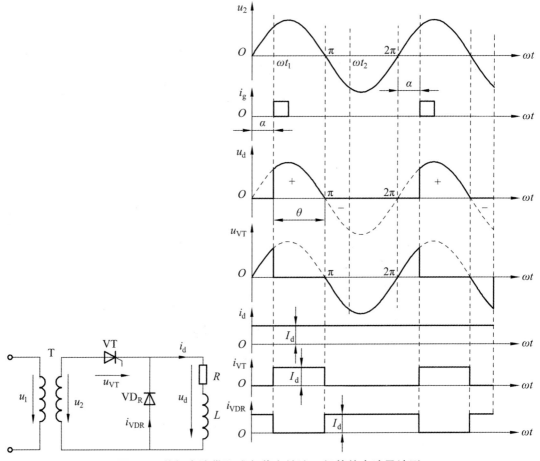

图 3-4　单相半波带阻感负载有续流二极管的电路及波形

46

直流输出电压和电流的平均值分别为

$$U_d = \frac{1}{2\pi}\int_{\alpha}^{\pi}\sqrt{2}U_2\sin\omega t \cdot \mathrm{d}(\omega t) = \frac{\sqrt{2}U_2}{2\pi}(1+\cos\alpha) = 0.45U_2\frac{1+\cos\alpha}{2} \qquad (3\text{-}5)$$

$$I_d = \frac{U_d}{R} = 0.45\frac{U_2}{R}\frac{1+\cos\alpha}{2} \qquad (3\text{-}6)$$

流过晶闸管的电流平均值 I_{dT} 和有效值 I_T 分别为

$$I_{dT} = \frac{\pi-\alpha}{2\pi}I_d \qquad (3\text{-}7)$$

$$I_T = \sqrt{\frac{1}{2\pi}\int_{\alpha}^{\pi}I_d^2\mathrm{d}(\omega t)} = \sqrt{\frac{\pi-\alpha}{2\pi}}I_d \qquad (3\text{-}8)$$

续流二极管的电流平均值 I_{dDR} 和有效值 I_{DR} 分别为

$$I_{dDR} = \frac{\pi+\alpha}{2\pi}I_d \qquad (3\text{-}9)$$

$$I_{DR} = \sqrt{\frac{1}{2\pi}\int_{\pi}^{2\pi+\alpha}I_d^2\mathrm{d}(\omega t)} = \sqrt{\frac{\pi+\alpha}{2\pi}}I_d \qquad (3\text{-}10)$$

单相半波可控整流电路的特点：VT 的 α 移相范围为 180°，简单，但输出脉动大，一个周期脉动一次。变压器的利用率低，存在直流磁化问题。实际上很少应用此种电路。分析该电路的主要目的是建立起整流电路的基本概念。

3.1.2　单相桥式全控整流电路

1. 带电阻负载的工作情况

1）电路分析

单相全控桥式带电阻负载时的电路及波形如图 3-5 所示，晶闸管 VT_1 和 VT_4 组成一对桥臂，VT_2 和 VT_3 组成另一对桥臂。在 u_2 正半周（a 点电位高于 b 点电位）若 4 个晶闸管均不导通，$i_d = 0$，$u_d = 0$，VT_1、VT_4 串联承受电压 u_2。

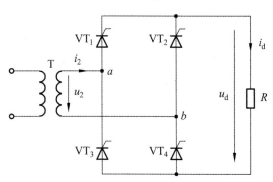

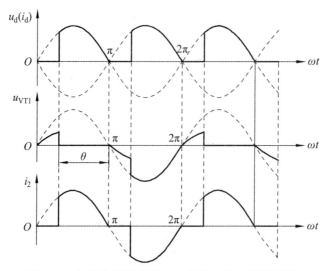

图 3-5　单相全控桥式带电阻负载时的电路及波形

在触发角 α 处给 VT_1 和 VT_4 加触发脉冲，VT_1 和 VT_4 即导通，电流从电源 a 端经 VT_1、R、VT_4 流回电源 b 端。当 u_2 过零时，流经晶闸管的电流也降到零，VT_1 和 VT_4 关断。

在 u_2 负半周，仍在触发角 α 处触发 VT_2 和 VT_3，VT_2 和 VT_3 导通，电流从电源 b 端流出，经 VT_3、R、VT_2 流回电源 a 端。到 u_2 过零时，电流又降为零，VT_2 和 VT_3 关断。

特点：单相桥式整流在一个周期内，整流电压波形脉动两次。双脉波整流电路变压器绕组利用率高，没有直流磁化问题。

2）数量关系

晶闸管承受的最大正向电压和反向电压分别为 $\dfrac{\sqrt{2}}{2}U_2$ 和 $\sqrt{2}U_2$。

整流电压平均值为

$$U_{\mathrm{d}} = \frac{1}{\pi}\int_{\alpha}^{\pi}\sqrt{2}U_2\sin\omega t\,\mathrm{d}(\omega t) = \frac{2\sqrt{2}U_2}{\pi}\frac{1+\cos\alpha}{2} = 0.9U_2\frac{1+\cos\alpha}{2} \qquad (3\text{-}11)$$

向负载输出的平均电流值为

$$I_{\mathrm{d}} = \frac{U_{\mathrm{d}}}{R} = \frac{2\sqrt{2}U_2}{\pi R}\frac{1+\cos\alpha}{2} = 0.9\frac{U_2}{R}\frac{1+\cos\alpha}{2} \qquad (3\text{-}12)$$

流过晶闸管的电流平均值只有输出直流平均值的一半，即

$$I_{\mathrm{dVT}} = \frac{1}{2}I_{\mathrm{d}} = 0.45\frac{U_2}{R}\frac{1+\cos\alpha}{2} \qquad (3\text{-}13)$$

流过晶闸管的电流有效值：

$$I_{\mathrm{VT}} = \sqrt{\frac{1}{2\pi}\int_{\alpha}^{\pi}\left(\frac{\sqrt{2}U_2}{R}\sin\omega t\right)^2\mathrm{d}(\omega t)} = \frac{U_2}{\sqrt{2}R}\sqrt{\frac{1}{2\pi}\sin 2\alpha + \frac{\pi-\alpha}{\pi}} \qquad (3\text{-}14)$$

变压器二次侧电流有效值 I_2 与输出直流电流有效值 I 相等：

$$I = I_2 = \sqrt{\frac{1}{\pi}\int_{\alpha}^{\pi}\left(\frac{\sqrt{2}U_2}{R}\sin\omega t\right)^2\mathrm{d}(\omega t)} = \frac{U_2}{R}\sqrt{\frac{1}{2\pi}\sin 2\alpha + \frac{\pi-\alpha}{\pi}} \qquad (3\text{-}15)$$

由式（3-14）和式（3-15）得

$$I_{VT} = \frac{1}{\sqrt{2}} I \qquad\qquad (3\text{-}16)$$

不考虑变压器的损耗时，要求变压器的容量 $S = U_2 I_2$。

2. 带阻感负载的工作情况

1）电路分析

单相全控桥带阻感负载时的电路及波形如图 3-6 所示，在 u_2 正半周期触发角 α 处给晶闸管 VT_1 和 VT_4 加触发脉冲使其开通，$u_d = u_2$。负载电感很大，i_d 不能突变且波形近似为一条水平线。u_2 过零变负时，由于电感的作用晶闸管 VT_1 和 VT_4 中仍流过电流 i_d，并不关断。$T = \pi + \alpha$ 时

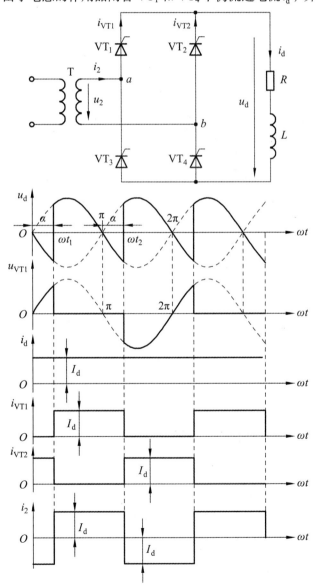

图 3-6　单相全控桥带阻感负载时的电路及波形

刻，触发 VT_2 和 VT_3，VT_2 和 VT_3 导通，u_2 通过 VT_2 和 VT_3 分别向 VT_1 和 VT_4 施加反压使 VT_1 和 VT_4 关断，流过 VT_1 和 VT_4 的电流迅速转移到 VT_2 和 VT_3 上，此过程称为换相，亦称换流。

2）数量关系

电压和电流的平均值分别为

$$U_d = \frac{1}{\pi} \int_{\alpha}^{\pi+\alpha} \sqrt{2}U_2 \sin \omega t \mathrm{d}(\omega t) = \frac{2\sqrt{2}}{\pi} U_2 \cos \alpha = 0.9 U_2 \cos \alpha \qquad (3\text{-}17)$$

$$I_d = \frac{U_d}{R} = 0.9 \frac{U_2 \cos \alpha}{R} \qquad (3\text{-}18)$$

晶闸管移相范围为 90°。晶闸管承受的最大正反向电压均为 $\sqrt{2}U_2$。晶闸管导通角 θ 与 α 无关，均为 180°。

晶闸管电流的平均值和有效值：

$$I_{dT} = \frac{1}{2} I_d \qquad\qquad I_T = \frac{1}{\sqrt{2}} I_d = 0.707 I_d$$

变压器二次侧电流 i_2 的波形为正负各 180°的矩形波，其相位由 α 角决定，有效值 $I_2 = I_d$。

例 3-1 单相桥式全控整流电路，$U_2 = 100\text{ V}$，负载中 $R = 2\,\Omega$，L 值极大，当 $\alpha = 30°$ 时，要求：

（1）作出 u_d、i_d 和 i_2 的波形；

（2）求整流输出平均电压 U_d、电流 I_d，变压器二次侧电流有效值 I_2；

（3）考虑安全裕量，确定晶闸管的额定电压和额定电流。

解：（1）u_d、i_d、和 i_2 的波形如图 3-7 所示：

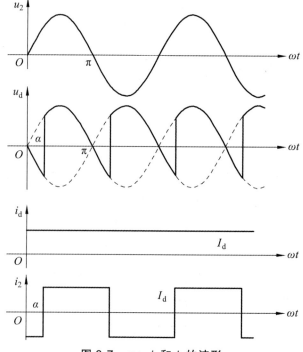

图 3-7 u_d、i_d 和 i_2 的波形

（2）输出平均电压 U_d、电流 I_d，变压器二次电流有效值 I_2 分别为

$$U_d = 0.9U_2 \cos\alpha = 0.9 \times 100 \times \cos 30° \text{ (V)} = 77.97 \text{ (V)}$$

$$I_d = U_d / R = 77.97 / 2 \text{ (A)} = 38.99 \text{ (A)}$$

$$I_2 = I_d = 38.99 \text{ (A)}$$

（3）晶闸管承受的最大反向电压为

$$\sqrt{2}U_2 = 100\sqrt{2} \text{ (V)} = 141.4 \text{ (V)}$$

考虑安全裕量，晶闸管的额定电压为

$$U_N = (2 \sim 3) \times 141.4 \text{ (V)} = 283 \sim 424 \text{ (V)}$$

具体数值可按晶闸管产品系列参数选取。

流过晶闸管的电流有效值为

$$I_{VT} = I_d / \sqrt{2} = 27.57 \text{ (A)}$$

晶闸管的额定电流为

$$I_N = (1.5 \sim 2) \times 27.57 / 1.57 \text{ (A)} = 26 \sim 35 \text{ (A)}$$

具体数值可按晶闸管产品系列参数选取。

3. 带反电动势负载时的工作情况

当负载为蓄电池、直流电动机的电枢（忽略其中的电感）等时，负载可看成一个直流电压源与电阻串联，对于整流电路，它们就是反电动势负载，电路如图 3-8 所示。

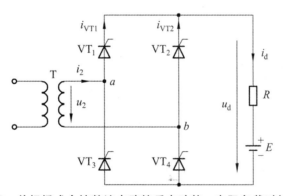

图 3-8　单相桥式全控整流电路接反电动势—电阻负载时的电路

$|u_2| > E$ 时，才有晶闸管承受正电压，有导通的可能。晶闸管导通之后，$u_d = u_2$，$i_d = (u_d - E)/R$，直至 $|u_2| = E$，i_d 即将至 0 使得晶闸管关断，此后 $u_d = E$。

与电阻负载时相比，晶闸管提前了电角度 δ 停止导电，δ 称为停止导电角。

$$\delta = \sin^{-1}\frac{E}{\sqrt{2}U_2} \tag{3-19}$$

当 $\alpha < \delta$ 时，触发脉冲到来时，晶闸管承受负电压，不可能导通。脉冲应该有足够的宽度，也就是说要保证当 $\omega t = \delta$ 时刻有晶闸管开始承受正电压时，触发脉冲仍然存在。这样，

相当于触发角被推迟为 δ。在 α 角相同时，整流输出电压比电阻负载时大，直流侧电流和电压的波形如图 3-9 所示。

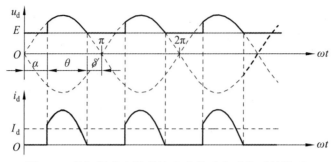

图 3-9　单相桥式全控整流电路接反电动势时的波形

4. 电流断续与连续

i_d 波形在一周期内有部分时间为 0 的情况，称为电流断续。负载为直流电动机时，如果出现电流断续，将导致电动机的机械特性变软。为了克服此缺点，一般在主电路中直流输出侧串联一个平波电抗器。如果电感量足够大能使电流连续，晶闸管每次导通 180°，这时整流电压 u_d 的波形和负载电流 i_d 的波形与电感负载电流连续时的波形相同，u_d 的计算公式也一样。负载电流 i_d 波形如图 3-10 所示。

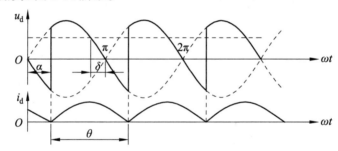

图 3-10　单相桥式全控整流电路带反电动势负载串平波电抗器，电流连续的临界情况

为保证电流连续所需的电感量 L 可由下式求出：

$$L = \frac{2\sqrt{2}U_2}{\pi\omega I_{d\min}} = 2.87\times10^{-3}\frac{U_2}{I_{d\min}}$$

3.1.3　三相半波可控整流电路

三相可控整流电路其交流侧由三相电源供电，当整流负载容量较大，或要求直流电压脉动较小、易滤波时，应采用三相整流电路。三相整流电路最基本的是三相半波可控整流电路。应用最为广泛的三相桥式全控整流电路、十二脉波可控整流电路等。

1. 带电阻负载的工作情况

1）电路分析

为得到零线，变压器二次侧必须接成星形，而一次侧接成三角形，避免 3 次谐波流入电网。三个晶闸管按共阴极接法连接，这种接法触发电路有公共端，连线方便。假设将晶闸管换作二极管，三个二极管所连接的相电压中哪一个的值最大，则该相所连接的二极管导通，并使另两相的二极管承受反压关断，输出整流电压即为该相的相电压。

自然换相点：在相电压的交点 t_1、t_2、t_3 处，均出现了二极管换相，称这些交点为相自然换点。将其作为 α 的起点，即 $\alpha=0°$，此时的电路和波形如图 3-11 所示。

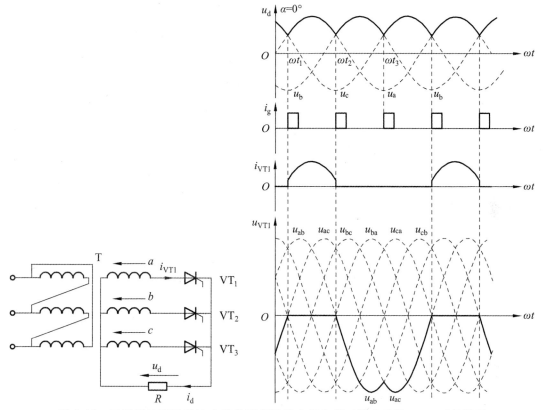

图 3-11　三相半波可控整流电路共阴极接法电阻负载时的电路及 $\alpha=0°$ 时的波形

三个晶闸管轮流导通 120°，u_d 波形为三个相电压在正半周期的包络线，变压器二次绕组电流有直流分量。

晶闸管电压由一段管压降和两段线电压组成，随着 α 增大，晶闸管承受的电压中正的部分逐渐增多，$\alpha=30°$ 时电路电压和电流的波形如图 3-12 所示。

当导通一相的相电压过零变负时，该相晶闸管关断，但下一相晶闸管因未触发而不导通，此时输出电压电流为零。负载电流断续，各晶闸管导通角小于 120°，$\alpha=60°$ 时电路电压和电流的波形如图 3-13 所示。

2）数量关系

$\alpha \leqslant 30°$ 时，负载电流连续，有

$$U_d = \frac{1}{\frac{2\pi}{3}} \int_{\frac{\pi}{6}+\alpha}^{\frac{5\pi}{6}+\alpha} \sqrt{2}U_2 \sin \omega t \mathrm{d}(\omega t) = 1.17 U_2 \cos \alpha \qquad (3\text{-}20)$$

当 $\alpha=0$ 时，U_d 最大，为 $U_d=U_{d0}=1.17U_2$。

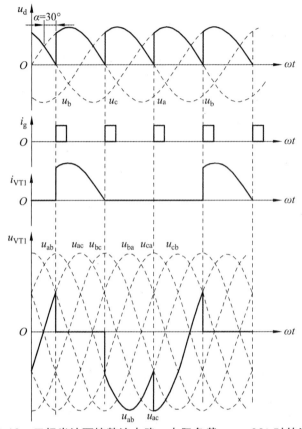

图 3-12   三相半波可控整流电路，电阻负载，$\alpha = 30°$ 时的波形

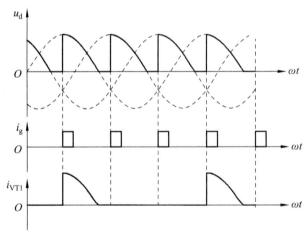

图 3-13   三相半波可控整流电路，电阻负载，$\alpha = 60°$ 时的波形

$\alpha > 30°$ 时，负载电流断续，晶闸管导通角减小，此时有

$$U_d = \frac{1}{\frac{2\pi}{3}} \int_{\frac{\pi}{6}+\alpha}^{\pi} \sqrt{2} U_2 \sin\omega t \, \mathrm{d}(\omega t) = \frac{3\sqrt{2}}{2\pi} U_2 \left[1 + \cos\left(\frac{\pi}{6} + \alpha\right) \right]$$

$$= 0.675 U_2 \left[1 + \cos\left(\frac{\pi}{6} + \alpha\right) \right] \tag{3-21}$$

54

负载电流平均值为

$$I_{\mathrm{d}} = \frac{U_{\mathrm{d}}}{R}\qquad\qquad(3\text{-}22)$$

晶闸管承受的最大反向电压为变压器二次线电压峰值，即

$$U_{\mathrm{RM}} = \sqrt{2} \times \sqrt{3}U_2 = \sqrt{6}U_2 = 2.45U_2$$

晶闸管阳极与阴极间的最大电压等于变压器二次相电压的峰值，即

$$U_{\mathrm{FM}} = \sqrt{2}U_2$$

2. 带阻感负载的工作情况

1) 电路分析

L 值很大，整流电流 i_{d} 的波形基本是平直的，流过晶闸管的电流接近矩形波。$\alpha \leqslant 30°$ 时，整流电压波形与电阻负载时相同。

$\alpha > 30°$ 时，当 u_2 过零时，由于电感的存在，阻止电流下降，因而 VT_1 继续导通，直到下一相晶闸管 VT_2 的触发脉冲到来，才发生换流，由 VT_2 导通向负载供电，同时向 VT_1 施加反压使其关断，阻感负载时的电路及 $\alpha = 60°$ 时的波形如图 3-14。

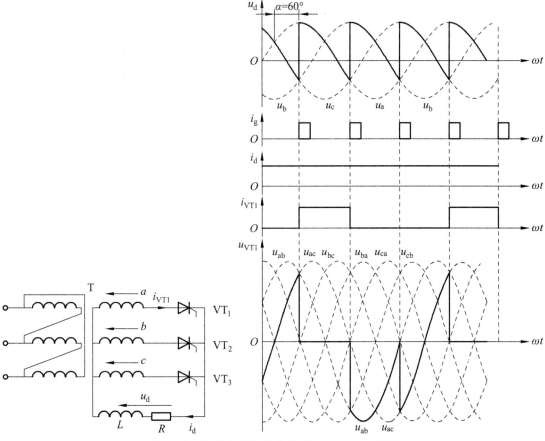

图 3-14　阻感负载时的电路及 $\alpha = 60°$ 时的波形

55

2）基本数量关系

α 的移相范围为 $90°$，整流电压平均值为

$$U_d = 1.17 U_2 \cos \alpha \qquad (3-23)$$

U_d / U_2 与 α 的关系如图 3-15 所示，L 很大，如曲线 2 所示。

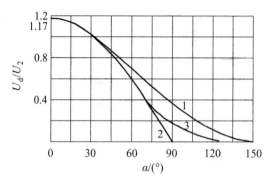

图 3-15 三相半波可控整流电路 U_d/U_2 随 α 变化的关系

如果 L 不是很大，则当 $\alpha > 30°$ 后，U_d 中负的部分可能减少，整流电压平均值 U_d 略为增加，如曲线 3 所示。

变压器二次电流即晶闸管电流的有效值为

$$I_2 = I_T = \frac{1}{\sqrt{3}} I_d = 0.577 I_d \qquad (3-24)$$

晶闸管的额定电流为

$$I_{T(AV)} = \frac{I_T}{1.57} = 0.368 I_d \qquad (3-25)$$

晶闸管最大正反向电压峰值均为变压器二次线电压峰值，即

$$U_{FM} = U_{RM} = 2.45 U_2$$

三相半波可控整流电路的主要缺点在于其变压器二次电流中含有直流分量，因此其应用较少。

3.1.4　三相桥式全控整流电路

1. 带电阻负载时的工作情况

1）电路分析

三相桥式全控整流电路原理图如图 3-16 所示，阴极连接在一起的 3 个晶闸管（VT_1，VT_3，VT_5）称为共阴极组；阳极连接在一起的 3 个晶闸管（VT_4，VT_6，VT_2）称为共阳极组。

共阴极组中与 a，b，c 三相电源相接的 3 个晶闸管分别为 VT_1，VT_3，VT_5，共阳极组中与 a，b，c 三相电源相接的 3 个晶闸管分别为 VT_4，VT_6，VT_2。

晶闸管的导通顺序为 VT_1—VT_2—VT_3—VT_4—VT_5—VT_6。

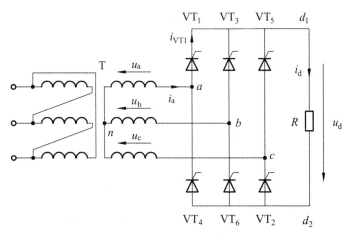

图 3-16　三相桥式全控整流电路原理图

各自然换相点既是相电压的交点，同时也是线电压的交点。当 $\alpha \leqslant 60°$ 时，u_d 波形连续，对于电阻负载，i_d 波形与 u_d 波形的形状是一样的，也连续。

$\alpha = 0°$ 时，u_d 为线电压在正半周的包络线，波形图如图 3-17 所示。

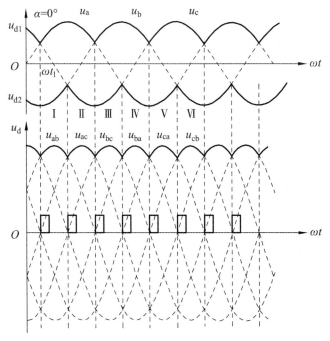

图 3-17　三相桥式全控整流电路带电阻负载 $\alpha = 0°$ 时的波形

$\alpha = 30°$ 时，晶闸管起始导通时刻推迟了 30°，组成 u_d 的每一段线电压因此推迟 30°，u_d 平均值降低，其波形如图 3-18 所示。

$\alpha = 60°$ 时，u_d 波形中每段线电压的波形继续向后移，u_d 平均值继续降低。$\alpha = 60°$ 时 u_d 出现了为零的点，波形图如图 3-19 所示。

当 $\alpha > 60°$ 时，因为 i_d 与 u_d 一致，一旦 u_d 降至为零，i_d 也降至零，晶闸管关断，输出整流电压 u_d 为零，u_d 波形不能出现负值。$\alpha = 90°$ 时的波形如图 3-20 所示。

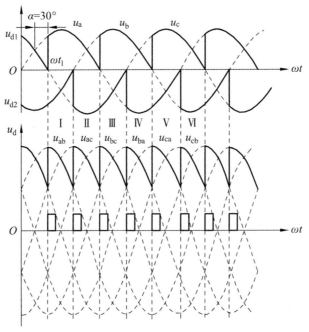

图 3-18　带电阻负载 $\alpha = 30°$ 时的波形

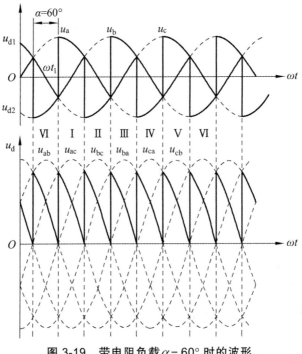

图 3-19　带电阻负载 $\alpha = 60°$ 时的波形

2）三相桥式全控整流电路的一些特点

每个时刻均需两个晶闸管同时导通，形成向负载供电的回路，共阴极组和共阳极组各 1 个，且不能为同一相的晶闸管。

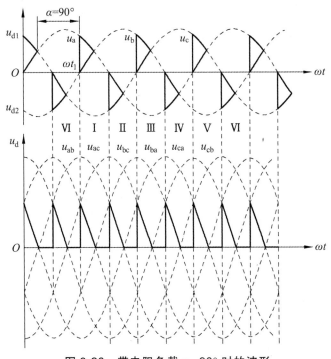

图 3-20　带电阻负载 $\alpha = 90°$ 时的波形

3）对触发脉冲的要求

6 个晶闸管的脉冲按 VT_1—VT_2—VT_3—VT_4—VT_5—VT_6 的顺序，相位依次差 60°。

共阴极组 VT_1、VT_3、VT_5 的脉冲依次差 120°，共阳极组 VT_4、VT_6、VT_2 也依次差 120°。

同一相的上下两个桥臂，即 VT_1 与 VT_4、VT_3 与 VT_6、VT_5 与 VT_2，脉冲相差 180°。

整流输出电压 u_d 一周期脉动 6 次，每次脉动的波形都一样，故该电路为 6 脉波整流电路。

在整流电路合闸启动过程中或电流断续时，为确保电路的正常工作，需保证同时导通的 2 个晶闸管均有脉冲。

宽脉冲触发：使脉冲宽度大于 60°（一般取 80° ~ 100°）。

双脉冲触发：用两个窄脉冲代替宽脉冲，两个窄脉冲的前沿相差 60°，脉宽一般为 20° ~ 30°。常用的是双脉冲触发。

晶闸管承受的电压波形与三相半波时相同，晶闸管承受最大正、反向电压的关系也相似。

2. 带阻感负载时的工作情况

1）电路分析

当 $\alpha \leq 60°$ 时，u_d 波形连续，电路的工作情况与带电阻负载时十分相似，各晶闸管的通断情况、输出整流电压 u_d 波形、晶闸管承受的电压波形等都一样，$\alpha = 30°$ 时波形如图 3-21 所示。

和不带阻感负载电路相比，带阻感负载电路区别在于电流，当电感足够大的时候，i_d、i_{VT}、i_a 的波形在导通段都可近似为一条水平线。

当 $\alpha > 60°$ 时，由于电感 L 的作用，u_d 波形会出现负的部分，$\alpha = 90°$ 时波形如图 3-22 所示。

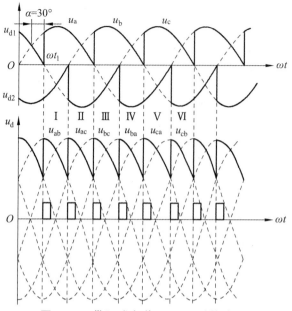

图 3-21　带阻感负载 $\alpha = 30°$ 时的波形

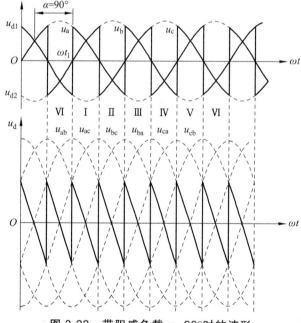

图 3-22　带阻感负载 $\alpha = 90°$ 时的波形

2）基本数量关系

带电阻负载时，三相桥式全控整流电路 α 角的移相范围是[0°，120°]；带阻感负载时，三相桥式全控整流电路的 α 角移相范围为[0°，90°]。

整流输出电压平均值带阻感负载时，或带电阻负载 $\alpha \leqslant 60°$ 时，有

$$U_{\mathrm{d}} = \frac{1}{\frac{\pi}{3}} \int_{\frac{\pi}{3}+\alpha}^{\frac{2\pi}{3}+\alpha} \sqrt{6} U_2 \sin \omega t \mathrm{d}(\omega t) = 2.34 U_2 \cos \alpha \qquad (3\text{-}26)$$

60

带电阻负载且 $\alpha > 60°$ 时，有

$$U_d = \frac{3}{\pi} \int_{\frac{\pi}{3}+\alpha}^{\pi} \sqrt{6} U_2 \sin\omega t \mathrm{d}(\omega t) = 2.34 U_2 \left[1 + \cos\left(\frac{\pi}{3} + \alpha \right) \right] \tag{3-27}$$

输出电流平均值为 $I_d = \dfrac{U_d}{R}$。当整流变压器为星形接法，带阻感负载时，变压器二次侧电流波形为正负半周各宽 120°、前沿相差 180° 的矩形波，其有效值为

$$I_2 = \sqrt{\frac{1}{2\pi} \left[I_d^2 \times \frac{2}{3}\pi + (-I_d)^2 \times \frac{2}{3}\pi \right]} = \sqrt{\frac{2}{3}} I_d = 0.816 I_d \tag{3-28}$$

晶闸管电压、电流等的定量分析与三相半波时一致。三相桥式全控整流电路接反电势阻感负载时的 i_d 为

$$I_d = \frac{U_d - E}{R} \tag{3-29}$$

式中 R 和 E 分别为负载中的电阻值和反电动势的值。

例 3-2 三相桥式全控整流电路，$U_2 = 100\text{ V}$，带电阻电感负载，$R = 5\Omega$，L 值极大，当 $\alpha = 60°$ 时，要求：

（1）画出 u_d、i_d 和 i_{VT1} 的波形；

（2）计算 U_d、I_d、I_{dT} 和 I_{VT}。

解：（1）u_d、i_d 和 i_{VT1} 的波形如图 3-23：

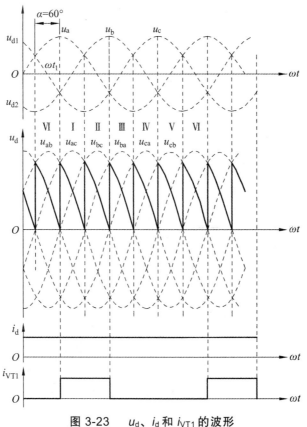

图 3-23　u_d、i_d 和 i_{VT1} 的波形

（2）U_d、I_d、I_{dT} 和 I_{VT} 分别如下：

$$U_d = 2.34U_2 \cos\alpha = 2.34 \times 100 \times \cos 60° \text{ (V)} = 117 \text{ (V)}$$

$$I_d = U_d / R = 117 / 5 \text{ (A)} = 23.4 \text{ (A)}$$

$$I_{dT} = I_d / 3 = 23.4 / 3 \text{ (A)} = 7.8 \text{ (A)}$$

$$I_{VT} = I_d / \sqrt{3} = 23.4 / \sqrt{3} \text{ (A)} = 13.51 \text{ (A)}$$

3.2 变压器漏感对整流电路的影响

在前面分析整流电路时，认为变压器是理想的。但实际上变压器绕组总有漏感，该漏感可用一个集中的电感 L_B 表示，并将其折算到变压器二次侧。由于电感对电流的变化起阻碍作用，电感电流不能突变，因此换相过程不能瞬时完成，而是会持续一段时间。

下面以三相半波全控整流电路为例分析考虑变压器漏感时的换相过程以及有关参量的计算，然后将结论推广到其他的电路形式。

图 3-24 为考虑变压器漏感时的三相半波可控整流电路图及波形。假设负载中电感很大，负载电流为水平线。

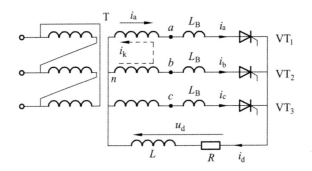

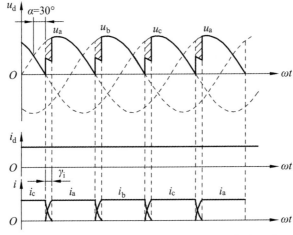

图 3-24 考虑变压器漏感时三相半波整流电路及波形

该电路在交流电源周期的一周期内有 3 次晶闸管换相过程，因各次换相情况一样，这里

只分析从 VT_1 换相至 VT_2 的过程。在 ωt_1 时刻之前 VT_1 导通，ωt_1 时刻触发 VT_2，VT_2 导通，此时因 a，b 两相均有漏感，故 i_a，i_b 均不能突变，于是 VT_1 和 VT_2 同时导通，这相当于将 a，b 短路，两相间电压差为 $u_b - u_a$，它在两相组成的回路中产生环流 i_k 如图 3-24 所示。由于回路中含有两个漏感，故有 $2L_B(\mathrm{d}i_k/\mathrm{d}t) = u_b - u_a$。这时，$i_b = i_k$ 是逐渐增大的，而 $i_a = i_d - i_k$ 是逐渐减小的。当 i_k 增大到等于 i_d 时，$i_a = 0$，VT_1 关断，换相过程结束。换相过程持续的时间用电角度 γ 表示，称为换相重叠角。

在上述换相过程中，整流输出电压瞬时值为

$$u_d = u_a + L_B \frac{\mathrm{d}i_k}{\mathrm{d}t} = u_b - L_B \frac{\mathrm{d}i_k}{\mathrm{d}t} = \frac{u_a + u_b}{2} \tag{3-30}$$

由此式可知，在换相过程中，整流电压 u_d 为同时导通的两个晶闸管所对应的两个相电压的平均值，由此可得 u_d 波形如图 3-24 所示。与不考虑变压器漏感时相比，每次换相 u_d 波形均少了阴影标出的一块，导致 u_d 的平均值降低，降低的多少用 ΔU_d 表示，称为换相压降：

$$\Delta U_d = \frac{1}{2\pi/3} \int_{\frac{5\pi}{6}+\alpha}^{\frac{5\pi}{6}+\alpha+\gamma} (u_b - u_d)\mathrm{d}(\omega t) = \frac{3}{2\pi} \int_{\frac{5\pi}{6}+\alpha}^{\frac{5\pi}{6}+\alpha+\gamma} \left[u_b - \left(u_b - L_B \frac{\mathrm{d}i_k}{\mathrm{d}t} \right) \right] \mathrm{d}(\omega t)$$

$$= \frac{3}{2\pi} \int_{\frac{5\pi}{6}+\alpha}^{\frac{5\pi}{6}+\alpha+\gamma} L_B \frac{\mathrm{d}i_k}{\mathrm{d}t} \mathrm{d}(\omega t) = \frac{3}{2\pi} \int_0^{I_d} \omega L_B \mathrm{d}i_k = \frac{3}{2\pi} X_B I_d \tag{3-31}$$

式中 $X_B = \omega L_B$。X_B 是漏感为 L_B 的变压器每相折算到二次侧的漏电抗。

我们还关心换相重叠角 γ 的计算，由式（3-30）可以得

$$\frac{\mathrm{d}i_k}{\mathrm{d}t} = (u_b - u_a)/(2L_B) = \frac{\sqrt{6}U_2 \sin\left(\omega t - \frac{5\pi}{6}\right)}{2L_B} \tag{3-32}$$

由上式得

$$\frac{\mathrm{d}i_k}{\mathrm{d}\omega t} = \frac{\sqrt{6}U_2}{2X_B} \sin\left(\omega t - \frac{5\pi}{6}\right) \tag{3-33}$$

进而得出

$$i_k = \int_{\frac{5\pi}{6}+\alpha}^{\omega t} \frac{\sqrt{6}U_2}{2X_B} \sin\left(\omega t - \frac{5\pi}{6}\right) \mathrm{d}(\omega t) = \frac{\sqrt{6}U_2}{2X_B} \left[\cos\alpha - \cos\left(\omega t - \frac{5\pi}{6}\right) \right] \tag{3-34}$$

当 $\omega t = 5\pi/6 + \alpha + \gamma$ 时，$i_k = I_d$，于是

$$I_d = \frac{\sqrt{6}U_2}{2X_B} [\cos\alpha - \cos(\alpha + \gamma)] \tag{3-35}$$

$$\cos\alpha - \cos(\alpha + \gamma) = \frac{2X_B I_d}{\sqrt{6}U_2} \tag{3-36}$$

由此式即可计算出换相重叠角 γ。对上式进行分析得出 γ 随其他参数变化的规律：

（1）I_d 越大则 γ 越大；

（2）X_B 越大则 γ 越大；

（3）当 $\alpha \leqslant 90°$ 时，α 越小则 γ 越大。

对于其他整流电路，可用同样的分析方法进行分析，本书中不再一一叙述。但将结果列于表 3-1 中，以方便读者使用。表中所列 m 脉波整流电路的公式为通用公式，可适用于各种整流电路，对于表中未列出的电路，可用公式（3-36）导出。

表 3-1　各种整流电路换相压降和换相重叠角的计算

电路形式	单相全控桥	三相半波	三相全控桥	m 脉波整流电路
ΔU_d	$\dfrac{2X_B}{\pi}I_d$	$\dfrac{3X_B}{2\pi}I_d$	$\dfrac{3X_B}{\pi}I_d$	$\dfrac{mX_B}{2\pi}I_d$ ①
$\cos\alpha - \cos(\alpha+\gamma)$	$\dfrac{2I_dX_B}{\sqrt{2}U_2}$	$\dfrac{2I_dX_B}{\sqrt{6}U_2}$	$\dfrac{2I_dX_B}{\sqrt{6}U_2}$	$\dfrac{I_dX_B}{\sqrt{2}U_2\sin\dfrac{\pi}{m}}$ ②

① 单相全控桥电路的换相过程中，环流 i_k 是从 $-I_d$ 变为 I_d，本表所列公式不适用；

② 三相桥等效为相电压有效值，等于 $\sqrt{3}U_2$ 的 6 脉波整流电路，故其 $m=6$，相电压有效值按 $\sqrt{3}U_2$ 代入。

根据以上分析及结果，再经进一步分析可得出以下变压器漏感对整流电路影响的一些结论：

（1）出现换相重叠角 γ，整流输出电压平均值 U_d 降低。

（2）整流电路的工作状态增多，例如三相半波可控整流电路的工作状态由 3 种增加至 6 种：（VT_1）→（VT_1，VT_2）→（VT_2）→（VT_2，VT_3）→（VT_3）→（VT_3，VT_1）→…

（3）晶闸管的 di/dt 减小，有利于晶闸管的安全开通。有时人为串入进线电抗器以抑制晶闸管的 di/dt。

（4）换相时晶闸管电压出现缺口，产生正的 du/dt，可能使晶闸管误导通，为此必须加吸收电路。

（5）换相使电网电压出现缺口，成为干扰源。

例 3-3　三相桥式不可控整流电路，阻感性负载，$R=10\,\Omega$，$L=\infty$，$U_2=220\,\text{V}$，$X_B=0.2\,\Omega$，求 U_d、I_d、I_{dVD}、I_2 和 γ 的值。

解：三相桥式不可控整流电路相当于三相桥式全控整流电路当 $\alpha=0°$ 时的情况。

$$U_d = 2.34U_2\cos\alpha - \Delta U_d$$

$$\Delta U_d = \frac{3X_BI_d}{\pi}$$

$$I_d = \frac{U_d}{R}$$

解方程组得

$$U_d = \frac{2.34U_2\cos\alpha}{1+\dfrac{3X_B}{\pi R}} = 505.2\,(\text{V})$$

$$I_d = 50.5 \, (\text{A})$$

又因为

$$\cos\alpha - \cos(\alpha + \gamma) = \frac{2I_d X_B}{\sqrt{6}U_2}$$

即解出

$$\cos\gamma = 1 - \frac{2I_d X_B}{\sqrt{6}U_2} = 0.962\,5$$

换相重叠角为

$$\gamma = 15.74°$$

二极管电流平均值 I_{dVD} 和变压器二次侧电流的有效值 I_2 分别为

$$I_{dVD} = \frac{I_d}{3} = \frac{50.5}{3} \, (\text{A}) = 16.8 \, (\text{A})$$

$$I_2 = \sqrt{\frac{2}{3}} I_d = 41.2 \, (\text{A})$$

3.3 交流-直流变流电路的有源逆变工作状态

3.3.1 有源逆变的概念

将直流电转变成交流电的过程,称为逆变(Invertion)。将直流电逆变成交流电的电路称为逆变电路。例如,电力机车下坡行驶时,使直流电动机作为发电机制动运行,机车的位能转变为电能,反送到交流电网中去。按照变流装置的交流侧是否接入交流电网,逆变可以分为两类,即有源逆变和无源逆变。有源逆变电路交流侧接在交流电网上,常用于高压直流输电、直流可逆调速系统、交流绕线转子异步电动机的串级调速、风力发电、太阳能发电等方面;无源逆变电路交流侧直接与用电设备连接,即把直流电逆变成为频率固定或可调的交流电供用电设备使用。本节主要讨论的内容是有源逆变。

下面以直流发电机-电动机系统(G-M 系统)电能的双向流转为例,阐明整流和逆变的工作过程,再通过分析单相全波电路在整流和有源逆变两种工作状态下的电能流转关系,掌握有源逆变的工作原理和实现条件。

1. 直流发电机-电动机系统(G-M 系统)功率的双向传递

图 3-25 中所示直流发电机-电动机系统中,G 为发电机,M 为电动机,励磁回路未画出。E_G 为发电机电动势,E_M 为电动机反电动势,R_Σ 为回路总电阻,I_d 为回路电流,控制发电机电动势的大小与方向,可以实现电动机四象限的运转。

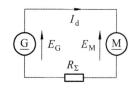 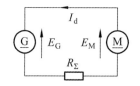 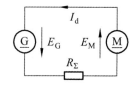

（a）两电动势同极性 $E_G>E_M$　　（b）两电动势同极性 $E_M>E_G$　　（c）两电动势反极性，形成短路

图 3-25　直流发电机-电动机系统功率的双向传递

在图 3-25（a）中，电动机 M 运行在电动状态，$E_G > E_M$，电流 I_d 从 G 流向 M，I_d 的值为

$$I_d = \frac{E_G - E_M}{R_\Sigma}$$

I_d 和 E_G 同向，和 E_M 反向，所以 G 输出电功率 $E_G I_d$，M 吸收电功率 $E_M I_d$，电能由 G 流向 M。从能量传递的角度上看，变流器工作于整流状态。

在图 3-25（b）中，电动机 M 运行在发电状态，$E_G < E_M$，电流 I_d 从 M 流向 G，I_d 的值为

$$I_d = \frac{E_M - E_G}{R_\Sigma}$$

I_d 和 E_M 同向，和 E_G 反向，所以 M 输出电功率 $E_M I_d$，G 吸收电功率 $E_G I_d$，电能由 M 流向 G。从能量传递的角度上看，变流器工作于逆变状态。

在图 3-25（c）中，两个电动势顺向串联，G 和 M 均输出功率向 R_Σ 供电，由于实际中 R_Σ 的取值很小，使得回路电流 I_d 很大，接近短路，易损坏设备，所以要严防此种情况的出现。

总结上面的分析可以得出如下结论：

两个电动势同极性相连时，电流总是从电动势高的流向电动势低的。由于回路电阻很小，即使两者之间电动势差值很小，电路中仍然会出现很大的功率交换。改变电动势差的大小和极性，可以控制交换功率的大小和传输方向。

2. 有源逆变的工作原理和实现条件

以单相桥式全控电路代替发电机 G 给电动机 M 供电，回路中串入了平波电抗器 L，使电流连续平稳。单相桥式全控电路的整流与逆变工作状态及波形如图 3-26 所示。

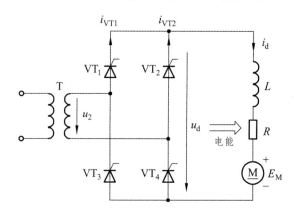

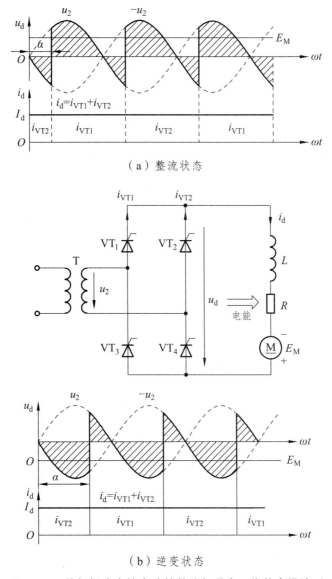

（a）整流状态

（b）逆变状态

图 3-26 单相桥式全控电路的整流与逆变工作状态及波形

在图 3-26（a）中，桥式电路工作于整流状态，α 的范围是 $0 \sim \pi/2$，M 运行在电动状态，直流侧输出的 U_{d} 为正值，并且 $U_{\mathrm{d}} > E_{\mathrm{M}}$，回路电流 I_{d} 从整流电路流向电动机 M，其值为

$$I_{\mathrm{d}} = \frac{E_{\mathrm{G}} - E_{\mathrm{M}}}{R_{\Sigma}}$$

R_{Σ} 一般很小，因此电路经常工作在 $U_{\mathrm{d}} \approx E_{\mathrm{M}}$ 的条件下。交流电网输出电功率，电动机吸收电功率。

在图 3-26（b）中，桥式电路工作于逆变状态，电动机 M 运行在发电制动状态。由于晶闸管具有单向导电的特性，回路中电流 I_{d} 的方向不能改变，若改变电能的输送方向，只能改变 E_{M} 的

极性。同时为了防止两电动势顺向串联，直流侧输出 U_d 的极性也必须反过来，即 U_d 为负值（上负下正），且 $|E_M| > |U_d|$，这样才能把电能从直流侧回送到交流侧，实现逆变。此时 I_d 为

$$I_d = \frac{|E_M| - |U_d|}{R_\Sigma}$$

电路内电能的流向与整流时相反，电动机输出电功率，电网吸收电功率。电动机轴上输入的机械功率越大，逆变回馈的功率就越大。为防止过电流的发生，同样应满足 $U_d \approx E_M$ 的条件。E_M 的大小由转速高低决定，而直流侧输出 U_d 可以通过调节触发角 α 的大小来完成。由于逆变状态下 U_d 必须为负值，所以 α 的范围在 $\pi/2 \sim \pi$ 之间。

在逆变工作状态下，虽然晶闸管的阳极电位大部分时间处于交流电压的负半周期，但由于外接直流电动势 E_M 的存在，使得晶闸管仍可以承受正向电压而导通。

通过上述分析，可以归纳出全控整流电路可以工作于逆变状态的条件：

（1）变流器的直流侧要有直流电动势 E_M，其极性要同晶闸管导通方向一致，其值要大于直流侧的平均电压。

（2）α 的范围是 $\pi/2 \sim \pi$，使得变流器输出的电压为负值。

以上两个条件必须同时具备，才能使全控整流电路工作于有源逆变状态。

3.3.2 三相整流电路的有源逆变工作状态

从上述分析可知，全控整流电路工作于整流还是逆变状态，区别仅仅是触发角 α 的取值不同。$0 < \alpha < \pi/2$ 时，电路工作于整流状态，$\pi/2 < \alpha < \pi$ 时，电路工作于有源逆变状态。

为了区别整流和逆变两种不同的工作状态，通常把 $\alpha > \pi/2$ 时的控制角用逆变角 β 表示，且令 $\beta = \pi - \alpha$。触发角 α 是以自然换相点为计量起点的，由此向右计量；逆变角 β 和触发角 α 的计量方向相反，其大小是自 $\beta = 0°$（即 $\alpha = 180°$）为起点从右向左计量。两者满足关系 $\alpha + \beta = \pi$。

三相桥式全控整流电路工作于有源逆变状态，不同逆变角时的输出电压波形如图 3-27 所示。逆变角的计算起点（$\beta = 0°$）位于线电压负半轴的交点处，β 的大小自该点向左计量。随着 β 的变化，整流输出电压平均值 U_d 也在变化。在实际运行中，应根据直流电动势 E_M 的值，随时调节 β 的大小，使 $E_M - U_d$ 的大小保持不变，从而保持输出电流稳定。

有源逆变状态下各电量的计算，有如下公式

$$U_d = 2.34U_2\cos\alpha = 2.34U_2\cos(\pi - \beta) = -2.34U_2\cos\beta \tag{3-37}$$

负号代表整流器在有源逆变状态时输出电压与整流状态时相反。

输出直流电流的平均值公式如下，其中 E_M 与 U_d 的极性与整流状态时相反，均为负值。

$$I_d = \frac{U_d - E_M}{R_\Sigma} \tag{3-38}$$

每个晶闸管导通角度为 $2\pi/3$，故流过晶闸管的电流有效值为（忽略电流脉动）

$$I_{VT} = \frac{I_d}{\sqrt{3}} \tag{3-39}$$

从交流电源送到直流侧负载的有功功率为

$$P_d=R_\Sigma I_d^2+E_M I_d \tag{3-40}$$

当逆变工作时，由于 E_M 为负值，故 P_d 一般为负值，表示功率从直流电源输送到交流电源。

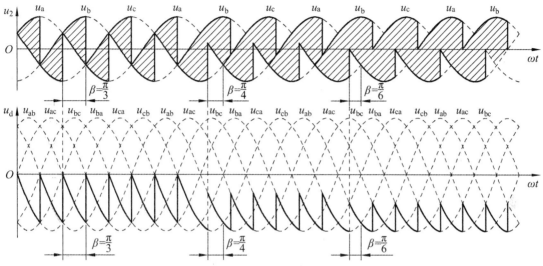

图 3-27　三相桥式全控整流电路工作于有源逆变状态时的电压波形

3.3.3　逆变失败与最小逆变角的限制

三相半波整流电路如图 3-28 所示，逆变运行时，一旦发生换相失败，外接的直流电源就会通过晶闸管形成短路，或者使变流器的输出平均电压和直流电动势变成顺向串联，由于逆变电路的内阻很小，形成很大的短路电流，这种情况称为逆变失败。

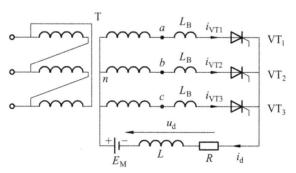

图 3-28　三相半波整流电路

1. 逆变失败的原因

造成逆变失败的主要原因有以下几种：

（1）触发电路工作不可靠，不能适时、准确地给各种晶闸管分配脉冲，如脉冲丢失、脉冲延时等，致使晶闸管不能正常换相，使交流电源电压和直流电动势顺向串联，形成短路。

（2）晶闸管发生故障，在应该阻断期间，器件失去阻断能力，或在应该导通期间，期间不能导通，造成逆变失败。

（3）在逆变工作时，交流电源发生缺相或者突然消失，由于直流电动势 E_M 的存在，晶闸管仍可导通，此时交流器的交流侧由于失去了同直流电动势极性相反的交流电压，因此直流电动势将通过晶闸管使电路短路。

（4）换相的裕角量不足，引起换相失败，应考虑变压器漏抗引起重叠角对逆变电路换相的影响，如图 3-29 所示。

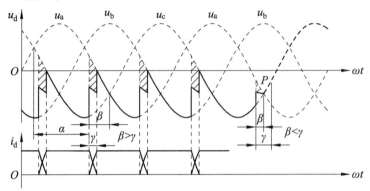

图 3-29　交流侧电抗对逆变换相过程的影响

由于换相有一过程，且换相期间的输出电压是相邻两电压的平均值，故逆变电压 U_d 要比不考虑漏抗时的更低（负的幅值更大）。存在重叠角会给逆变工作带来不利的后果，如以 VT$_3$ 和 VT$_1$ 的换相过程来分析，当逆变电路工作在 $\beta > \gamma$ 时，经过换相过程后，相电压 u_a 仍高于 c 相电压 u_c，所以换相结束时，能使 VT$_3$ 承受反压而关断。如果换相的裕角量不足，即当 $\beta < \gamma$ 时，从图 3-29 右下角的波形中可清楚看到，换相尚未结束，电路的工作状态达到自然换相点 P 点之后，u_c 将高于 u_a，晶闸管 VT$_1$ 承受反压而重新关断，使得应该关断的 VT$_3$ 不能关断却继续导通，且 c 相电压随着时间的推迟愈来愈高，电动势顺向串联导致逆变失败。为了防止逆变失败，不仅逆变角 β 不能等于零，而且不能太小，必须限制在某一允许的最小角度内。

2. 最小逆变角 β_{min} 的确定依据

逆变时允许采用的最小逆变角 β_{min} 应为

$$\beta_{min} = \delta + \gamma + \theta' \tag{3-41}$$

式中，δ 为晶闸管的关断时间 t_q 折合的电角度，约 $4° \sim 5°$，θ' 为安全裕量角，主要针对脉冲不对称程度（一般可达 $5°$），约取为 $10°$。γ 为换相重叠角，可查阅相关手册，也可根据 3.2 节中给出的公式计算，即

$$\cos\alpha - \cos(\alpha + \gamma) = \frac{I_d X_B}{\sqrt{2}U_2 \sin\frac{\pi}{m}} \tag{3-42}$$

根据逆变工作时 $\alpha = \pi - \beta$，并设 $\beta = \gamma$，上式可改写成

$$\cos\gamma = 1 - \frac{I_{\mathrm{d}}X_{\mathrm{B}}}{\sqrt{2}U_2 \sin\dfrac{\pi}{m}}$$ （3-43）

重叠角 γ 与 I_{d} 和 X_{B} 有关，当电路参数确定后，重叠角就有定值。设计逆变电路时，必须保证 $\beta \geqslant \beta_{\min}$，因此常在触发电路中附加一保护环节，保证触发脉冲不进入小于 $\beta_{\min}$ 的区域内。

3.4　电容滤波不可控整流电路

3.4.1　电容滤波的单相桥式不可控整流电路

电容滤波的不可控整流电路在交-直-交变频器、不间断电源、开关电源等应用场合中，大量应用。最常用的是单相桥式和三相桥式两种接法。由于电路中的电力电子器件采用整流二极管，故也称这类电路为二极管整流电路。

1. 基本工作过程

电容滤波的单相桥式不可控整流电路及其工作波形如图 3-30 所示，在 u_2 正半周过零点至 $\omega t = 0$ 期间，因 $u_2 < u_{\mathrm{d}}$，故二极管均不导通，电容 C 向 R 放电，提供负载所需电流。

至 $\omega t = 0$ 之后，u_2 将要超过 u_{d}，使得 VD_1 和 VD_4 开通，$u_{\mathrm{d}} = u_2$，交流电源向电容充电，同时向负载 R 供电。

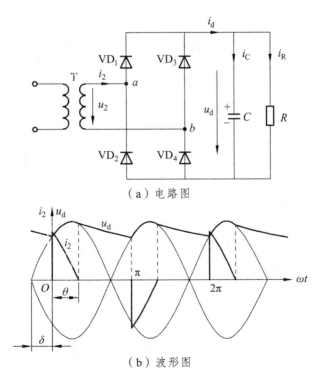

（a）电路图

（b）波形图

图 3-30　电容滤波的单相桥式不可控整流电路及其工作波形

电容被充电到 $t = \theta$ 时，$u_d = u_2$，VD_1 和 VD_4 关断。电容开始以时间常数 RC 按指数函数放电。

当 $t = \pi$，即放电经过 $\pi - \theta$ 角时，u_d 降至开始充电时的初值，另一对二极管 VD_2 和 VD_3 导通，此后 u_2 又向 C 充电，与 u_2 正半周的情况一样。

2. δ 和 θ 的确定

δ 指 VD_1 和 VD_4 导通的时刻与 u_2 过零点相距的角度，θ 指 VD_1 和 VD_4 的导通角。

在 VD_1 和 VD_4 导通期间

$$u_2 = \sqrt{2}U_2 \sin(\omega t + \delta) \tag{3-44}$$

$$\begin{cases} u_d(0) = \sqrt{2}U_2 \sin\delta \\ u_d(0) + \dfrac{1}{C}\displaystyle\int_0^t i_C \mathrm{d}t = u_2 \end{cases} \tag{3-45}$$

式中，$u_{d(0)}$ 为 VD_1、VD_4 开始导通时刻直流侧电压值。

将 u_2 代入并求解得

$$i_C = \sqrt{2}\omega C U_2 \cos(\omega t + \delta) \tag{3-46}$$

而负载电流为

$$i_R = \frac{u_2}{R} = \frac{\sqrt{2}U_2}{R} \sin(\omega t + \delta) \tag{3-47}$$

于是

$$i_d = i_C + i_R = \sqrt{2}\omega C U_2 \cos(\omega t + \delta) + \frac{\sqrt{2}U_2}{R} \sin(\omega t + \delta) \tag{3-48}$$

设 VD_1 和 VD_4 的导通角为 q，则当 $\omega t = q$ 时，VD_1 和 VD_4 关断。将 $i_{d(q)} = 0$ 代入式（3-48），得

$$\tan(\theta + \delta) = -\omega RC \tag{3-49}$$

二极管导通后 u_2 开始向 C 充电时的 u_d 与二极管关断后 C 放电结束时的 u_d 相等，故有下式成立：

$$\sqrt{2}U_2 \sin(\theta + \delta) \cdot \mathrm{e}^{-\frac{\pi - \theta}{\omega RC}} = \sqrt{2}U_2 \sin\delta \tag{3-50}$$

$$\pi - \theta = \delta + \arctan(\omega RC) \tag{3-51}$$

由式（3-49）和（3-50）得

$$\frac{\omega RC}{\sqrt{(\omega RC)^2 + 1}} \cdot \mathrm{e}^{-\frac{\arctan(\omega RC)}{\omega RC}} \cdot \mathrm{e}^{-\frac{\delta}{\omega RC}} = \sin\delta \tag{3-52}$$

可由式（3-52）求出 δ，进而由式（3-51）求出 θ，显然 δ 和 θ 仅由乘积 ωRC 决定，关系图如图 3-31 所示。

72

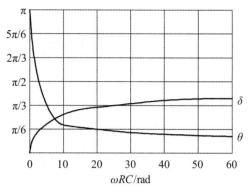

图 3-31 E、θ 与 ωRC 的关系曲线

θ 的另外一种确定方法：VD_1 和 VD_4 的关断时刻，从物理意义上讲，就是两个电压下降速度相等的时刻，一个是电源电压的下降速度 $|\mathrm{d}u_2/\mathrm{d}(\omega t)|$，另一个是假设二极管 VD_1 和 VD_4 关断而电容开始单独向电阻放电时电压的下降速度 $|\mathrm{d}u_\mathrm{d}/\mathrm{d}(\omega t)|_\mathrm{p}$（下标表示假设），据此即可确定 θ。

3. 主要的数量关系

（1）输出电压平均值：

空载时，

$$U_\mathrm{d} = \sqrt{2}U_2 \tag{3-53}$$

重载时，U_d 逐渐趋近于 $0.9U_2$，即趋近于接近电阻负载时的特性。

在设计时根据负载的情况选择电容 C 值，使 $RC \geqslant (3\sim5)T/2$，此时输出电压为：$U_\mathrm{d} \approx 1.2U_2$。

（2）电流平均值：

输出电流平均值 I_R 为

$$I_\mathrm{R} = U_\mathrm{d}/R \tag{3-54}$$

$$I_\mathrm{d} = I_\mathrm{R} \tag{3-55}$$

（3）二极管电流 i_D 平均值为

$$I_\mathrm{D} = I_\mathrm{d}/2 = I_\mathrm{R}/2 \tag{3-56}$$

（4）二极管承受的电压 $\sqrt{2}U_2$。

3.4.2 电容滤波的三相不可控整流电路

1. 基本原理

电容滤波的三相桥式不可控整流电路及其波形如图 3-32 所示，某一对二极管导通时，输出电压等于交流侧线电压中最大的一个，该线电压既向电容供电，也向负载供电。当没有二极管导通时，由电容向负载放电，u_d 按指数规律下降。

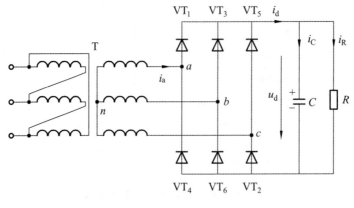

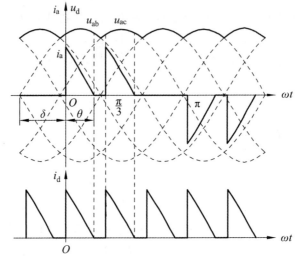

图 3-32 电容滤波的三相桥式不可控整流电路及其波形

比如在 VD_1 和 VD_2 同时导通之前 VD_6 和 VD_1 是关断的，交流侧向直流侧的充电电流 i_d 是断续的。VD_1 一直导通，交替时由 VD_6 导通换相至 VD_2 导通，i_d 是连续的。由"电压下降速度相等"的原则，可以确定临界条件。假设在 $\omega t + \delta = 2\pi/3$ 的时刻"速度相等"恰好发生，则有

$$\left|\frac{\mathrm{d}\left[\sqrt{6}U_2\sin(\omega t+\theta)\right]}{\mathrm{d}(\omega t)}\right|_{\omega t+\delta=\frac{2\pi}{3}} \left|\frac{\mathrm{d}\left\{\sqrt{6}U_2\sin\frac{2\pi}{3}\mathrm{e}^{-\frac{1}{\omega RC}\left[\omega t-\left(\frac{2\pi}{3}-\delta\right)\right]}\right\}}{\mathrm{d}(\omega t)}\right|_{\omega t+\delta=\frac{2\pi}{3}} \qquad (3\text{-}57)$$

由上式可得电流 i_d 断续和连续的临界条件 $\omega RC = \sqrt{3}$，在轻载时直流侧获得的充电电流是断续的，重载时是连续的，分界点就是 $R = \sqrt{3}/(\omega C)$。通常只有 R 是可变的，它的大小反映了负载的轻重，因此在轻载时直流侧获得的充电电流是断续的，重载时是连续的，ωRC 等于和小于 $\sqrt{3}$ 时的电流波形如图 3-33（a）和 3-33（b）所示。

考虑实际电路中存在的交流侧电感以及为抑制冲击电流而串联的电感时的工作情况：

电路及其波形如图 3-34 所示，电流波形的前沿平缓了许多，有利于电路的正常工作。随着负载的加重，电流波形与电阻负载时的交流侧电流波形逐渐接近。

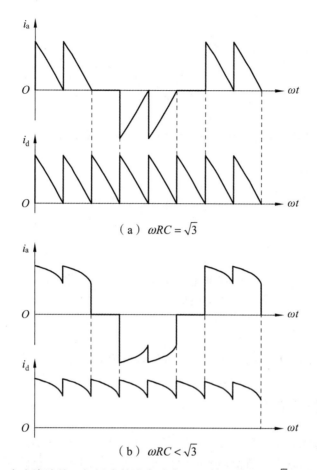

（a）$\omega RC = \sqrt{3}$

（b）$\omega RC < \sqrt{3}$

图 3-33　电容滤波的三相桥式整流电路当 ωRC 等于和小于 $\sqrt{3}$ 时的电流波形

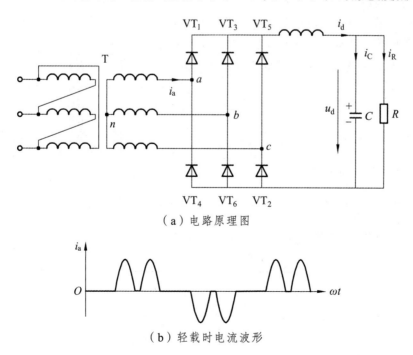

（a）电路原理图

（b）轻载时电流波形

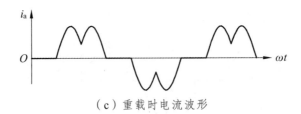

（c）重载时电流波形

图 3-34　考虑电感时电容滤波的三相桥式整流电路及其波形

2. 主要数量关系

（1）输出电压平均值 U_d 在 $2.354U_2 \sim 2.45U_2$ 之间变化。

（2）输出电流平均值 I_R 为

$$I_R = U_d / R \qquad\qquad (3\text{-}58)$$

（3）与单相电路情况一样，电容电流 i_C 平均值为零，因此：$I_d = I_R$。

（4）二极管电流平均值为 I_d 的 1/3，即

$$I_D = I_d / 3 = I_R / 3 \qquad\qquad (3\text{-}59)$$

（5）二极管承受的最大反向电压为线电压的峰值为 $\sqrt{6}U_2$。

3.4.3　多重联结电路

可采用多重化整流电路减轻整流装置所产生的谐波、无功功率等对电网的干扰，将几个整流电路多重联结可以减少交流侧输入电流谐波，而对晶闸管多重整流电路采用顺序控制的方法可提高功率因数。

移相多重联结，有并联多重联结和串联多重联结。它可减少输入电流谐波，减小输出电压中的谐波并提高纹波频率，从而减小对平波电抗器的要求。

图 3-35 的电路是两个三相桥并联而成的 12 脉波整流电路。

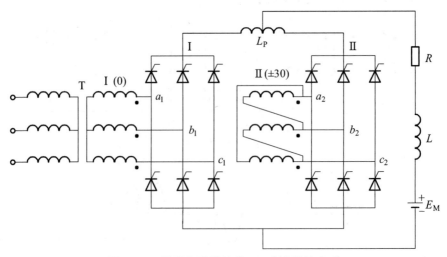

图 3-35　并联多重联结的 12 脉波整流电路

1. 移相 30°构成的串联 2 重联结电路

整流变压器二次绕组分别采用星形和三角形接法构成相位相差 30°、大小相等的两组电压，接到相互串联的两组整流桥。图 3-36 为该电路为 12 脉波整流电路。

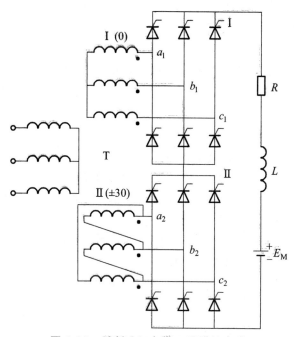

图 3-36　移相 30°串联 2 重联结电路

对波形 i_a 进行傅立叶分析，可得其基波幅值 I_{m1} 和 n 次谐波幅值 I_{mn} 分别如下：

$$I_{m1} = \frac{4\sqrt{3}}{\pi} I_d \left(\text{单桥时为} \frac{2\sqrt{3}}{\pi} I_d \right) \tag{3-60}$$

$$I_{mn} = \frac{1}{n} \frac{4\sqrt{3}}{\pi} I_d \quad n = 12k \pm 1, \quad k = 1, 2, 3, \cdots \tag{3-61}$$

即输入电流谐波次数为 $12k \pm 1$，其幅值与次数成反比而降低。其他特性如下：

直流输出电压：

$$U_d = \frac{6\sqrt{6} U_2}{\pi} \cos\alpha \tag{3-62}$$

位移因数：

$$\cos\varphi_1 = \cos\alpha \quad (\text{单桥时相同}) \tag{3-63}$$

功率因数：

$$\lambda = \nu \cos\varphi_1 = 0.988\,6 \cos\alpha \tag{3-64}$$

利用变压器二次绕阻接法的不同，互相错开 20°，可将三组桥构成串联 3 重联结电路，整流变压器采用星形三角形组合无法移相 20°，需采用曲折接法。整流电压 u_d 在每个电源周期内脉动 18 次，故此电路为 18 脉波整流电路。交流侧输入电流谐波更少，为 $18k \pm 1$ 次（$k=1$，2，3，…），u_d 的脉动也更小。输入位移因数和功率因数分别为

$$\cos\varphi_1 = \cos\alpha$$

$$\lambda = 0.994\,9\cos\alpha$$

将整流变压器的二次绕组移相 15°，可构成串联 4 重联结电路为 24 脉波整流电路。其交流侧输入电流谐波次为 $24k\pm1$，k=1，2，3，…输入位移因数功率因数分别为

$$\cos\varphi_1 = \cos\alpha$$

$$\lambda = 0.997\,1\cos\alpha$$

采用多重联结的方法并不能提高位移因数，但可使输入电流谐波大幅减小，从而也可以在一定程度上提高功率因数。

2. 多重联结电路的顺序控制

只对一个桥的 α 角进行控制，其余各桥的工作状态则根据需要输出的整流电压而定，或者不工作而使该桥输出直流电压为零，或者 $\alpha=0$ 而使该桥输出电压最大。根据所需总直流输出电压从低到高的变化，按顺序依次对各桥进行控制，因而被称为顺序控制，单相串联 3 重联结电路及顺序控制时的波形如图 3-37 所示。

以用于电气机车的 3 重晶闸管整流桥顺序控制为例，当需要输出的直流电压低于三分之一最高电压时，只对第 I 组桥的 α 角进行控制，

同时 VT_{23}、VT_{24}、VT_{33}、VT_{34} 保持导通，这样第 II 、III 组桥的直流输出电压就为零。

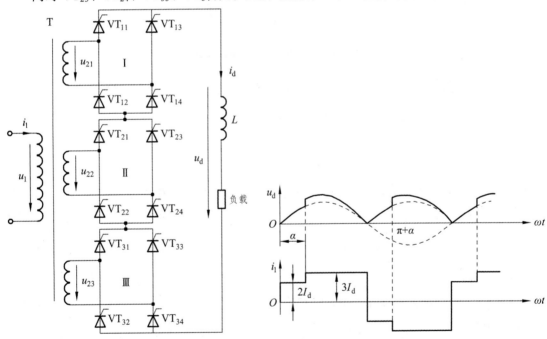

图 3-37　单相串联 3 重联结电路及顺序控制时的波形

当需要输出的直流电压为输入交流电压最大值的 1/3 时，第 I 组桥的 α 角为 0；需要输出的直流电压值在输入交流电压最大值的 1/3 到 2/3 区间内时，第 I 组桥的 α 角固定为 0，VT_{33} 和 VT_{34} 维持导通，仅对第 II 组桥的 α 角进行控制；需要输出的直流电压大于等于输入交流电压最大值的 2/3 时，第 I 、II 组桥的 α 角固定为 0，仅对第 III 组桥的 α 角进行控制。使直流输

出电压波形不含负的部分，可采取如下控制方法。以第 I 组桥为例，当电压相位为 α 时，触发 VT_{11}、VT_{14} 使其导通并流过直流电流。在电压相位为 π 时，触发 VT_{13}，则 VT_{11} 关断，通过 VT_{13}、VT_{14} 续流，桥的输出电压为零而不出现负的部分。电压相位为 $\pi + \alpha$ 时，触发 VT_{12}，则 VT_{14} 关断，由 VT_{12}、VT_{13} 导通而输出直流电压。电压相位为 2π 时，触发 VT_{11}，则 VT_{13} 关断，由 VT_{11} 和 VT_{12} 续流，桥的输出电压为零。顺序控制的电流波形中，正（或负）半周期内前后四分之一周期波形不对称，因此含有一定的偶次谐波，但其基波分量比电压的滞后少，因而位移因数高，从而提高了总的功率因数。

3.5 PWM 整流技术

随着电力电子技术的发展，功率半导体开关器件性能不断提高，从早期广泛使用的半控型功率半导体开关，如普通晶闸管 SCR，发展到今天类型诸多的全控型功率开关，如门极关断晶闸管 GTO、绝缘栅双极型晶体管 IGBT 等等。而 20 世纪 90 年代发展起来的智能型功率模块 IPM 则开创了功率半导体开关器件新的发展方向。功率半导体开关器件技术的不断进步，促进了电力电子变流装置技术的迅速发展，出现了以脉宽调制（PWM）控制为基础的各类变流装置，如变频器、逆变电源、高频开关电源，以及各类特种变流器等，这些变流装置在国民经济各领域中取得了广泛的应用。但是，目前这些变流装置很大一部分需要整流环节，以获得直流电压，由于常规整流环节广泛应用了采用二极管不控整流电路或晶闸管相控整流电路，因而对电网注入了大量谐波及无功，造成了严重的电网"污染"。治理这种电网"污染"最根本措施就是，要求变流装置实现网侧电流正弦化，且运行于单位功率因数。因此，作为电网主要"污染"源的整流器，首先受到了学术界的关注，并开展了大量研究工作。其主要思路就是，将 PWM 技术引入整流器的控制之中，使整流器网侧电流正弦化，且运行于单位功率因数。根据能量是否可双向流动，派生出两类不同拓扑结构的 PWM 整流器，即可逆 PWM 整流器和不可逆 PWM 整流器。

经过几十年的研究与发展，PWM 整流技术已日趋成熟。PWM 整流器主电路从早期的半控型器件的电路发展到如今的全控型器件的电路；其拓扑结构已从单相、三相电路发展到多相组合及多电平拓扑电路；PWM 开关控制由单纯的硬开关调制发展到软开关调制；功率等级从千瓦级发展到兆瓦级；在主电路类型上，既有电压型整流器（升压型或 Boost 型），也有电流型整流器（降压型或 Buck 型），并且两者在工业上均成功地投入了应用。由于 PWM 整流器实现了网侧电流正弦化，且运行于单位功率因数，甚至能量可双向传输，因而真正实现了"绿色电能变换"。同时由于 PWM 整流器网侧呈现出受控电流源特性，因而这一特性使 PWM 整流器及其控制技术获得了进一步的发展和拓宽，并获得了更为广泛和更为重要的应用，如静止无功补偿、有源电力滤波、统一潮流控制、超导储能、高压直流输电、电气传动以及太阳能、风能等可再生资源的并网发电。

3.5.1 PWM 控制的基本原理

1. 理论基础

冲量相等而形状不同的窄脉冲加在具有惯性的环节上时，其效果基本相同。冲量指窄脉冲的面积。效果基本相同，是指环节的输出响应波形基本相同，它们的低频段非常接近，仅在高频段略有差异。

2. 面积等效原理

分别将如图 3-38 所示的电压窄脉冲加在一阶惯性环节（R-L 电路）上，如图 3-39（a）所示。其输出电流 $i(t)$ 对不同窄脉冲的响应波形如图 3-39（b）所示。从波形可以看出，在 $i(t)$ 的上升段，$i(t)$ 的形状也略有不同，但其下降段则几乎完全相同。脉冲越窄，各 $i(t)$ 响应波形的差异也越小。如果周期性地施加上述脉冲，则响应 $i(t)$ 也是周期性的。用傅立叶级数分解后将可看出，各 $i(t)$ 在低频段的特性将非常接近，仅在高频段有所不同。

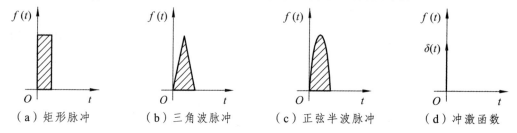

（a）矩形脉冲　　（b）三角波脉冲　　（c）正弦半波脉冲　　（d）冲激函数

图 3-38　形状不同而冲量相同的各种窄脉冲

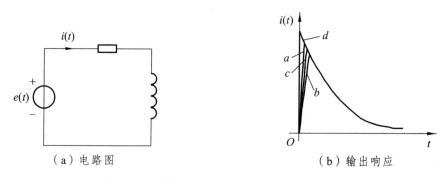

（a）电路图　　　　　　　　（b）输出响应

图 3-39　冲量相同的各种窄脉冲的响应波形

用一系列等幅不等宽的脉冲来代替一个正弦半波，正弦半波 N 等分，看成 N 个相连的脉冲序列，宽度相等，但幅值不等；用矩形脉冲代替，等幅，不等宽，中点重合，面积（冲量）相等，宽度按正弦规律变化。

把图 3-40 的正弦半波分成 N 等分，就可以把正弦半波看成是由 N 个彼此相连的脉冲序列所组成的图形。这些脉冲宽度相等，都等于 $\dfrac{\pi}{N}$，但是幅值不相等，且脉冲顶部不是水平直线，而是曲线，各个脉冲的幅值按正弦规律变化。如果把上述脉冲序列利用相同数量的等幅而不等宽的矩形脉冲代替，使矩形脉冲的中点和相应正弦部分的中点重合，且使矩形脉冲和相应正弦部分脉冲面积相等，就得到如图 3-40 所示的脉冲序列。这就是 PWM 波形。可以看出，各

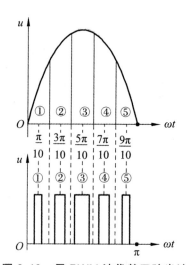

图 3-40　用 PWM 波代替正弦半波

脉冲的幅值相等，而宽度是按正弦规律变化的。根据面积等效原理，PWM 波形和正弦半波是等效的。对于正弦波的负半周，也可以用同样的方法得到 PWM 波形。像这样脉冲的宽度按正弦规律变化而和正弦波等效的 PWM 波形，也称为 SPWM 波形。

例 3-4 设图 3-40 中半周期内的脉冲数为 5，脉冲幅值为相应正弦波的 2 倍，试按面积等效原理来计算各个脉冲的宽度。

解：

$$\delta_1 = \frac{\int_0^{\frac{\pi}{5}} U_m \sin \omega t \, \mathrm{d}\omega t}{2U_m} = -\frac{\cos \omega t}{2} \Big|_0^{\frac{\pi}{5}} = 0.304\,0 \, (\mathrm{ms})$$

$$\delta_2 = \frac{\int_{\frac{\pi}{5}}^{\frac{2\pi}{5}} U_m \sin \omega t \, \mathrm{d}\omega t}{2U_m} = -\frac{\cos \omega t}{2} \Big|_{\frac{\pi}{5}}^{\frac{2\pi}{5}} = 0.795\,8 \, (\mathrm{ms})$$

$$\delta_3 = \frac{\int_{\frac{2\pi}{5}}^{\frac{3\pi}{5}} U_m \sin \omega t \, \mathrm{d}\omega t}{2U_m} = -\frac{\cos \omega t}{2} \Big|_{\frac{2\pi}{5}}^{\frac{3\pi}{5}} = 0.983\,6 \, (\mathrm{ms})$$

$$\delta_4 = \frac{\int_{\frac{3\pi}{5}}^{\frac{4\pi}{5}} U_m \sin \omega t \, \mathrm{d}\omega t}{2U_m} = -\frac{\cos \omega t}{2} \Big|_{\frac{3\pi}{5}}^{\frac{4\pi}{5}} = 0.795\,8 \, (\mathrm{ms})$$

$$\delta_5 = \frac{\int_{\frac{4\pi}{5}}^{\pi} U_m \sin \omega t \, \mathrm{d}\omega t}{2U_m} = -\frac{\cos \omega t}{2} \Big|_{\frac{4\pi}{5}}^{\pi} = 0.304\,0 \, (\mathrm{ms})$$

3.5.2 PWM 整流技术的基本原理

从电力电子技术发展来看，整流器是较早应用的一种 AC/DC 变换装置。整流器的发展经历了由不控整流器（二极管整流）、相控整流器（晶闸管整流）到 PWM 整流器（可关断功率开关）的发展历程。传统的相控整流器，虽应用时间较长，技术也较成熟，且被广泛使用，但仍然存在以下问题：

（1）晶闸管换流引起网侧电压波形畸变；

（2）网侧谐波电流对电网产生谐波"污染"；

（3）闭环控制时动态响应相对较慢。

虽然二极管整流器，改善了整流器网侧功率因数，但仍会产生网侧谐波电流"污染"电网；另外二极管整流器的不足还在于其直流电压的不可控性。针对上述不足，PWM 整流器已对传统的相控及二极管整流器进行了全面改进。其关键性的改进在于用全控型功率开关代替了半控型功率开关或二极管，以 PWM 斩控整流取代了相控整流或不控整流。因此，PWM 整流器可以取得以下优良性能：

（1）网侧电流为正弦波；

（2）网侧功率因数控制（如单位功率因数控制）；

（3）电能可双向传输；

（4）较快的动态控制响应。

显然，PWM 整流器已不是一般传统意义上的 AC/DC 变换器。由于电能的双向传送，当 PWM 整流器从电网吸取电能时，其运行于整流工作状态；而当 PWM 整流器向电网传输电能时，其运行于有源逆变工作状态。所谓单位功率因数是指：当 PWM 整流器运行于整流状态时，网侧电压、电流同相（正阻特性）；当 PWM 整流器运行于有源逆变状态时，其网侧电压、电流反相（负阻特性）。进一步研究表明，由于 PWM 整流器其网侧电流及功率因数均可控，因而可被推广应用于有源电力滤波及无功补偿等非整流器应用场合。

PWM 整流器实际上是一个交、直流侧可控的四象限运行的变流装置。为便于理解，以下首先从模型电路阐述 PWM 整流器的原理。图 3-41 为 PWM 整流器模型电路，可以看出：PWM 整流器模型电路由交流回路、功率开关管电路以及直流回路组成。其中交流回路包括交流电动势 e 以及网侧电感 L 等；直流回路包括负载电阻 R_L 及负载电动势 e_L 等；功率开关管桥路可由电压型或电流型桥路组成。

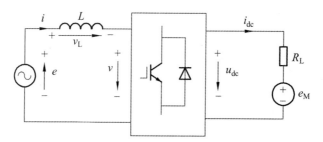

图 3-41　PWM 整流器模型电路图

当不计功率开关管桥路损耗时，由交、直流侧功率平衡关系得

$$v \cdot i = v_{dc} \cdot i_{dc}$$

式中　v、i 是模型电路交流侧电压、电流；

　　　　v_{dc}、i_{dc} 是模型电路直流侧电压、电流。

由上式不难理解，通过模型电路交流侧的控制，就可以控制其直流侧，反之也成立。以下着重从模型电路交流侧入手，分析 PWM 整流器的运行状态和控制原理。

稳态条件下，PWM 整流器交流侧矢量关系如图 3-42 所示。为简化分析，对于 PWM 整流器模型电路，只考虑基波分量而忽略 PWM 谐波分量，并且不计交流侧电阻。这样可从图 3-42 分析，当电压矢量 V 端点位于圆轨迹 A 点时，电流矢量 I 比电动势矢 E 滞后 90°，此时 PWM 整流器网侧呈现电感特性，如图 3-42（a）所示；当电压矢量 V 端点运动至圆轨迹 B 端点时，电流矢量 I 与电动势矢量 E 平行且同向，此时 PWM 整流器网侧呈现正电阻特性，如图 3-42（b）所示；当电压矢量 V 端点运动至圆轨迹 C 点时，电流矢量 I 比电动势矢量 E 超前 90°，此时 PWM 整流器网侧呈现纯电容特性，如图 3-42（c）所示；当电压矢量 V 端点运动至圆轨迹 D 点时，电流矢量 I 与电动势矢量 E 平行且反向，此时 PWM 整流器网侧呈现负阻特性，如图 3-42（d）所示。以上，A，B，C，D 四点是 PWM 整流器四象限运行的四个特殊工作状态点，进一步分析，可得PWM整流器四象限运行规律如下：

（1）电压矢量 *V* 端点在圆轨迹 *AB*[图 3-42（a）]上运动时，PWM 整流器运行于整流状态。此时，PWM 整流器需从电网吸收有功及感性无功功率，电能将通过 PWM 整流器由电网传输至直流负载。值得注意的是，当 PWM 整流器运行在 *B* 点时，则实现单位功率因数整流控制；而在 *A* 点运行时，PWM 整流器则不从电网吸收有功功率，而只从电网吸收感性无功功率。

（2）当电压矢量 *V* 端点在圆轨迹 *BC*[图 3-42（b）]上运动时，PWM 整流器运行于整流状态。此时，PWM 整流器需从电网吸收有功及容性无功功率，电能将通过 PWM 整流器由电网传输至直流负载。当 PWM 整流器运行至 *C* 点时，PWM 整流器将不从电网吸收有功功率，而只从电网吸收容性无功功率。

（3）当电压矢量 *V* 端点在圆轨迹 *CD*[图 3-42（c）]上运动时，PWM 整流器运行于有源逆变状态。此时 PWM 整流器向电网传输有功及容性无功功率，电能将从 PWM 整流器直流侧传输至电网。当 PWM 整流器运行至 *D* 点时，便可实现单位功率因数有源逆变控制。

（4）当电压矢量 *V* 端点在圆轨迹 *DA*[图 3-42（d）]上运动时，PWM 整流器运行于有源逆变状态。此时，PWM 整流器向电网传输有功及感性无功功率，电能将从 PWM 整流器直流侧传输至电网。

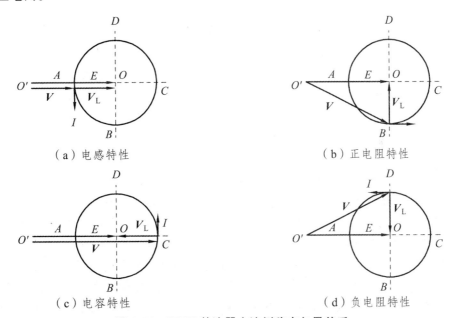

（a）电感特性　　　　　　　　　　　（b）正电阻特性

（c）电容特性　　　　　　　　　　　（d）负电阻特性

图 3-42　PWM 整流器交流侧稳态矢量关系

实现四象限运行的控制方法有两种：一是可以通过控制 PWM 整流器交流侧电压，间接控制网侧电流；二是可以通过网侧电流的闭环控制直接控制 PWM 整流器的网侧电流。

例 3-5 如图 3-42 试说明当电压矢量 *V* 沿着圆周运动一圈时，PWM 整流器网侧呈现什么特性，为什么？

AB 段：*V* 滞后 *E* 的相角，*E* 超前 *I* 的角度设为 θ，θ 从 90° 减少到 0°，电路工作在整流状态，此时 PWM 整流器网侧呈电阻特性；

BC 段：*V* 滞后 *E* 的相角，*I* 超前 *E* 的角度设为 θ，θ 从 0° 增加到 90°，电路在向交流电源送出无功功率，此时 PWM 整流器网侧呈电容特性；

CD 段：*V* 超前 *E* 的相角，*I* 超前 *E* 的角度设为 *θ*，*θ* 从 90°增加到 180°，电路工作在逆变状态，此时 PWM 整流器网侧呈负电阻特性；

DA 段：*V* 超前 *E* 的相角，*I* 滞后 *E* 的角度设为 *θ*，*θ* 从 180°减少到 90°，此时 PWM 整流器网侧呈电感特性。

3.6 单相 PWM 整流电路

单相 PWM 整流电路按照整流器的连接方式可分为单相半桥 PWM 整流电路、全桥 PWM 整流电路；由于输出的直流电可以是电压源或者电流源，故又可以分为电压型 PWM 整流电路、电流型 PWM 整流电路。本文就从电压型桥式 PWM 整流电路来分析电路的工作过程。

电压型单相桥式 PWM 整流电路最早用于交流机车传动系统，为间接式变频电源提供直流中间环节，其电路如图 3-43 所示。每个桥臂由一个全控器件和反并联的整流二极管组成。*L* 为交流侧附加的电抗器，在 PWM 整流电路中是一个重要的元件，起平衡电压、支持无功功率和储存能量的作用。为简化分析，可以忽略 *L* 的电阻。

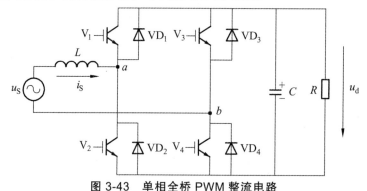

图 3-43 单相全桥 PWM 整流电路

用正弦信号波和三角波相比较的方法对图中的 V_1-V_4 进行 SPWM 控制，就可以在桥的交流输入端 *ab* 产生一个 SPWM 波 u_{ab}。u_{ab} 中含有和正弦信号波同频率且幅值成比例的基波分量，以及和三角波载波有关的频率很高的谐波，不含有低次谐波。由于 *L* 的滤波作用，谐波电压只使 i_s 产生很小的脉动。当正弦信号波频率和电源频率相同时，i_s 也为与电源频率相同的正弦波。u_s 一定时，i_s 幅值和相位仅由 u_{ab} 中基波 u_{ab1} 的幅值及其与 u_s 的相位差决定。改变 u_{ab} 的幅值和相位，可使 i_s 和 u_s 同相或反相，i_s 比 u_s 超前 90°，或使 i_s 与 u_s 相位差为所需角度。

不考虑换相过程，在任一时刻，电压型单相桥式 PWM 整流电路的四个桥臂应有两个桥臂导通。为避免输出短路，1、2 桥臂不允许同时导通，同样 3、4 桥臂也不允许同时导通。PWM 整流电路有四种工作模式，根据交流侧电流 i_s 的方向，每种工作模式有两种工作状态。

当交流输入电源电压 u_s 位于正半周时，各模式工作情况如下：

方式 1 为 1、4 号桥臂导通，$L\dfrac{di_s}{dt}=u_s-u_{ab}$，电流为正时，$VD_1$ 和 VD_4 导通，交流电源输出能量，直流侧吸收能量，电路处于整流状态；电流为负时，V_1 和 V_4 导通；交流电源吸收能量，直流侧释放能量，处于能量反馈状态。如图 3-44（a）所示。

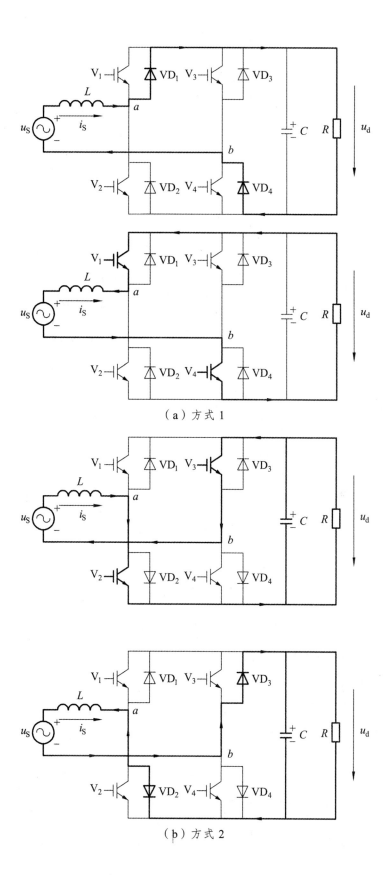

（a）方式 1

（b）方式 2

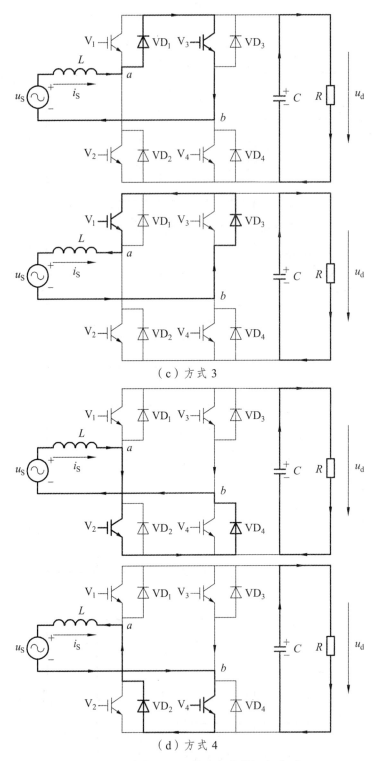

（c）方式3

（d）方式4

图 3-44　全桥 PWM 整流电路的运行方式

方式 2 为 2、3 号桥臂导通，$L\dfrac{\mathrm{d}i_{\mathrm{s}}}{\mathrm{d}t}=u_{\mathrm{s}}-u_{\mathrm{ab}}$，电流为正时，$V_2$ 和 V_3 导通，交流电源和直

流侧都输出能量，L 储能；电流为负时，VD_2 和 VD_3 导通，交流电源和直流侧都吸收能量，L 释放能量。如图 3-44（b）所示。

方式 3 为 1、3 号桥臂导通，$L\dfrac{\mathrm{d}i_s}{\mathrm{d}t}=u_s$，直流侧与交流侧无能量交换，电源被短接，电流为正时，VD_1 和 V_3 导通，L 储能；电流为负时，V_1 和 VD_3 导通，L 释放能量。如图 3-44（c）所示。

方式 4 为 2、4 号桥臂导通，$L\dfrac{\mathrm{d}i_s}{\mathrm{d}t}=u_s$，直流侧与交流侧无能量交换，电源被短接，电流为正，V_2 和 VD_4 导通，L 储能；电流为负时，VD_2 和 V_4 导通，L 释放能量，如图 3-44（d）所示。

在方式 3 和方式 4 中，交流电源被短路，依靠交流侧电感限制电流。在方式 1 和方式 2 中，由于电流方向能够改变，交流侧与直流侧可进行双向能量交换。

按同样方法可分析 u_s 位于负半周时各模式的工作情况。采用脉宽调制方式，通过选择适当的工作模式和工作时间间隔，交流侧的电流可以按规定的目标增大、减小和改变方向，从而控制交流侧电流 i_s 的幅值和相位，并使波形接近于正弦波。图 3-45 为电压型单相桥式 PWM 整流电路整流运行，功率因数为 1 时的工作波形。

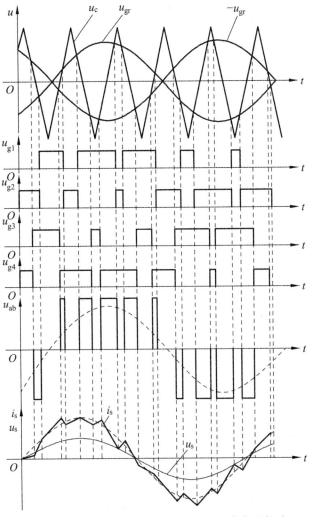

图 3-45 电压型单相桥式 PWM 整流电路整流运行，功率因数为 1 时的工作波形

3.7 三相 PWM 整流电路

PWM 整流器按照直流储能形式可分为电压型和电流型；按电网相数可分为单相三相和多相电路；按桥路结构可分为半桥和全桥电路；按调制电平可分为二、三和多电平电路。图 3-46 为三相桥式电压型 PWM 整流器电路，其交流侧采用三相对称的无中线连接方式，并采用 6 个功率开关管，这是一种最常用的三相 PWM 整流器，通常所谓的三相桥式电路即指三相半桥电路。下面就其原理作详细说明。

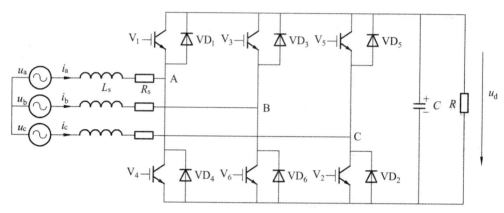

图 3-46 三相全桥压型 PWM 整流电路

三相电压型 PWM 整流器的主电路如图 3-48 所示。若用 "1" 表示某相上桥臂导通，下桥臂关断，用 "0" 表示某相下桥臂导通，上桥臂关断，则组合起来就有 8 种开关状态（000、001、010、011、100、101、110、111），其中 001、010、011、100、101、110 为非零矢量，000、111 为零矢量。

假设三相电网电动势为正弦波且三相对称，如图 3-47 所示，根据 u_a、u_b、u_c 的过零点将一个周期分成 I - VI 共 6 个区间。现以第 VI 区间为例来说明在 SVPWM 控制方式下的三相电压型 PWM 整流器的工作情况。为了简化分析，只研究三相电压型 PWM 整流器单位功率因数整流工作状态时的情况，此时在第 VI 区间中电压 u_a、u_c 为正，u_b 为负，则有 i_a、i_c 为正，i_b 为负，开关模式在 111、101、100、000 之间切换，其换流过程与开关状态如下，过程中忽略上下桥臂的死区时间，其他区间的换流方式分析与此类似。

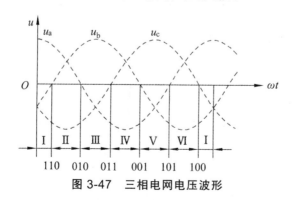

图 3-47 三相电网电压波形

开关模式 111 的电流回路图如图 3-48（a）所示。此时 A、B、C 相均为上桥臂导通，电流极性决定了实际导通的器件为 VD_1、V_3、VD_5，此时桥臂端输入线电压 $v_{ab} = v_{bc} = v_{ca} = 0$。

开关模式 101 的电流回路图如图 3-48（b）所示。此时 A、C 上桥臂导通，B 相下桥臂导通，电流极性决定了实际导通的器件为 VD_1、VD_6、VD_5，此时桥臂端输入线电压 $v_{ab} = v_{dc}$，$v_{bc} = -v_{dc}$，$v_{ca} = 0$。

开关模式 100 的电流回路图如图 3-48（c）所示，此时 A 上桥臂导通，B、C 相下桥臂导通，电流极性决定了实际导通的器件为 VD_1、VD_6、V_2，此时桥臂端输入线电压 $v_{ab} = b_{dc}$，$v_{bc} = 0$，$v_{ca} = -v_{dc}$。

开关模式 000 的电流回路图如图 3-48（d）所示。此时 A、B、C 下桥臂导通，电流极性决定了实际导通的器件为 VD_4、VD_6、V_2，此时桥臂端输入线电压 $v_{ab} = v_{bc} = v_{ca} = 0$。

通过以上对不同开关模式下的电流路径分析，可以清楚地了解三相电压型 PWM 整流器的工作原理及过程。另外在单位功率因数条件下控制相应的开关元件的通断，也可使交流侧三相电网电动势与三相电流波形相反，直流侧电能反馈给电网，实现整流器的逆变工作状态。

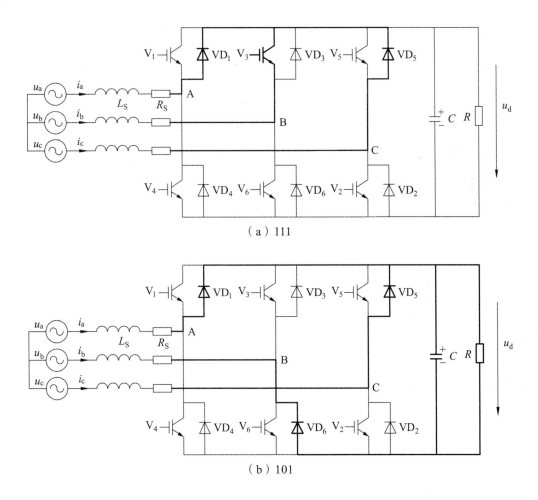

（a）111

（b）101

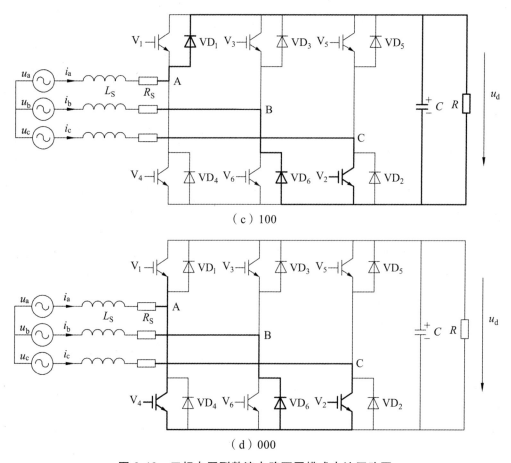

（c）100

（d）000

图 3-48　三相电压型整流电路不同模式电流回路图

本章小结

交流-直流变流电路也称为整流电路,整流电路是电力电子电路中得到应用最早的一类变流电路。根据电力电子开关器件的不同,整流电路又可以分为二极管整流电路、晶闸管整流电路和全控型器件整流电路。

以二极管为开关器件的不控整流,其直流输出电压只依赖于交流输入电压的大小而不能调控。相控整流靠改变晶闸管的控制角 α 调控直流输出电压。采用全控型开关器件的整流电路,利用 PWM 控制可以实现理想化的交流-直流变流电路。输出直流电压快速可控,交流电流正弦化,功率因数可为任意指令值,功率可双向流动。高频 PWM 整流是交流-直流变换的最佳控制方式。

习题及思考题

1. 单相半波可控整流电路对电感负载供电, $L = 20 \text{ mH}$, $U_2 = 100 \text{ V}$,求当 $a = 0°$ 和 $60°$ 时的负载电流 I_d ,并画出 u_d 与 i_d 波形。

2. 单相桥式全控整流电路，当负载分别为电阻负载或电感负载时，要求的晶闸管移相范围分别是多少？

3. 单相桥式全控整流电路，$U_2 = 100\,\text{V}$，负载中 $R = 2\,\Omega$，L 值极大，反电势 $E = 60\,\text{V}$，当 $\alpha = 30°$ 时，要求：

（1）作出 u_d、i_d 和 i_2 的波形；

（2）求整流输出平均电压 U_d、电流 I_d，变压器二次电流有效值 I_2；

（3）考虑安全裕量，确定晶闸管的额定电压和额定电流。

4. 单相桥式半控整流电路接大电感负载，负载端接续流二极管 V_4，已知 $U_2 = 100\,\text{V}$，$R = 10\,\Omega$，$\alpha = 45°$：

（1）计算输出整流电压、电流平均值及晶闸管、续流二极管电流有效值；

（2）画出 u_d、i_d、u_VD、i_VD 及变压器次级电流 i_2 的波形。

5. 三相半波整流电路的共阴极接法与共阳极接法，A、B 两相的自然换相点是同一点吗？如果不是，它们在相位上差多少度？

6. 三相半波可控整流电路，$U_2 = 100\,\text{V}$，带电阻电感负载，$R = 5\,\Omega$，L 值极大，当 $\alpha = 30°$ 时，要求：① 画出 u_d、i_d 和 i_VT1 的波形；② 计算 U_d、I_d、I_dT 和 I_VT。

7. 三相半波可控整流电路，反电动势阻感负载，$U_2 = 100\,\text{V}$，$R = 5\Omega$，$L = \infty$，$L_\text{B} = 1\,\text{mH}$，求当 $\alpha = 30°$、$E = 50\,\text{V}$ 时 U_d、I_d、Y 的值并作出 u_d 与 i_VT1 和 i_VT2 的波形。

8. 三相桥式全控整流电路中，当负载分别为电阻负载或电感负载时，要求的晶闸管移相范围分别是多少？

9. 在三相桥式全控整流电路中，电阻负载，如果有一个晶闸管不能导通，此时的整流电压 u_d 波形如何？如果有一个晶闸管被击穿而短路，其他晶闸管受什么影响？

10. 三相桥式全控整流电路，$U_2 = 100\,\text{V}$，带电阻电感负载，$R = 5\Omega$，L 值极大，当 $\alpha = 30°$ 时，要求：① 画出 u_d、i_d 和 i_VT1 的波形；② 计算 U_d、I_d、I_dT 和 I_VT。

11. 单相桥式不可控整流带电容滤波电路和三相桥式不可控整流带电感电路，它们交流侧谐波组成有什么规律？

12. 三相桥式不可控整流电路，阻感负载，$R = 5\,\Omega$，$L = \infty$，$U_2 = 220\,\text{V}$，$X_\text{B} = 0.3\,\Omega$，求 U_d、I_d、I_VD、I_2 和 γ 的值并作出 u_d、i_VD 和 i_2 的波形。

13. 试说明 PWM 的基本控制原理。

14. 单相和三相 PWM 波形中，所含主要谐波的频率是多少？

15. 设图 3-40 中半周期的脉冲数为 5，脉冲幅值为相应正弦波幅值的 2 倍，试按面积等效原理来计算各脉冲的宽度。

16. 什么是 PWM 整流电路？请简述 PWM 整流电路的基本原理。

17. 试简述 PWM 整流器的四象限运行规律。

第 4 章

直流-交流变换电路

直流-交流功率变换称为逆变。本章论述直流-交流功率变换的基本原理。介绍了正弦波运行模式下电压型和电流型逆变器的特性，PWM 控制输出电压大小和波形的基本原理，三相逆变器的空间矢量 PWM 控制，多电平逆变器、高压大容量逆变器复合结构以及电流型逆变器的基本结构。

4.1 逆变器的类型和性能指标

4.1.1 逆变电路的工作原理

直流-交流功率变换是通过逆变器实现的。逆变器的输入为直流量，输出为交流量，交流输出量除含有较大的基波成分外，还可能含有一定频率和幅值的谐波，其基波频率和幅值都应该可以调节控制。那么如何来调节控制呢？由电路知识可知，频率、幅值和初相位是决定一个正弦交流量的三要素。以图 4-1（a）的单相桥式逆变电路为例说明其基本的工作原理。图中 $S_1 \sim S_4$ 是桥式电路的 4 个臂，它们由电力电子器件及其辅助电路组成。当开关 S_1、S_4 闭合，S_2、S_3 断开时，负载电压为正；当开关 S_1、S_4 断开，S_2、S_3 闭合时，负载电压为负。其波形如图 4-1（b）所示。这样，就把直流电变成了交流电。改变直流电源的幅值，即可改变输出交流电的幅值；改变两组开关的切换频率，即可改变输出交流电的频率；改变两组开关的切换时刻，即可改变输出交流电的初相位。这就是逆变电路最基本的工作原理。

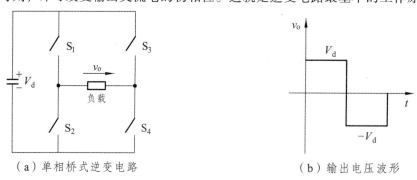

（a）单相桥式逆变电路　　　　　　　（b）输出电压波形

图 4-1　逆变电路及其波形举例

4.1.2　逆变电源发展概况与分类

逆变电源的发展是和电力电子器件的发展联系在一起的，器件的发展带动着逆变电源的发展。逆变电源出现于电力电子技术飞速发展的 20 世纪 60 年代，到目前为止，它可以分成如下两个阶段。

1956—1980 年为传统发展阶段。这个阶段的特点是以低速开关器件为主，逆变电源的开关频率较低，波形改善以多重叠加法为主，逆变效率低，体积大，较笨重。这一阶段主要采用可控硅（SCR）作为逆变器的开关器件。可控硅逆变电源的出现虽然可以取代旋转型变流机组，但由于 SCR 是一种没有自关断能力的器件，因此必须增加换流电路来强迫关断 SCR，但由于换流电路复杂、噪声大、体积大、效率低等原因却限制了逆变电源的进一步发展。

1980 年到现在为高频化新技术阶段。这个阶段的主要特点是以高速开关器件为主，逆变电源的开关频率高，波形改善以 PWM 法为主，体积小，质量小，逆变效率高，正弦波逆变电源技术发展日趋完善。自 20 世纪 70 年代后期，各种自关断器件应运而生，它们包括门极可关断晶闸管（GTO）、功率场效应晶体管（Power MOSFET）、绝缘栅双极型晶体管（IGBT）等。自关断器件在逆变器中的应用大大提高了逆变电源的性能，逆变电源采用自关断器件。一方面，由于自关断器件不需要换流电路，因而主电路得以简化，成本降低，可靠性提高；另一方面，由于自关断器件的使用，使得开关频率得以提高，逆变桥输出电压中低次谐波含量大大降低，输出滤波器的尺寸得以减小，逆变电源的动态特性及对非线性负载的适应性也得以提高。在自关断器件当中，IGBT 以其开关频率高、通态压降小、驱动功率小、模块的电压电流等级高等优点已成为中小功率逆变电源的首选器件。

逆变器应用广泛，类型很多。其主要分类方式叙述如下：

（1）按逆变器输出交流的频率分为：工频逆变器（50～60 Hz）、中频逆变器（400 Hz 到几十 kHz）和高频逆变器（几十 kHz 到几 MHz）；

（2）按逆变器输出交流能量的去向分为：无源逆变器和有源逆变器，交流能量供给负载的为无源逆变器，交流能量供给电网的为有源逆变器；

（3）按逆变器功率的流动方向分为：单向逆变器和双向逆变器；

（4）按逆变器输出电压的波形分为：正弦波逆变器和非正弦波逆变器；

（5）按逆变器输出电压的电平分为：二电平逆变器和多电平逆变器；

（6）按逆变器输出交流的相数分为：单相逆变器，三相逆变器和多相逆变器；

（7）按逆变器输入与输出的电气隔离分为：非隔离型逆变器，低频链逆变器和高频链逆变器；

（8）按逆变器输入直流电源的性质分为：电压源型逆变器和电流源型逆变器；

（9）按逆变器的电路结构分为：单端式逆变器、推挽式逆变器、半桥式逆变器和全桥式逆变器；

（10）按逆变器的功率开关管分为：晶闸管（SCR）逆变器，门极可关断晶闸管（GTO）逆变器，功率场效应晶体管（Power MOSFET）逆变器和绝缘栅双极晶体管（IGBT）逆变器；其中，大功率逆变器多用 GTO，中功率逆变器多用 IGBT，小功率逆变器则用 Power MOSFET。

（11）按逆变器的功率开关管工作方式分为：硬开关逆变器，谐振式逆变器和软开关逆变器。本章将只讨论全控型器件构成的正弦波逆变器。

4.1.3 逆变器输出波形性能指标

实际逆变器的输出波形除基波外总含有谐波，为了评价逆变器输出波形的质量，引入下述几个参数的定义和性能指标。

1）畸变波形的均方根值

周期性电流和电压的瞬时值都随时间而变，在工程实际应用中常采用均方根值来衡量电流和电压的大小。以周期电流 $i(t)$ 为例，它的均方根（连续采样）值定义为

$$I = \sqrt{\frac{1}{T}\int_0^T i^2(t)\mathrm{d}t} \quad (\text{连续采样}) \tag{4-1}$$

均方根值通常又称为有效值。

在时域分析中，可将一个周期 T 分成 N 个等时间间隔，对 $i(t)$ 做 N 次等间隔采样。设 t_k 时刻的电流采样瞬时值为 i_k，则此电流的均方根值的算式为

$$I = \sqrt{\frac{1}{T}\sum_{k=1}^N i_k^2 \frac{T}{N}} = \sqrt{\frac{1}{N}\sum_{k=1}^N i_k^2} \quad (\text{离散采样}) \tag{4-2}$$

在频域分析中，将畸变的周期性电压和电流分解成傅立叶级数：

$$v(t) = \sum_{n=1}^\infty \sqrt{2}V_n \sin(n\omega_1 t + \alpha_n) \tag{4-3}$$

$$i(t) = \sum_{n=1}^\infty \sqrt{2}I_n \sin(n\omega_1 t + \beta_n) \tag{4-4}$$

式中　V_1、I_1——$n = 1$ 时电压和电流的基波的均方根值；

　　　ω_1——基波的角频率；

　　　V_n、I_n——第 n 次谐波电压和电流的均方根值。

若将式（4-4）代入式（4-1）便可得到畸变电流波形均方根值的算式：

$$I = \sqrt{I_1^2 + I_2^2 + I_3^2 + \cdots + I_n^2} = \sqrt{\sum_{n=1}^\infty I_n^2} \tag{4-5}$$

同理，电压的均方根值算式为

$$V = \sqrt{V_1^2 + V_2^2 + V_3^2 + \cdots + V_n^2} = \sqrt{\sum_{n=1}^\infty V_n^2} \tag{4-6}$$

2）畸变波形的峰值

为了表征波形畸变对绝缘等问题的影响，引入波峰系数 CF（Crest Factor），定义为畸变波形的峰值与均方根值（或基波的均方根值）之比值。如果不考虑相位关系，最大波峰系数可用下式求得：

$$CF = \frac{\sqrt{2}}{V_1}\sum_{n=1}^\infty V_n = \sqrt{2}\sum_{n=1}^\infty \frac{V_n}{V_1} \tag{4-7}$$

3）谐波含有率 IHD(Individual Harmonic Distortion)或谐波系数 HF(Harmonic factor)

工程上常要求给出电压或电流畸变波形中某次谐波的含有率，以便监测和采取抑制措施。第 n 次谐波系数 HF_n 定义为第 n 次谐波分量有效值与基波分量有效值之比，即

$$HFV_n = \frac{V_n}{V_1} \times 100\% \tag{4-8}$$

$$HFI_n = \frac{I_n}{I_1} \times 100\% \tag{4-9}$$

4）总谐波畸变率 THD（ Total Harmonic Distortion ）

THD 为各次谐波有效值的平方和的方根值与其基波有效值的百分比，简称畸变率 DF（ Distortion Factor ）。

电压的总谐波畸变率为

$$THD_V = \frac{1}{V_1} \left(\sum_{n=2,3,4,\cdots}^{\infty} V_n^2 \right)^{1/2} \times 100\% \tag{4-10}$$

电流的总谐波畸变率为

$$THD_I = \frac{1}{I_1} \left(\sum_{n=2,3,4,\cdots}^{\infty} I_n^2 \right)^{1/2} \times 100\% \tag{4-11}$$

总谐波系数表征了一个实际波形与其基波分量接近的程度。输出为理想正弦波时 THD 为零。

5）最低次谐波 LOH（ Lowest-order harmonic ）

最低次谐波定义为与基波频率最接近的谐波。

其他指标：

对于逆变装置来说，其性能指标除波形性能指标外，还应包括下列内容：

（1）逆变效率；

（2）单位质量（或单位体积）输出功率；

（3）逆变器输入电流交流分量的大小和脉动频率；

（4）电磁干扰 EMI 及电磁兼容性 EMC；

（5）可靠性指标。

4.2 单相电压源型逆变器及其调制

电压源型逆变器（ Voltage Source Inverter，VSI ）的主要功能，是将恒定的直流电压转换为幅值和频率可变的交流电压。图 4-2（a）给出了单相桥式电压源型逆变器的简化电路框图。电压源型逆变器的特点有：① 直流侧为电压源或并联大电容，直流侧电压基本无脉动；② 由于直流电压源的钳位作用，输出电压为矩形波，输出电流因负载阻抗不同而不同；③ 阻感负载时需提供无功功率，为了给交流侧向直流侧反馈的无功能量提供通道，逆变桥各臂并联反馈二极管。

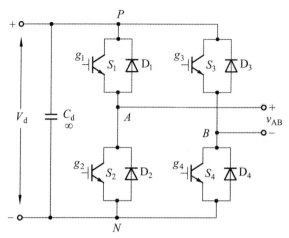

（a）单相桥式电压源型逆变器电路框图

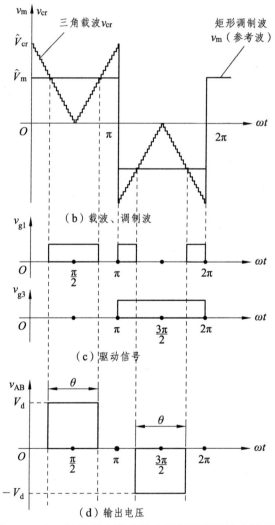

（b）载波、调制波

（c）驱动信号

（d）输出电压

图 4-2　电压源型逆变器单脉冲调制原理及输出波形

4.2.1 单脉冲调制

单相逆变器单脉冲调制原理及输出波形示于图 4-2（b）、（c）、（d），其特点是每半个周期只有一个矩形脉冲电压输出，通过改变单脉冲矩形波电压的宽度即可控制其输出电压基波的幅值。逆变器输出电压波形是由开关管的驱动脉冲信号确定的。图 4-2（b）中，将幅值为 $\hat{V}_\mathrm{m}$ 的矩形调制波与幅值为 $\hat{V}_\mathrm{cr}$ 的等腰三角形载波进行比较，用其交点时刻确定开关器件驱动信号的起点和终点时刻，如图 4-2（c）所示。在调制波 v_m 的正半周，如果在 $v_\mathrm{m} > v_\mathrm{cr}$ 时的 θ 区间，对开关管 S_1、S_4 加驱动信号 v_g1、v_g4；在调制波 v_m 的负半周，当 $v_\mathrm{m} < v_\mathrm{cr}$ 时，对开关管 S_3、S_2 加驱动信号 v_g3、v_g2。则输出电压 v_AB 为图中所示的脉宽 θ、幅值为 V_d 的交流方波。改变调制波 v_m 和载波 v_cr 的频率就能改变输出电压基波的频率。载波幅值 $\hat{V}_\mathrm{cr}$ 固定不变，改变调制波的幅值 $\hat{V}_\mathrm{m}$，则能改变驱动信号的脉冲宽度 θ。定义幅值调制比 m_a 为

$$m_\mathrm{a} = \frac{\hat{V}_\mathrm{m}}{\hat{V}_\mathrm{cr}} \tag{4-12}$$

频率调制比则由下式给出

$$m_\mathrm{f} = \frac{f_\mathrm{cr}}{f_\mathrm{m}} \tag{4-13}$$

式中，f_m 和 f_cr 分别为调制波和载波的频率。

输出电压的脉宽 $\theta = \pi \cdot \dfrac{\hat{V}_\mathrm{m}}{\hat{V}_\mathrm{cr}} = m_\mathrm{a} \cdot \pi$

根据傅立叶分析，在图 4-2（d）所示时间坐标原点的情况下，脉宽为 θ 的方波电压其电压的有效值及瞬时值的表达式为

$$V_\mathrm{AB} = \left(\frac{2}{2\pi} \int_{(\pi-\theta)/2}^{(\pi+\theta)/2} V_\mathrm{d}^2 \mathrm{d}(\omega t) \right)^{1/2} = V_\mathrm{d} \sqrt{\frac{\theta}{\pi}}$$

$$v_\mathrm{AB}(t) = \sum_{n=1,3,5,\cdots}^{\infty} \frac{4V_\mathrm{d}}{n\pi} \sin \frac{n\theta}{2} \times \left[-(-1)^{\frac{n+1}{2}} \right] \times \sin n\omega t$$

基波（$n=1$）幅值为

$$V_\mathrm{1m} = \frac{4}{\pi} V_\mathrm{d} \sin \frac{\theta}{2}$$

n 次谐波幅值为

$$V_{nm} = \frac{4}{n\pi} V_\mathrm{d} \sin \frac{n\theta}{2}$$

4.2.2 正弦脉冲宽度调制 SPWM（Sinusoidal Pulse Width Modulation）基本原理

逆变器理想的输出电压是图 4-3（a）所示的正弦波 $v(t) = V_\mathrm{1m} \sin \omega t$。逆变电路的输入电压是直流电压 V_d，依靠开关管的通、断状态变换，逆变电路直接输出的电压只能为 $+V_\mathrm{d}$，0，$-V_\mathrm{d}$。

对单相桥式逆变器的四个开关管进行实时、适时的通、断控制，可以得到图 4-3（b）所示在半个周期中有多个脉冲电压的交流电压 $v_{AB}(t)$。图中正、负半周（180°）范围被分为 p 个（$p=5$）相等的时区，每个时区的宽度为 36°，每个时区有一个幅值为 V_d、宽度为 θ_m 的电压脉波，相邻两脉冲电压中点间的距离为 36°。5 个脉冲电压的宽度分别为 θ_1、θ_2、θ_3、$\theta_4(=\theta_2)$、$\theta_5(=\theta_1)$，如果要求任何一个时间段的脉宽为 θ_m、幅值为 V_d 的矩形脉冲电压 $v_{AB}(t)$ 等效于该时间段的正弦电压 $v(t)=V_{1m}\sin\omega t$，首要的条件应该是在该时间段中两者电压对时间的积分值，即电压和时间乘积所对应的面积相等。即

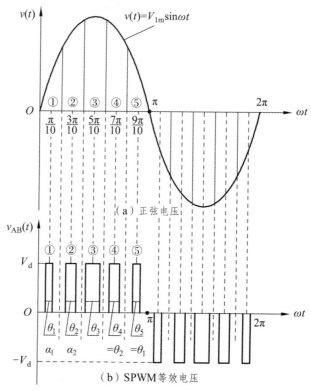

（a）正弦电压

（b）SPWM 等效电压

图 4-3　用 SPWM 电压等效正弦电压

$$\int V_d \cdot \mathrm{d}t = V_d \cdot \Delta t_m = \int V_{1m}\sin\omega t \mathrm{d}t$$

$$\Delta t_m = \frac{1}{V_d}\int V_{1m}\sin\omega t \mathrm{d}t$$

式中，$\omega = 2\pi f = 2\pi / T$。

第 m 个时间段中，矩形脉冲电压作用时间 Δt_m 对应的脉宽角度为 θ_m，故

$$\theta_m = \omega \cdot \Delta t_m = \omega \cdot \frac{1}{V_d}\int V_{1m}\sin\omega t \mathrm{d}t = \frac{1}{V_d}\int V_{1m}\sin\omega t \mathrm{d}\omega t$$

例如，图 4-3（a）、（b）中正弦波第 1 段的起点 $\alpha=0$，终点 $\alpha_1=36°$，按面积相等原则，第一个幅值为 V_d 的矩形脉波其脉宽 θ_1 应为

$$\theta_1 = \frac{1}{V_d} \int_0^{\pi/5} V_{1m} \sin \omega t \mathrm{d}(\omega t) = \frac{V_{1m}}{V_d}(-\cos \omega t)\Big|_0^{\pi/5} = \frac{V_{1m}}{V_d}\left(\cos 0° - \cos\frac{\pi}{5}\right) = 0.19\frac{V_{1m}}{V_d}$$

第 m 个时间段的幅值为 V_d 的矩形脉波其脉宽 θ_m 应为

$$\theta_m = \frac{1}{V_d} \int_{(m-1)\frac{\pi}{p}}^{m\frac{\pi}{p}} V_{1m} \sin \omega t \mathrm{d}(\omega t) = \frac{V_{1m}}{V_d}\left(\cos(m-1)\frac{\pi}{p} - \cos m\frac{\pi}{p}\right)$$

因此第 2、3、4、5 时间段，幅值为 V_d 的矩形脉波的宽度 θ_2、θ_3、θ_4、θ_5 为

$m = 2$ 时， $\theta_2 = \dfrac{1}{V_d} \displaystyle\int_{\pi/5}^{2\pi/5} V_{1m} \sin \omega t \mathrm{d}(\omega t) = \dfrac{V_{1m}}{V_d}\left(\cos\dfrac{\pi}{5} - \cos\dfrac{2\pi}{5}\right) = 0.5\dfrac{V_{1m}}{V_d}$

$m = 3$ 时， $\theta_3 = \dfrac{1}{V_d} \displaystyle\int_{2\pi/5}^{3\pi/5} V_{1m} \sin \omega t \mathrm{d}(\omega t) = \dfrac{V_{1m}}{V_d}\left(\cos\dfrac{2\pi}{5} - \cos\dfrac{3\pi}{5}\right) = 0.62\dfrac{V_{1m}}{V_d}$

$m = 4$ 时， $\theta_4 = \dfrac{1}{V_d} \displaystyle\int_{3\pi/5}^{4\pi/5} V_{1m} \sin \omega t \mathrm{d}(\omega t) = \dfrac{V_{1m}}{V_d}\left(\cos\dfrac{3\pi}{5} - \cos\dfrac{4\pi}{5}\right) = 0.5\dfrac{V_{1m}}{V_d} = \theta_2$

$m = 5$ 时， $\theta_5 = \dfrac{1}{V_d} \displaystyle\int_{4\pi/5}^{\pi} V_{1m} \sin \omega t \mathrm{d}(\omega t) = \dfrac{V_{1m}}{V_d}\left(\cos\dfrac{4\pi}{5} - \cos\pi\right) = 0.19\dfrac{V_{1m}}{V_d} = \theta_1$

采样控制理论有一个重要的原理——冲量等效原理：大小、形状不同的窄脉冲变量作用于惯性系统时，只要它们的冲量即变量对时间的积分相等，其作用效果基本相同。大小、形状不同的两个窄脉冲电压[如图 4-3（a）]在某一时间段的正弦电压与同一时间段的等幅脉冲电压作用于 L、R 电路时，只要两个窄脉冲电压的冲量相等，则它们所形成的电流响应就基本相同。因此要使图 4-3（b）的 PWM 电压波在每一时间段都与该时段中正弦电压等效，除每一时间段的面积相等外，每个时间段的电压脉冲还必须很窄，这就要求脉冲波数量 p 很多。脉波数越多，不连续的按正弦规律改变宽度的多脉波电压 $v_{AB}(t)$ 就越等效于正弦电压。从另一方面分析，对开关器件的通、断状态进行实时、适时的控制，使多脉波的矩形脉冲电压宽度按正弦规律变化时，通过傅立叶分析可以得知，输出电压中除基波外仅含某些高次谐波而消除了许多低次谐波，开关频率越高，脉波数越多，就能消除更多的低次谐波。

如果按同一比例改变所有矩形脉波的宽度 θ，则可成比例地调控输出电压中的基波电压数值。这种控制逆变器输出电压大小及波形的方式被称为正弦脉宽调制 SPWM。

4.2.3 SPWM 电路的控制方法

1. 计算法和调制法

SPWM 电路的控制方法有计算法和调制法，如果给出了逆变电路的正弦波输出频率，幅值和半个周期内的脉冲数，SPWM 波形中各脉冲的宽度和间隔就可以准确计算出来。按照计算结果控制整流电路中各开关器件的通断，就可以得到所需要的 SPWM 波形，这种方法称之为计算法。从前一节的描述可以看出，计算法是很烦琐的，当需要输出的正弦波的频率、幅值或相位变化时，结果都要变化。

与计算法相对应的是调制法，即把电压的波形作为调制信号，把接受调制的信号作为载波，通过信号波的调制得到所期望的 PWM 波形。通常采用等腰三角波或锯齿波作为载波，其中等腰三角波应用最多。因为等腰三角波上任一点的水平宽度和高度成线性关系且左右对称，当它与任何一个平缓变化的调制信号波相交时，如果在交点时刻对电路中开关器件的通断进行控制，就可以得到宽度正比于信号波幅值的脉冲，这正好符合 PWM 控制的要求。在调制信号波为正弦波时，所得到的就是 SPWM 波形。当调制信号不是正弦，而是其他所需要的波形时，也能得到与之等效的 PWM 波形。

2. 同步调制和异步调制

PWM 的调制方式可分为异步调制和同步调制两种。

根据载波比和信号波是否同步及载波比的变化情况,将其分为同步和异步调制两种方式。

载波信号和调制信号不保持同步的调制方式称为异步调制。在异步调制方式中，通常保持载波频率 f_{cr} 固定不变，因而当信号波频率 f_r 变化时，载波比 m_f 是变化的。

异步调制的主要特点是:

在信号波的半个周期内，PWM 波的脉冲个数不固定，相位也不固定，正负半周期的脉冲不对称，半周期内前后 1/4 周期的脉冲也不对称。这样，当信号波频率较低时，载波比较大，一周期内的脉冲数较多，正负半周期脉冲不对称和半周期内前后 1/4 周期脉冲不对称产生的不利影响较小，PWM 波形接近正弦波。当信号波频率增高时，载波比 m_f 减小，一周期内的脉冲数减少，PWM 脉冲不对称的影响就变大，有时信号波的微小变化还会产生 PWM 脉冲的跳动，这就使得输出 PWM 波和正弦波的差异变大。对于三相 PWM 型逆变电路来说，三相输出的对称性也变差。

载波比 m_f 等于常数，并在变频时使载波和信号波保持同步的方式称为同步调制。

同步调制的主要特点是:

在同步调制方式中，信号波频率变化时载波比 m_f 不变，信号波一个周期内输出的脉冲数是固定的，脉冲相位也是固定的。当逆变电路输出频率很低时，同步调制时的载波频率 f_{cr} 也很低，f_{cr} 过低时由调制带来的谐波不易滤除。当逆变电路输出频率很高时，同步调制时的载波频率 f_{cr} 会过高，使开关器件难以承受。此外，同步调制方式比异步调制方式复杂一些，但使用微机控制时还是容易实现的。有的装置在低频输出时采用异步调制方式，而在高频输出时切换到同步调制方式，这样可以把两者的优点结合起来，和分段同步方式的效果接近。

分段同步调制是把逆变电路的输出频率划分为若干段，每个频段的载波比一定，不同频段采用不同的载波比。其优点主要是，在高频段采用较低的载波比，使载波频率不致过高可限制在功率器件允许的范围内；在低频段采用较高的载波比，以使载波频率不致过低而对负载产生不利影响。

3. 单极性正弦脉冲宽度调制 SSPWM

图 4-4 为单相桥式逆变器采用单极性调制法时的一组典型波形，其中 v_m 为正弦调制波，v_{cr} 为三角载波，v_{g1} 和 v_{g3} 为上部器件 S_1 和 S_3 的栅极驱动信号。同一桥臂中，上部器件和下部器件为互补运行方式，即其中一个导通时，另一个必须为关断状态，两者不能同时导通。因此，在下面的分析中，只研究两个独立的驱动信号 v_{g1} 和 v_{g3}。它们是通过比较 v_m 和 v_{cr} 产生的。

其控制规则与单脉冲相同，即在调制波 v_m 的正半周，对开关管 S_4 加驱动信号 v_{g4}，当 $v_m > v_{cr}$ 时，对开关管 S_1 加驱动信号 v_{g1}；在调制波 v_m 的负半周，对开关管 S_3 加驱动信号 v_{g3}，当 $v_m > v_{cr}$ 时，对开关管 S_1 加驱动信号 v_{g1}。因此可以得到逆变器输出端电压 v_{AN} 和 v_{BN} 的波形，进一步可得到逆变器输出电压 v_{AB} 的波形，即 $v_{AB} = v_{AN} - v_{BN}$。因为 v_{AB} 的波形在半个周期中只在 0、$+V_d$ 或 0、$-V_d$ 之间切换，我们把这种只在单个极性范围变化的控制方式称为单极性调制法。不过要注意的是，为了避免逆变器同一相桥臂上下开关器件在开关暂态过程中可能出现的短路现象，需要在开关器件切换过程中增加一个死区时间，此时两个器件均关断。

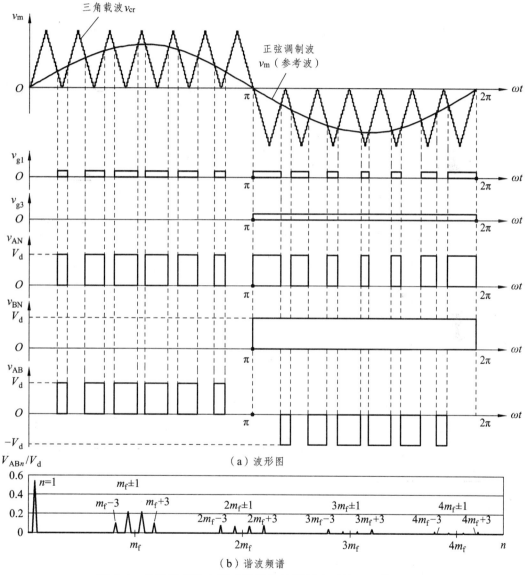

（a）波形图

（b）谐波频谱

图 4-4 单相桥式逆变器采用单极性调制法时的一组典型波形
（ $m_f = 14$ ， $m_a = 0.8$ ， $f_m = 50\ \text{Hz}$ 和 $f_{cr} = 700\ \text{Hz}$ ）

图 4-4（b）为逆变器输出电压 v_{AB} 的谐波频谱，其中， v_{AB} 以直流母线电压 V_d 为基值进行了标幺化处理， V_{ABn} 为第 n 次谐波电压的有效值。 m_f 整数倍的谐波没有了，谐波以边带频谱

形式出现在第 m_f 及其整数倍谐波附近，例如 m_f，$2m_f$，$3m_f$ 等的两边。阶次低于 (m_f-2) 的电压谐波成分，或者被消除掉了，或者幅值非常小，可忽略。IGBT 器件的开关频率，通常也称为器件开关频率 $f_{sw,dev}$，等于载波频率 f_{cr}。

图 4-5 为逆变器输出电压 v_{AB} 的谐波成分与幅值调制比 m_a 的关系曲线。可以看出基波电压有效值与 m_a 呈线性关系。

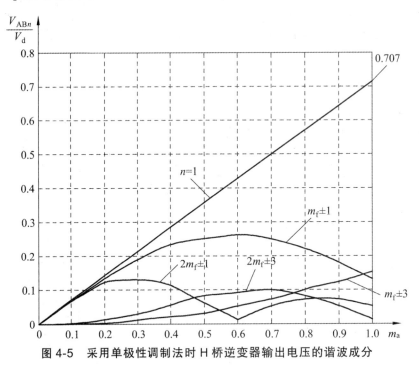

图 4-5　采用单极性调制法时 H 桥逆变器输出电压的谐波成分

4. 双极性正弦脉冲宽度调制 BSPWM

图 4-6 为 H 桥逆变器采用双极性调制法时的一组典型波形，其中 v_m 为正弦调制波，v_{cr} 为三角载波，v_{g1} 和 v_{g3} 为上部器件 S_1 和 S_3 的门极驱动信号。它们是通过比较 v_m 和 v_{cr} 产生的。当 $v_m > v_{cr}$ 时，对开关管 S_1、S_4 加驱动信号 v_{g1}、v_{g4}；当 $v_m < v_{cr}$ 时，对开关管 S_2、S_3 加驱动信号 v_{g2}、v_{g3}。这样就可以得到逆变器输出端电压 v_{AN} 和 v_{BN} 的波形，进一步可得到逆变器输出电压 v_{AB} 的波形，即 $v_{AB} = v_{AN} - v_{BN}$。因为 v_{AB} 的波形在正、负直流电压 $\pm V_d$ 之间切换，因此这种方法称为双极性调制法。

图 4-6（b）为逆变器输出电压 v_{AB} 的谐波频谱，其中，v_{AB} 以直流母线电压 V_d 为基值进行了标幺化处理，V_{ABn} 为第 n 次谐波电压的有效值。谐波以边带频谱形式出现在第 m_f 及其整数倍谐波附近，例如 $2m_f$，$3m_f$ 等的两边。阶次低于 (m_f-2) 的电压谐波成分，或者被消除掉了，或者幅值非常小，可忽略。IGBT 器件的开关频率，通常也称为器件开关频率 $f_{sw,dev}$，等于载波频率 f_{cr}。

图 4-7 为逆变器输出电压 v_{AB} 的谐波成分与幅值调制比 m_a 的关系曲线。可以看出基波电压有效值与 m_a 呈线性关系。主要的谐波 m_f 幅值较高，在 $m_a < 0.8$ 时，甚至比基波幅值 V_{AB1} 还高。但是，谐波 m_f 及其边带谐波可通过下面介绍的单极倍频调制法消除。

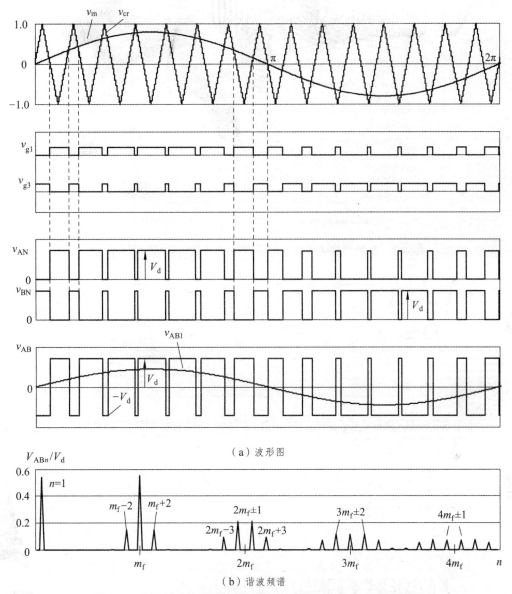

（a）波形图

（b）谐波频谱

图 4-6 单相桥式逆变器采用双极性调制法时的一组典型波形

（ $m_f = 15$, $m_a = 0.8$, $f_m = 50$ Hz 和 $f_{cr} = 750$ Hz ）

5. 单极倍频正弦脉冲宽度调制

图 4-8 为单极倍频调制法，它通常需要两个正弦调制波， v_m 和 v_{m-} ，它们幅值和频率相同，相位互差 180°，如图 4-8（a）所示。两个调制波都与同一个三角载波 v_{cr} 进行比较，产生两个门极信号， v_{g1} 和 v_{g3} ，分别驱动 H 桥逆变器上部的两个器件 S_1 和 S_3 。从图中看出，上面的两个器件不同时动作，这一点和双极性调制法不同。在双极性调制法中，所有 4 个功率器件都在同一时刻动作（2 个由开通状态到关断状态，另外 2 个由关断状态到开通状态）。在单极性调制法中，逆变器输出电压在正半周期中只在 $+V_d$ 和 0 之间切换，在负半周期时，则只在 $-V_d$ 和 0 之间切换，这也就是被称为单极性调制法的原因。

103

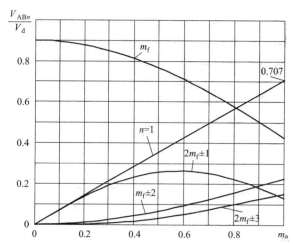

图 4-7 采用双极性调制法时 H 桥逆变器输出电压的谐波成分

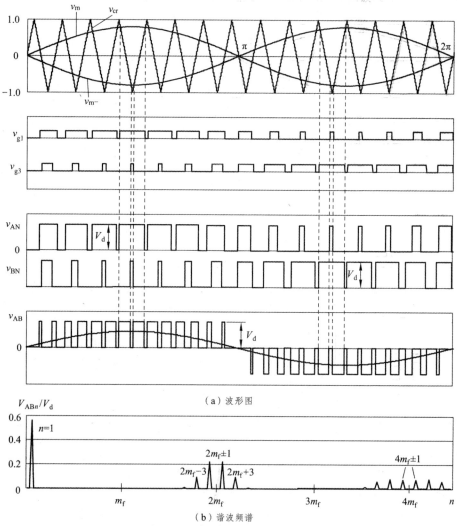

（a）波形图

（b）谐波频谱

图 4-8 H 桥逆变器采用单极倍频调制法的一组典型波形

（ $m_f = 15$ ， $m_a = 0.8$ ， $f_m = 50\ \text{Hz}$ 和 $f_{cr} = 750\ \text{Hz}$ ）

图 4-8（b）为逆变器输出电压 v_{AB} 的谐波频谱，其中边带谐波主要出现在 $2m_f$ 和 $4m_f$ 的两边。在双极性调制法中出现的低次谐波，例如 m_f 和 $m_f \pm 2$，在单极性调制法中被消除了，主要的低次谐波分布在 $2m_f$ 两边。例如，当 m_f 为 15，载波频率为 750 Hz 时，主要谐波分布在 1 500 Hz 左右。1 500 Hz 实际上也是负载侧电压波形上体现的开关频率，也称作逆变器等效开关频率 $f_{sw,inv}$。与每个实际功率器件的开关频率 750 Hz 相比，逆变器的等效开关频率增加了一倍。这一点也可从另一个角度来解释，H 桥逆变器有两组互补导通的功率器件，导通频率皆在 750 Hz，由于两对器件在不同时刻导通和关断，使得逆变器的等效频率 $f_{sw,inv} = 2f_{sw,dev}$。

值得指出的是，单极性调制法在 $2m_f \pm 1$ 和 $2m_f \pm 3$ 处产生的低次谐波，和双极性调制法产生的这些谐波，在幅值上完全相同。因此，可从图 4-7 中的曲线查得不同幅值调制比 m_a 时这些谐波的幅值。

单极性调制法也可以利用一个调制波 v_m 和两个三角载波，v_{cr} 和 v_{cr-}，来实现，实现方法如图 4-9 所示。两个三角载波频率和幅值都相同，但相位差 180°。当 $v_m > v_{cr}$ 时，v_{g1} 驱动器件 S_1 导通，否则关断 S_1；当 $v_m < v_{cr-}$ 时，v_{g3} 驱动器件 S_3 导通，否则关断 S_3。逆变器输出电压 v_{AB} 如图 4-8 所示。这种调制法在串联 H 桥逆变器中应用得较多。

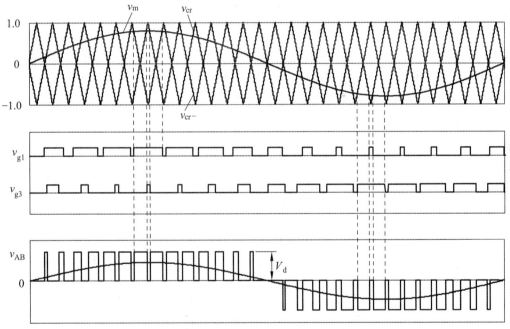

图 4-9 采用一个调制波和两个载波的单极性调制法
（$m_f = 15$，$m_a = 0.8$，$f_m = 50$ Hz 和 $f_{cr} = 750$ Hz）

4.2.4 规则采样法

由于数字控制系统相对于模拟系统具有硬件简单通用性好、抗干扰能力强、算法灵活等优点。随着数字技术的发展，微处理器在功率电子控制系统中的应用日益普遍，也因此产生了适合微处理器实现的规则采样法。按照 SPWM 控制的基本原理，在正弦波和三角波的自然交点时刻控制功率开关器件的通断，这种生成 SPWM 波形的方法称为自然采样法。自然采样法是最基本的方法，所得到的 SPWM 波形很接近正弦波，但这种方法要求解复杂的超越方程，在采用微机控制技术时需花费大量的计算时间，难以在实时控制中在线计算，因而在工程上实际应用不多。

规则采样法是一种在采用微机实现时实用的 PWM 波形生成方法，其效果接近自然采样法，但计算量却比自然采样法小得多。规则采样法的基本思路是：取三角波载波两个正（负）峰值之间为一个采样周期，使每个 PWM 脉冲的中点和三角波一周期的中点（即负/正峰点）重合，在三角波的负（正）峰时刻对正弦信号波采样而得到正弦波的值，用幅值与该正弦波值相等的一条水平直线近似代替正弦信号波，用该直线与三角波载波的交点代替正弦波与载波的交点，即可得出控制功率开关器件通断的时刻。

比起自然采样法，规则采样法的计算非常简单，计算量大大减少，而效果接近自然采样法，得到的 SPWM 波形仍然很接近正弦波，克服了自然采样法难以在实时控制中在线计算，在工程中实际应用不多的缺点。下面对对称规则采样法[如图 4-10（a）所示]和不对称规则采样法[如图 4-10（b）所示]进行介绍。在对称规则采样法中，采样的正弦波（实质上是阶梯波）与三角波相交，由交点得出脉冲的宽度，在三角波的顶点位置或底点位置对正弦波采样而形成阶梯波。此阶梯波与三角波的交点所确定的脉宽在一个采样周期 T_s 这里，$T_s = T_t$ 内的位置是对称的，故称为对称规则采样。

不对称规则采样法：

如果既在三角波的顶点位置又在底点位置对正弦波进行采样，由采样值形成阶梯波，则此阶梯波与三角波的交点所确定的脉宽，在一个三角波的周期内的位置是不对称的，因此这样的方法称为不对称规则采样。这里采样周期 T_s 是三角波周期的 1/2，即 $T_s = T_t/2$。

不对称规则采样形成的阶梯波比对称规则采样时更接近于正弦波。

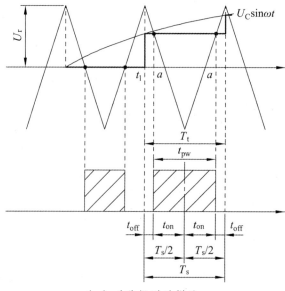

（a）对称规则采样法

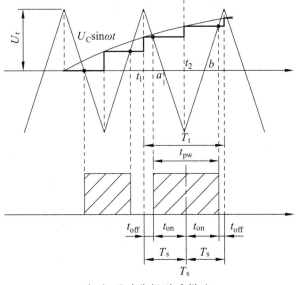

（b）不对称规则采样法

图 4-10　规则采样法

4.2.5　单相桥式 SPWM 逆变电路

由前述的分析可知，在电压型逆变器中不管是采用单极性调制、双极性调制还是采样法得到的逆变器的输出是一系列的等幅不等宽的 PWM 波，对 PWM 波进行傅立叶分析会发现，其除了包含基波成分外，还包含有一些高次谐波，有些高次谐波的幅值还比较大，往往满足不了负载对逆变电源的要求。为了在负载上获得正弦化的逆变输出，通常需要利用输出低通滤波器。理论上，只要滤波器的时间常数足够大（L 与 C 的乘积大），总能将谐波成分衰减到足够小。但是过大的滤波时间常数不仅需要体积、质量很大的滤波元件，而且会带来基波电压的损失和动态响应缓慢等问题，所以低通滤波器的设计需要综合考虑。单相电压型 SPWM 逆变电源电路框图如图 4-11 所示。

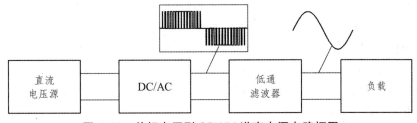

图 4-11　单相电压型 SPWM 逆变电源电路框图

4.3　三相电压源型逆变器及其调制

电压源型逆变器的主要功能，是将恒定的直流电压转换为幅值和频率可变的三相交流电压。图 4-12 给出了两电平电压源型逆变器（以下简称为两电平逆变器）的简化电路框图。该

107

逆变器主要由六组功率开关器件 $S_1 \sim S_6$ 组成，每个开关反并联了一个续流二极管。根据逆变器工作的直流电压不同，每组功率器件可由两个或多个电力电子器件串联组成。

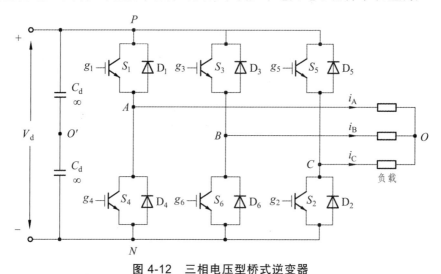

图 4-12   三相电压型桥式逆变器

例 4-1   在图 4-12 中，设直流电源电压 $V_d = 200$ V，则在开关器件断态时，开关器件所承受的电压是多少？

解：考虑同一桥臂上开关器件 S_1 和 S_4。在电压型逆变电路中，同一桥臂上的开关器件是互补导通的。当开关器件 S_1 导通时，开关器件 S_4 是关断的。假定开关器件是理想的，其导通管压降等于零，则开关器件 S_4 在断态时承受的电压等于直流电压电压 V_d，即 200 V。其他器件的分析类似。

4.3.1   调制方法

三相电压型桥式逆变电路的基本工作方式为 180°导电方式，即每个桥臂的导电角度为180°，同一相上下两个桥臂交替导电，各相开始导电的角度依次相差120°，这样，在任一瞬间，将有三个桥臂同时导通。可能是上面二个臂下面一个臂，也可能是上面一个臂下面二个臂同时导通。因此每次换流都是在同一相上下两个桥臂之间进行，因此也称为纵向换流。

下面来分析三相电压型桥式逆变电路的工作波形。对于 A 相输出来说，当上桥臂开关器件 S_1 导通时，$v_{AN} = V_d$，当下桥臂开关器件 S_4 导通时，$v_{AN} = 0$。因此，v_{AN} 的波形是幅值为 $v_{AN} = V_d$ 的矩形波。B、C 两相的情况和 A 相类似，v_{BN}、v_{CN} 的波形形状和 v_{AN} 相同，只是相位依次差120°。v_{AN}、v_{BN}、v_{CN} 的波形如图 4-13（a）所示。

逆变器的线电压 v_{AB} 可由式 $v_{AB} = v_{AN} - v_{BN}$ 计算得到，其为 120°矩形波。其基波分量 v_{AB1} 也已在图 4-13（a）中给出。

同理 $v_{BC} = v_{BN} - v_{CN}$，$v_{CA} = v_{CN} - v_{AN}$，其也为 120°矩形波。

在有些场合只需要求出线电压即可，比如负载为△联结或负载虽然为 Y 联结但负载中心点没有引出，对于△联结，其线电压等于相电压。但有些场合还需求出相电压 v_{AO}、v_{BO}、v_{CO} 的波形。

列写方程

$$\begin{cases} v_{AB} = v_{AO} - v_{BO} & ① \\ v_{BC} = v_{BO} - v_{CO} & ② \\ v_{CA} = v_{CO} - v_{AO} & ③ \end{cases} \quad (4-14)$$

由①－③得

$$v_{AB} - v_{CA} = v_{AO} - v_{BO} - v_{CO} + v_{AO} - v_{AO} + v_{AO} = 3v_{AO} - (v_{AO} + v_{BO} + v_{CO}) \quad (4-15)$$

设负载为对称负载，则有 $v_{AO} + v_{BO} + v_{CO} = 0$ ，故可得

$$v_{AO} = (v_{AB} - v_{CA})/3 \quad (4-16)$$

同理可得

$$v_{BO} = (v_{BC} - v_{AB})/3$$

$$v_{CO} = (v_{CA} - v_{BC})/3$$

v_{AO} 的波形如图4-13（a）所示，v_{BO}、v_{CO} 的波形和 v_{AO} 相同，仅相位依次相差120°。

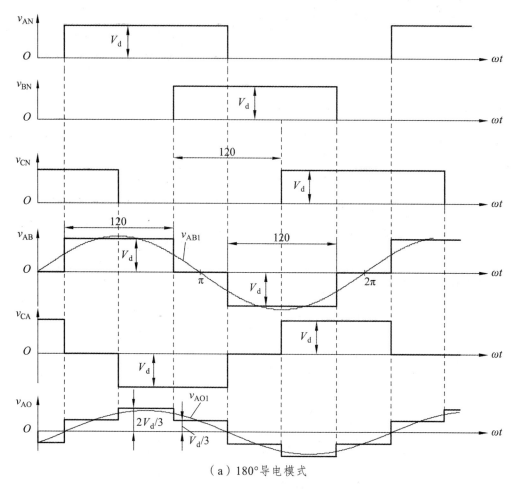

（a）180°导电模式

109

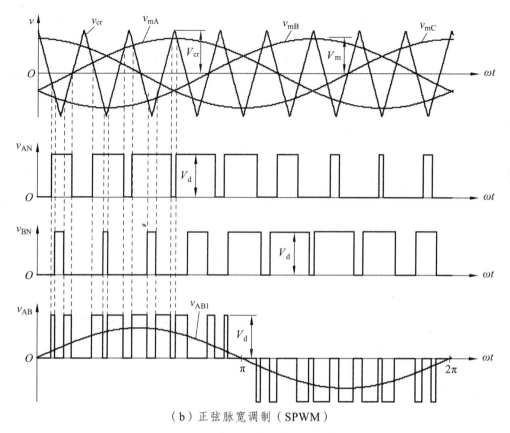

（b）正弦脉宽调制（SPWM）

图 4-13　两电平三相逆变器调制方法

下面对三相桥式逆变电路的输出电压进行定量分析。把输出线电压 v_{AB} 展开成傅立叶级数得

$$v_{AB} = \frac{2\sqrt{3}V_d}{\pi}\left(\sin\omega t - \frac{1}{5}\sin 5\omega t - \frac{1}{7}\sin 7\omega t + \frac{1}{11}\sin 11\omega t + \frac{1}{13}\sin 13\omega t - \cdots\right)$$

$$= \frac{2\sqrt{3}V_d}{\pi}\left[\sin\omega t + \sum_{k=1}^{\infty}\frac{1}{6k\pm 1}(-1)^k\sin(6k\pm 1)\omega t\right] \quad\quad（4\text{-}17）$$

输出线电压的有效值 V_{AB} 为

$$V_{AB} = \sqrt{\frac{1}{2\pi}\int_0^{2\pi} v_{AB}^2 \mathrm{d}\omega t} = 0.816V_d \quad\quad（4\text{-}18）$$

基波幅值 V_{AB1m} 和有效值 V_{AB1} 分别为

$$V_{AB1m} = \frac{2\sqrt{3}V_d}{\pi} = 1.1V_d \quad\quad（4\text{-}19）$$

$$V_{AB1} = \frac{V_{AB1m}}{\sqrt{2}} = \frac{\sqrt{6}}{\pi}V_d = 0.78V_d \quad\quad（4\text{-}20）$$

对负载相电压 v_{AB} 展开成傅立叶级数得

110

$$v_{AO} = \frac{2V_d}{\pi} \left[\sin(\omega t - 30°) + \frac{1}{5}\sin 5(\omega t - 30°) + \frac{1}{7}\sin 7(\omega t - 30°) + \right.$$
$$\left. \frac{1}{11}\sin 11(\omega t - 30°) + \frac{1}{13}\sin 13(\omega t - 30°) + \cdots \right]$$
$$= \frac{2V_d}{\pi} \left[\sin(\omega t - 30°) + \sum_{k=1}^{\infty} \frac{1}{6k \pm 1}\sin(6k \pm 1)(\omega t - 30°) \right]$$

负载相电压的有效值 V_{AO} 为

$$V_{AO} = \sqrt{\frac{1}{2\pi} \int_0^{2\pi} v_{AO}^2 \, d\omega t} = 0.471 V_d \qquad (4\text{-}21)$$

基波幅值 V_{AO1m} 和有效值 V_{AO1} 分别为

$$V_{AO1m} = \frac{2V_d}{\pi} = 0.637 V_d = \frac{V_{AB1m}}{\sqrt{3}} \qquad (4\text{-}22)$$

$$V_{AO1} = \frac{V_{AO1m}}{\sqrt{2}} = \frac{\sqrt{2}}{\pi} V_d = 0.45 V_d = \frac{V_{AB1}}{\sqrt{3}} \qquad (4\text{-}23)$$

图 4-13（a）所述的三相电压型逆变器每个开关器件在一个开关周期中仅通、断状态转换一次，输出线电压每半周中仅一个脉冲电压（120°方波），负载为 Y 联结时，负载相电压为阶梯波，逆变器输出电压中的基波仅取决于直流电压 V_d 的大小而不能调节控制，最低为 5 次谐波，且谐波含量大（占基波含量的 20%）。这种情况相当于单相电压型逆变器单脉波脉宽 $\theta = 120°$ 导电方式。

对于三相逆变器同样可以采用 SPWM 控制方式。在输出电压的每一个周期中，各开关器件通、断转换多次，实现既可调节控制输出电压的大小，又可消除低次谐波改善输出波形。

图 4-13（b）给出了两电平逆变器正弦脉宽调制方法的原理。其中，v_{mA}、v_{mB} 和 v_{mC} 为三相正弦调制波，v_{cr} 为三角载波。逆变器输出电压的基波分量可由幅值调制比 m_a 控制。

开关器件 $S_1 \sim S_6$ 的控制取决于调制波与载波的比较结果。例如，当 $v_{mA} \geqslant v_{cr}$ 时，逆变器 A 相上桥臂开关器件 S_1 导通，而对应的下桥臂 S_4 工作在与 S_1 互补的开关方式，故此时关断。由此产生的逆变器终端电压 v_{AN}（即 A 相输出节点与负直流母线 N 之间的电压）等于直流电压 V_d。当 $v_{mA} < v_{cr}$ 时，S_4 导通而 S_1 关断，因此 $v_{AN} = 0$，如图 4-13（b）所示。

逆变器的线电压 v_{AB} 可由式 $v_{AB} = v_{AN} - v_{BN}$ 计算得到，其基波分量 v_{AB1} 也已在图 4-13（b）中给出。电压 v_{AB1} 的幅值和频率可分别由 m_a 和 f_m 控制。

两电平逆变器的开关频率可由式 $f_{sw} = f_{cr} = f_m \times m_f$ 计算得到。例如，图 4-13（b）中 v_{AN} 的波形在每个基波周期内有 9 个脉冲，而每个脉冲由 S_1 开通和关断一次所产生。如果基频为 50 Hz，则 S_1 的开关频率为 $f_{sw} = 50\ \text{Hz} \times 9 = 450\ \text{Hz}$，这与载波频率 f_{cr} 也是相等的。值得注意的是，在多电平逆变器中，器件的开关频率并不总是等于载波频率。这个问题将在后续章节讨论。

如果载波与调制波的频率是同步的，即 m_f 为固定的整数，则称这种调制方法为同步 PWM。反之则为异步 PWM，其载波频率 f_{cr} 通常固定，不受 f_m 变化的影响。异步 PWM 的特点在于开关频率固定，易于用模拟电路实现。不过，这种方式可能产生非特征性谐波，即谐波频率不是基频的整数倍。同步 PWM 方法更适用于数字处理器实现。

例 4-2 三相桥式电压型逆变电路，图 4-13（a）所示的 180°导电模式，直流电源电压 $V_d = 200\,\text{V}$。试求输出线电压 v_{AB} 的有效值 V_{AB}，输出线电压基波 v_{AB1} 的幅值 V_{AB1m} 及有效值 V_{AB1}。

解：

$$V_{AB} = \sqrt{\frac{1}{2\pi}\int_0^{2\pi} v_{AB}^2 \, \mathrm{d}\omega t} = \sqrt{\frac{2}{3}}V_d = 0.816 \times 200\,(\text{V}) = 163.2\,(\text{V})$$

$$V_{AB1m} = \frac{4V_d}{\pi}\cos\left(\frac{\pi - 2\pi/3}{2}\right) = \frac{2\sqrt{3}}{\pi}V_d = 1.1 \times 200\,(\text{V}) = 220\,(\text{V})$$

$$V_{AB1} = \frac{V_{AB1m}}{\sqrt{2}} = \frac{\sqrt{6}}{\pi}V_d = 0.78 \times 200\,(\text{V}) = 156\,(\text{V})$$

例 4-3 三相桥式电压型逆变电路，图 4-13（b）所示的正弦脉宽调制方式，调制度为 $m_a = 0.8$，直流电源电压 $V_d = 200\,\text{V}$。试求输出线电压基波 v_{AB1} 的有效值 V_{AB1} 及幅值 V_{AB1m}。

解：

$$V_{AB1} = 0.612 m_a \times V_d = 0.49 \times 200\,(\text{V}) = 98\,(\text{V})$$

$$V_{AB1m} = \sqrt{2}V_{AB1} = 1.414 \times 98\,(\text{V}) = 138.6\,(\text{V})$$

图 4-14 给出了两电平逆变器的一些仿真波形。其中，v_{AB} 为逆变器的线电压，v_{AO} 为负载相电压，i_A 为负载电流。逆变器工作于 $m_a = 0.8$、$m_f = 15$、$f_m = 50\,\text{Hz}$、$f_{sw} = 750\,\text{Hz}$ 以及额定三相感性负载的条件下，每一相负载功率因数均为 0.9。从图中可以看出：

- v_{AB} 的谐波中所有低于（$m_f - 2$）次的谐波均被消除；
- 谐波的中心频率为 m_f 及其整数倍，如 $2m_f$ 和 $3m_f$ 等。

（a）线电压波形

（b）相电压波形

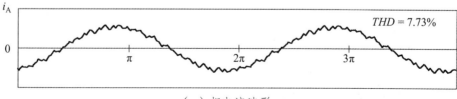

（c）相电流波形

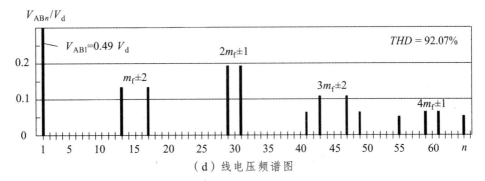

（d）线电压频谱图

图 4-14　两电平逆变器的仿真波形

（ $m_a = 0.8$ ， $m_f = 15$ ， $f_m = 50\ \text{Hz}$ ， $f_{sw} = 750\ \text{Hz}$ ）

在 $m_f \geqslant 9$ ，且 m_f 为 3 的整数倍的情况下，上述结论均成立。

负载电流 i_A 的波形近似正弦，其总谐波畸变率（ THD ）为 7.73%。其谐波畸变比较低，原因在于调制方法对低次谐波的抑制作用以及负载电感的滤波作用。

图 4-15 给出了逆变器线电压 v_{AB} 的谐波分量随 m_a 变化的曲线。其中，v_{AB} 以直流电压 V_d 为基值进行了标幺化处理，V_{ABn} 为第 n 次谐波电压的有效值。可以看出，基频分量 V_{AB1} 随 m_a 呈线性变化，当 $m_a = 1$ 时，其最大值为

$$V_{AB1,\max} = 0.612 V_d \tag{4-24}$$

图中也同时给出了 v_{AB} 的 THD 变化曲线。

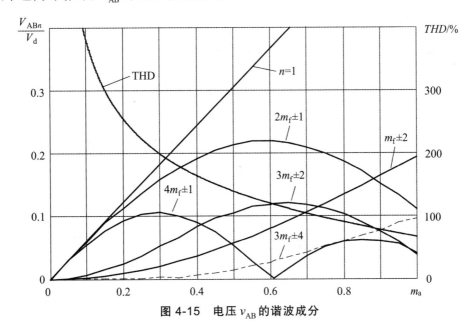

图 4-15　电压 v_{AB} 的谐波成分

4.3.2　SVPWM 调制

上节讲述了两电平 SPWM 的原理以及其实现方法。本节将讲述两电平 SVPWM 的原理。

113

由上节内容不难发现 SPWM 控制方式是为了得到近似正弦的电压波形。但是在电机的控制中，最终目标是使得异步电机内部产生圆形旋转磁场，从而使得电磁转矩恒定而没有脉动。如果把产生圆形旋转磁场作为控制异步电机的目标，那么逆变器产生的电磁转矩的脉动就会大大减少。称这种控制方式为"磁链跟踪控制"。由于在控制的过程中，磁链是由电压空间矢量来控制的，因此，也可将这种控制方法称为"电压空间矢量脉宽调制"。即 SVPWM。空间矢量调制（SVPWM）是一种性能非常好的实时调制技术，目前广泛应用于异步电机控制、数字控制的电压源型逆变器中。

开关状态：

图 4-12 所示两电平逆变器的开关工作状态可表述为开关状态，如表 4-1 所示。其中，开关状态"1"表示逆变器一个桥臂的上管导通，从而端电压（v_{AN}，v_{BN} 或 v_{CN}）为正（$+V_d$）；开关状态"0"表示桥臂的下管导通，使得逆变器输出端电压为零。

表 4-1　开关状态定义

开关状态	A 相桥臂			B 相桥臂			C 相桥臂		
	S_1	S_4	v_{AN}	S_3	S_6	v_{BN}	S_5	S_2	v_{CN}
1	导通	关断	V_d	导通	关断	V_d	导通	关断	V_d
0	关断	导通	0	关断	导通	0	关断	导通	0

两电平逆变器有 8 种可能的开关状态组合，在表 4-2 中全部给出。例如，开关状态[100]分别对应逆变器 A、B 和 C 三相桥臂开关 S_1、S_6 和 S_2 导通。在这 8 种开关状态中，[111]和[000]为零状态，其他均为非零状态。

表 4-2　空间矢量、开关状态与导通开关

空间矢量		开关状态（三相）	导通开关	矢量定义
零矢量	$\vec{V}_0$	[111]	S_1，S_3，S_5	$\vec{V}_0 = 0$
		[000]	S_4，S_6，S_2	
非零矢量	$\vec{V}_1$	[100]	S_1，S_6，S_2	$\vec{V}_1 = \dfrac{2}{3}V_d e^{j0}$
	$\vec{V}_2$	[110]	S_1，S_3，S_2	$\vec{V}_2 = \dfrac{2}{3}V_d e^{j\frac{\pi}{3}}$
	$\vec{V}_3$	[010]	S_4，S_3，S_2	$\vec{V}_3 = \dfrac{2}{3}V_d e^{j\frac{2\pi}{3}}$
	$\vec{V}_4$	[011]	S_4，S_3，S_5	$\vec{V}_4 = \dfrac{2}{3}V_d e^{j\frac{3\pi}{3}}$
	$\vec{V}_5$	[001]	S_4，S_6，S_5	$\vec{V}_5 = \dfrac{2}{3}V_d e^{j\frac{4\pi}{3}}$
	$\vec{V}_6$	[101]	S_1，S_6，S_5	$\vec{V}_6 = \dfrac{2}{3}V_d e^{j\frac{5\pi}{3}}$

空间矢量：

零与非零开关状态分别对应零矢量和非零矢量。图 4-16 给出了典型的两电平逆变器空间矢量图。其中，六个非零矢量 $\vec{V}_1 \sim \vec{V}_6$ 组成一个正六边形，并将其分为 1~6 六个相等的扇区。零矢量 $\vec{V}_0$ 位于六边形的中心。

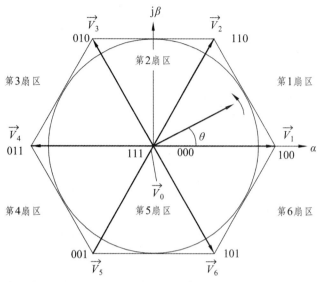

图 4-16　两电平逆变器的空间矢量图

可参考图 4-12 来推导空间矢量与开关状态之间的关系。假设逆变器工作于三相平衡状态，则有

$$v_{AO}(t) + v_{BO}(t) + v_{CO}(t) = 0 \tag{4-25}$$

式中，v_{AO}、v_{BO} 和 v_{CO} 为负载瞬时相电压。

从数学运算角度考虑，三相电压中的一相为非独立变量，因为任意给定两相电压，即可计算出第三相电压。因此，可将三相变量等效转换为两相变量：

$$\begin{bmatrix} v_\alpha(t) \\ v_\beta(t) \end{bmatrix} = \frac{2}{3} \begin{bmatrix} 1 & -\dfrac{1}{2} & -\dfrac{1}{2} \\ 0 & \dfrac{\sqrt{3}}{2} & -\dfrac{\sqrt{3}}{2} \end{bmatrix} \begin{bmatrix} v_{AO}(t) \\ v_{BO}(t) \\ v_{CO}(t) \end{bmatrix} \tag{4-26}$$

上式中，系数 2/3 在某种程度上是任意选定的，常用的系数值为 2/3 或者 $\sqrt{2/3}$。采用 2/3 的优点在于，经过等效变换后，两相系统的电压幅值与原三相系统的电压幅值相等。空间矢量通常是根据 $\alpha - \beta$ 坐标系中的两相电压来定义的，如下式所示

$$\vec{V}(t) = v_\alpha(t) + jv_\beta(t) \tag{4-27}$$

将式（4-26）代入到式（4-27）中，可以得到

$$\vec{V}(t) = \frac{2}{3} \left[v_{AO}(t) e^{j0} + v_{BO}(t) e^{j2\pi/3} + v_{CO}(t) e^{j4\pi/3} \right] \tag{4-28}$$

115

式中， $e^{jx} = \cos x + j \sin x$ ，且 $x = 0$ 、 $2\pi/3$ 或 $4\pi/3$ 。

非零开关状态[100]所产生的负载相电压为

$$v_{AO}(t) = \frac{2}{3}V_d ， \quad v_{BO}(t) = -\frac{1}{3}V_d ， \quad v_{CO}(t) = -\frac{1}{3}V_d \tag{4-29}$$

将式（4-29）代入到（4-28）中，可得到对应的空间矢量 $\vec{V}_1$

$$\vec{V}_1 = \frac{2}{3}V_d \, e^{j0} \tag{4-30}$$

采用相同的方法，我们可推导得到所有的六个非零矢量

$$\vec{V}_k = \frac{2}{3}V_d \, e^{j(k-1)\frac{\pi}{3}} \qquad k = 1, 2, \cdots, 6 \tag{4-31}$$

零矢量 $\vec{V}_0$ 有两种开关状态[111]和[000]，其中的一个看起来似乎是多余的。在后续章节中会讨论冗余开关状态的作用，如用于实现逆变器开关频率的最小化或其他功能。表 4-2 给出了空间矢量与对应的开关状态之间的关系。

应该注意的是，零矢量和非零矢量在矢量空间上并不运动变化，因此亦可称为静态矢量。与此相反，图 4-16 中的给定矢量 $\vec{V}_{ref}$ 在空间中以 ω 的角速度旋转，即

$$\omega = 2\pi f_1 \tag{4-32}$$

式中， f_1 为逆变器输出电压的基频。

矢量 $\vec{V}_{ref}$ 相对于 α-β 坐标系 α 轴的偏移角度 $\theta(t)$ 为

$$\theta(t) = \int_0^t \omega(t)\, dt + \theta(0) \tag{4-33}$$

当给定幅值和角度位置，矢量 $\vec{V}_{ref}$ 可由相邻的三个静态矢量合成得到。基于这种方法，可以计算得到逆变器的开关状态，并产生各功率开关器件的门极驱动信号。当 $\vec{V}_{ref}$ 逐一经过每个扇区时，不同的开关器件组，将会不断地导通或关断。每当 $\vec{V}_{ref}$ 在矢量空间上旋转一圈，逆变器的输出电压也随之变化一个时间周期。逆变器的输出频率取决于矢量 $\vec{V}_{ref}$ 的旋转速度，而输出电压则可通过改变 $\vec{V}_{ref}$ 的幅值来调节。

作用时间计算：

上一节提到，矢量 $\vec{V}_{ref}$ 可由三个静态矢量合成。静态矢量的作用时间，本质上就是选中开关器件在采样周期 T_s 内的作用时间（通态或断态时间）。作用时间的计算基于"伏秒平衡"原理，也就是说，给定矢量 $\vec{V}_{ref}$ 与采样周期 T_s 的乘积，等于各空间矢量电压与其作用时间乘积的累加和。

假设采样周期 T_s 足够小，可认为给定矢量 $\vec{V}_{ref}$ 在周期 T_s 内保持不变。在这种情况下， $\vec{V}_{ref}$ 可近似认为两个相邻非零矢量与一个零矢量的叠加。例如，当 $\vec{V}_{ref}$ 位于第 1 扇区时，它可由矢量 $\vec{V}_1$ 、 $\vec{V}_2$ 和 $\vec{V}_0$ 合成，如图 4-17 所示。根据伏秒平衡原理，有下式成立

$$\begin{cases} \vec{V}_{ref} T_s = \vec{V}_1 T_a + \vec{V}_2 T_b + \vec{V}_0 T_0 \\ T_s = T_a + T_b + T_0 \end{cases} \tag{4-34}$$

式中，T_a、T_b 和 T_0 分别为矢量 $\vec{V}_1$、$\vec{V}_2$ 和 $\vec{V}_0$ 的作用时间。式（4-34）所示的空间矢量可表示为

$$\vec{V}_{\text{ref}} = V_{\text{ref}}\,\mathrm{e}^{\mathrm{j}\theta}, \quad \vec{V}_1 = \frac{2}{3}V_d, \quad \vec{V}_2 = \frac{2}{3}V_d\,\mathrm{e}^{\mathrm{j}\frac{\pi}{3}}, \quad \vec{V}_0 = 0 \tag{4-35}$$

将式（4-35）代入到（4-34）中，并将结果分为 $\alpha\text{-}\beta$ 坐标系的实轴（α 轴）和虚轴（β 轴）分量两部分，可得到

$$\begin{cases} \text{Re：} \quad V_{\text{ref}}(\cos\theta)T_s \;=\; \dfrac{2}{3}V_d\,T_a + \dfrac{1}{3}V_d\,T_b \\[2mm] \text{Im：} \quad V_{\text{ref}}(\sin\theta)T_s \;=\; \dfrac{1}{\sqrt{3}}V_d\,T_b \end{cases} \tag{4-36}$$

将式（4-36）与条件 $T_s = T_a + T_b + T_0$ 联立求解，得到

$$\begin{cases} T_a = \dfrac{\sqrt{3}\,T_s\,V_{\text{ref}}}{V_d}\sin\left(\dfrac{\pi}{3}-\theta\right) \\[3mm] T_b = \dfrac{\sqrt{3}\,T_s\,V_{\text{ref}}}{V_d}\sin\theta \qquad\quad \text{其中，}\; 0 \leqslant \theta \leqslant \pi/3 \\[3mm] T_0 = T_s - T_a - T_b \end{cases} \tag{4-37}$$

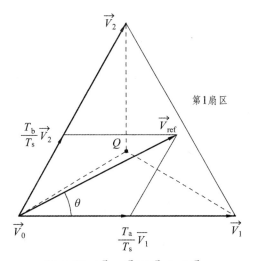

图 4-17 $\vec{V}_1$、$\vec{V}_2$ 和 $\vec{V}_0$ 合成 $\vec{V}_{\text{ref}}$

为了更形象地描述矢量 $\vec{V}_{\text{ref}}$ 的位置与作用时间之间的关系，我们可通过一些特殊情况进行检验和说明。如果 $\vec{V}_{\text{ref}}$ 刚好位于 $\vec{V}_1$ 和 $\vec{V}_2$ 的中间（即 $\theta = \pi/6$），$\vec{V}_1$ 的作用时间 T_a 将等于 $\vec{V}_2$ 的时间 T_b。当 $\vec{V}_{\text{ref}}$ 更靠近 $\vec{V}_2$ 时，T_b 将大于 T_a。如果 $\vec{V}_{\text{ref}}$ 与 $\vec{V}_2$ 重合，则 T_a 为 0。另外，如果矢量 $\vec{V}_{\text{ref}}$ 的端部刚好位于三角形中心 Q，则有 $T_a = T_b = T_0$。表 4-3 总结了矢量 $\vec{V}_{\text{ref}}$ 的位置与其作用时间之间的关系。

另外需要注意的是，式（4-37）是以 $\vec{V}_{\text{ref}}$ 位于第 1 扇区为前提推导得到的。当 $\vec{V}_{\text{ref}}$ 位于其它扇区时，该式在采用变量置换后依然成立。也就是说，将实际角度 θ 减去 $\pi/3$ 的整数倍，使修正后的角度 θ' 位于 $0 \sim \pi/3$，如下式所示：

$$\theta' = \theta - (k-1)\pi/3 \qquad 使得\ 0 \leqslant \theta' < \pi/3 \tag{4-38}$$

式中，k 为相应扇区的编号（1~6）。例如，当 $\vec{V}_{ref}$ 位于第 2 扇区时，基于式（4-37）和（4-38）计算得到的作用时间 T_a、T_b 和 T_0，分别对应矢量 $\vec{V}_2$、$\vec{V}_3$ 和 $\vec{V}_0$。

表 4-3　$\vec{V}_{ref}$ 位置与作用时间

$\vec{V}_{ref}$ 位置	$\theta = 0$	$0 < \theta < \dfrac{\pi}{6}$	$\theta = \dfrac{\pi}{6}$	$\dfrac{\pi}{6} < \theta < \dfrac{\pi}{3}$	$\theta = \dfrac{\pi}{3}$
作用时间	$T_a > 0$ $T_b = 0$	$T_a > T_b$	$T_a = T_b$	$T_a < T_b$	$T_a = 0$ $T_b > 0$

调制比：

式（4-37）也可以表示为调制比 m_a 的形式，如下式所示：

$$\begin{cases} T_a = T_s m_a \sin\left(\dfrac{\pi}{3} - \theta\right) \\ T_b = T_s m_a \sin\theta \\ T_0 = T_s - T_a - T_b \end{cases} \tag{4-39}$$

其中，

$$m_a = \frac{\sqrt{3}\,V_{ref}}{V_d} \tag{4-40}$$

给定矢量的最大幅值 $V_{ref,max}$ 取决于图 4-16 所示六边形的最大内切圆的半径。由于该六边形由六个长度为 $2V_d/3$ 的非零矢量组成，因此可求出 $V_{ref,max}$ 的值为

$$V_{ref,max} = \frac{2}{3}V_d \times \frac{\sqrt{3}}{2} = \frac{V_d}{\sqrt{3}} \tag{4-41}$$

将式（4-41）代入（4-40）中，可知调制比的最大值为

$$m_{a,max} = 1$$

由此可知，SVPWM 方案的调制比为

$$0 \leqslant m_a \leqslant 1 \tag{4-42}$$

而其线电压基波的最大有效值则可由下式计算得到：

$$V_{max,SVPWM} = \sqrt{3} \cdot \left(V_{ref,max}/\sqrt{2}\right) = 0.707V_d \tag{4-43}$$

式中，$V_{ref,max}/\sqrt{2}$ 为逆变器相电压基波的最大有效值。

对于采用 SPWM 控制的逆变器，线电压的基波最大值为

$$V_{max,SPWM} = 0.612V_d \tag{4-44}$$

由此可得

$$\frac{V_{\text{max,SVPWM}}}{V_{\text{max,SPWM}}} = 1.155 \qquad\qquad (4\text{-}45)$$

式（4-45）表明，对于相同的直流母线电压，基于 SVPWM 的逆变器最大线电压要比基于 SPWM 的高 15.5%。

开关顺序：

前面介绍了空间矢量选取及其作用时间的计算方法，下一步要解决的问题就是如何安排开关顺序。一般说来，对于给定的矢量 $\vec{V}_{\text{ref}}$，其开关顺序的选取方案并不是唯一的，但是为了尽量减小器件的开关频率，需要满足下列两个条件：

a. 从一种开关状态切换到另一种开关状态的过程中，仅涉及逆变器某一桥臂的两个开关器件：一个导通，另一个关断；

b. 矢量 $\vec{V}_{\text{ref}}$ 在矢量图中从一个扇区转移到另一个扇区时，没有或者只有最少数量的开关器件动作。

图 4-18 给出了一种典型的七段法开关顺序以及矢量 $\vec{V}_{\text{ref}}$ 在第 1 扇区时逆变器输出电压的波形。其中，$\vec{V}_{\text{ref}}$ 由 $\vec{V}_1$、$\vec{V}_2$ 和 $\vec{V}_0$ 三个矢量合成。在所选扇区内，将采样周期 T_s 分为七段，可以看出：

- 七段作用时间的累加和等于采样周期，即 $T_s = T_a + T_b + T_0$；
- 设计方案的必要条件（a）得以满足。例如，从状态[000]切换到[100]时，S_1 导通而 S_4 关断，这样仅涉及两个开关器件；
- 冗余开关状态 $\vec{V}_0$ 用于降低每个采样周期的开关动作次数。在采样周期中间的 $T_0/2$ 区段内，选择开关状态[111]，而在两边的 $T_0/4$ 区段内，均采用开关状态[000]；

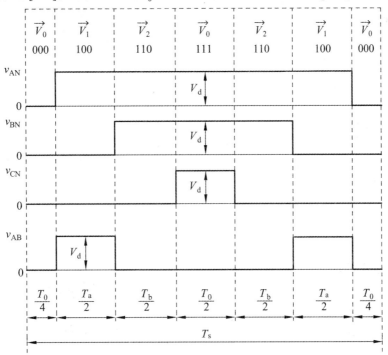

图 4-18　$\vec{V}_{\text{ref}}$ 位于第 1 扇区时的七段法开关顺序

● 逆变器的每个开关器件在一个采样周期内均导通和关断一次。因此，器件的开关频率 f_{sw} 等于采样频率 f_{sp}，即 $f_{sw} = f_{sp} = 1/T_s$。

表 4-4 给出了 $\vec{V}_{ref}$ 在所有六个扇区时的七段法开关顺序。需要注意的是，所有的开关顺序都是以开关状态[000]来起始和结束的，表明 $\vec{V}_{ref}$ 从一个扇区切换到下一个扇区时，并不需要任何额外的切换过程。这样，满足了前面所述的开关顺序设计要求（b）。

表 4-4　七段法开关顺序

扇区	开关顺序						
	1	2	3	4	5	6	7
I	$\vec{V}_0$	$\vec{V}_1$	$\vec{V}_2$	$\vec{V}_0$	$\vec{V}_2$	$\vec{V}_1$	$\vec{V}_0$
	000	100	110	111	110	100	000
II	$\vec{V}_0$	$\vec{V}_3$	$\vec{V}_2$	$\vec{V}_0$	$\vec{V}_2$	$\vec{V}_3$	$\vec{V}_0$
	000	010	110	111	110	010	000
III	$\vec{V}_0$	$\vec{V}_3$	$\vec{V}_4$	$\vec{V}_0$	$\vec{V}_4$	$\vec{V}_3$	$\vec{V}_0$
	000	010	011	111	011	010	000
IV	$\vec{V}_0$	$\vec{V}_5$	$\vec{V}_4$	$\vec{V}_0$	$\vec{V}_4$	$\vec{V}_5$	$\vec{V}_0$
	000	001	011	111	011	001	000
V	$\vec{V}_0$	$\vec{V}_5$	$\vec{V}_6$	$\vec{V}_0$	$\vec{V}_6$	$\vec{V}_5$	$\vec{V}_0$
	000	001	101	111	101	001	000
VI	$\vec{V}_0$	$\vec{V}_1$	$\vec{V}_6$	$\vec{V}_0$	$\vec{V}_6$	$\vec{V}_1$	$\vec{V}_0$
	000	100	101	111	101	100	000

4.4　多电平逆变器

电平数，在逆变输出的电压波形中，一般都不是标准的正弦波，而是阶梯波的形式。那么从电压最高值到最低值之间形成的阶梯数就称为电平数。

传统逆变器电路结构简单，输出电平数较少，所以输出含有大量谐波，这无疑给逆变电源输出滤波电路的设计带来了很大的麻烦，因此诸多学者开始寻求解决问题的办法，多电平逆变电路便是在这种情况下应运而生。1980 年，日本学者 A.Nabae 首次提出中点钳位型三电平逆变电路，这是多电平逆变电路第一次为世人所知，它的出现对逆变电路来说意义重大。

所谓多电平逆变电路，其实际上是在传统逆变电路基础上的改进，它是一种通过改变逆变电路结构以达到提高输出电压和功率的新型逆变电路。与一般逆变电路相比，其输出电平数更多，输出谐波含量更少，具有更好的输出特性，此外，随着电路结构的改变，单个开关器件所承受的电压也随之减少，大大提高电路的可靠性。

经过多年的发展研究，多电平逆变技术越发成熟，至今，主要可分为以下三种：飞跨电容型多电平逆变电路、中点钳位型多电平逆变电路、H 桥级联式多电平逆变电路，其单相电路拓扑结构如图 4-19 所示。

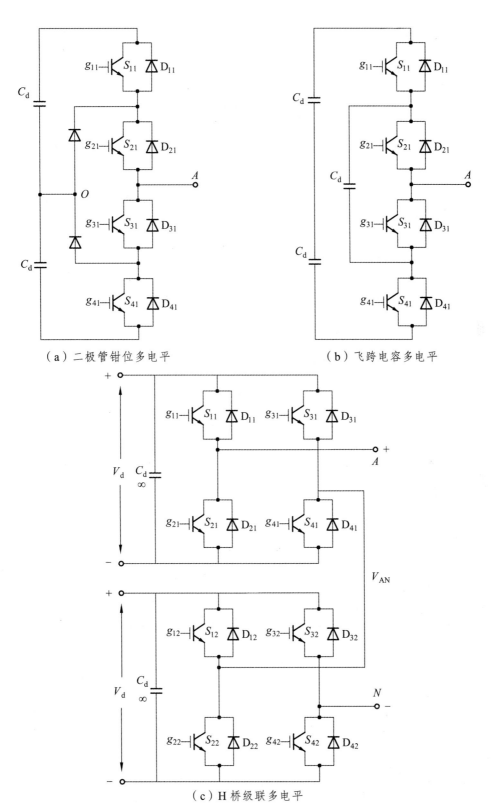

（a）二极管钳位多电平

（b）飞跨电容多电平

（c）H桥级联多电平

图 4-19　多电平逆变器的拓扑结构（单相）

飞跨电容型多电平逆变电路又称为电容钳位式多电平逆变电路，顾名思义，该电路主要利用电容对开关管电压进行钳位，因此该电路并不存在功率开关器件的电压不平衡问题和二极管不能快速反向恢复的问题。该电路虽然较一般电路有明显优势，但是也存在诸多的问题，如：① 随着逆变电路输出电平数的增加，电路中所需用作钳位的电容也越多，较多数量的钳位电容大大增加了电路的成本，同时，多个钳位电容的电压不平衡问题使得电路的控制变得更加的复杂；② 系统启动时，各个钳位电容需要进行充电，降低了系统的效率；③ 因为电路中有较多数量的电容，所以电路在高频工作时损耗较大。

中点钳位型多电平逆变电路也叫作二极管钳位式多电平逆变电路，不同于电容钳位式电路利用电容钳位，其对功率开关器件的钳位采用的是二极管，而且，电容在其中的作用不是电容钳位式电路中的钳位作用而是均压作用。这种电路通过串联电容对电源进行均压，从而得到一组较之前更低的电压值，进而得到更多的输出电平。对于二极管钳位式逆变电路来说，如果想要得到数目为 N 的输出电平，那么就需要在逆变电路的直流侧串联数目为 $N-1$ 的电容，这些电容将电路直流侧电源电压进行均分，而后利用二极管将单个开关管的电压值固定为 U/N（U 为逆变电路直流侧电源电压值），这样便大大增多了电路的输出电平数，使电路具有更好的输出特性。

同电容钳位式多电平逆变电路一样，二极管钳位式多电平逆变电路虽然成功地增加了电路输出的电平数，大大降低了电路输出的谐波含量，改善了电路的输出特性，但是其自身也仍然存在着一定的缺陷，其缺点如下：① 因为中点钳位型电路需要大量的二极管对开关器件的电压进行钳位，所以电路中的器件数目较多，这不仅使得电路结构更加复杂化，而且大大增加了系统的成本；② 电路使用电容对直流侧电源分压要求做到平均分配，故电容电压的不均衡便又是其一大问题，且随着所需输出电平数的增多，电容数目也相应地增加，电路的控制也越发的复杂。

中点钳位型和电容钳位式多电平逆变电路虽然在传统逆变电路的基础上得到了改进，也实现了输出的多电平化，但是两者均存在电容分压不均的问题，控制也较为复杂，而新的电路拓扑结构的出现恰好解决了这一难题。H 桥电路作为新型的多电平电路结构，不同于前两种电路结构的电容分压，H 桥电路是以传统的两电平逆变电路为基本单元进行的电路的串联，其通过串联多个小功率单元达到大功率输出的目的，其中各个基本单元电源独立，因此并不存在电容分压不平衡的问题。

按照基本单元电路结构的相同与否，其大致可分为两类：① 当构成 H 桥电路的基本单元电路结构相同时，这样的 H 桥电路称之为对称 H 桥电路；② 反之，当组成 H 桥电路的基本单元的电路结构不同时，它们组成的电路称之为非对称 H 桥电路。

H 桥逆变电路虽然解决了电压不平衡问题，但是有利便有弊，H 桥逆变电路在解决问题的同时难免会产生新的问题，如：① 因为 H 桥采用多个电路单元串联，而且每个电路单元电源独立，所以 H 桥电路需要多个独立的直流电源，这为系统的设计增加了难度，也增加了系统的体积；② H 桥电路串联单元分别独立，各自拥有独立的直流电源，因此整个电路很难实现四象限运行。

三种多电平逆变器优缺点比较见表 4-5。

下面以级联式多电平为例讲述多电平逆变器的工作原理及调制策略。串联 H 桥逆变器采用由多个直流电源分别供电的 H 桥单元，各单元的输出串联连接以输出高交流电压。一种典型的 5 电平串联 H 桥逆变器结构如图 4-20 所示，其中每相有两个 H 桥单元，分别由电压为 V_d 的两个独立直流电源供电。

表 4-5 三种多电平逆变器的拓扑结构比较

比较项目	级联式	二极管钳位式	飞跨电容式
结构	H 桥直接串联结构	开关器件串联半桥式结构	开关器件串联半桥式结构
主要优点	无须均压、模块化设计、电平数多	双向功率流动	自动均匀、双向功率流动
主要缺点	需要多个独立直流电源、四象限运行困难	电容均压复杂、电容电压不平衡问题	体积大、系统成本高、封装复杂
电源	多个独立直流电源	单个高压直流电源	单个高压直流电源
钳位电路	无钳位元件及电路	有钳位元件及电路	有钳位元件及电路
吸收电路	基本不用阻容吸收电路	有阻容吸收电路	有阻容吸收电路
主要应用场合	高速列车牵引,有源滤波器等	中、高压变频调速和无功补偿等	变频器等

图 4-20 中所示的逆变器每相可输出含有 5 个不同电平的相电压。当 S_{11},S_{21},S_{12} 和 S_{22} 导通时,H 桥单元 H_1 和 H_2 的输出都为 V_d,即 $v_{H1} = v_{H2} = V_d$。则逆变器输出的相电压,例如端点 A 相对于逆变器中性点 N 的电压,为 $v_{AN} = v_{H1} + v_{H2} = 2V_d$。与此类似,当 S_{31},S_{41},S_{32} 和 S_{42} 导通时, $v_{AN} = -2V_d$。其他三个可以输出的电压电平分别为 V_d,0 和 $-V_d$,它们分别对应不同的开关状态组合,详见表 4-6。需要指出的是,逆变器输出的相电压 v_{AN} 并不一定要和负载相电压 v_{AO} 相等,其中 v_{AO} 为负载侧端点 A 相对于负载的中性点 O 的电压。

从表 4-6 中可以看出,某些电压电平可由超过一种的开关状态实现。例如,对于电压 V_d,它可以由四种不同的开关状态实现。这种冗余性的开关状态在多电平逆变器中非常普遍,使开关状态的设计变得很灵活。串联 H 桥逆变器输出电压的电平数 m 可由下式计算

$$m = (2H + 1) \tag{4-46}$$

其中, H 为每相中 H 桥单元的数目。由上式看出,这种逆变器的电平数目总是奇数。在其他类型的多电平逆变器中,例如二极管钳位式中的输出电平数目可以是奇数,也可以是偶数。

图 4-21 给出了移相载波调制法的规则。其中包含 4 个三角载波,任意相邻的载波有 90°的相移。为简单起见,图中只给出了 A 相的调制波 v_{mA}。载波 v_{cr1} 和 v_{cr2} 分别用来产生 H 桥单元 H_1 和 H_2 左桥臂上部二个开关器件 S_{11} 和 S_{12} 的栅极信号。其余两个载波 v_{cr1-} 和 v_{cr2-} 与载波 v_{cr1} 和 v_{cr2} 分别有 180°的相移,分别用来产生 H 桥单元右桥臂上部三个开关器件 S_{31} 和 S_{32} 的栅极信号。所有 H 桥单元下部开关器件的栅极信号,在图中没有给出,它们可由对应上部器件的栅极信号进行互补得到。

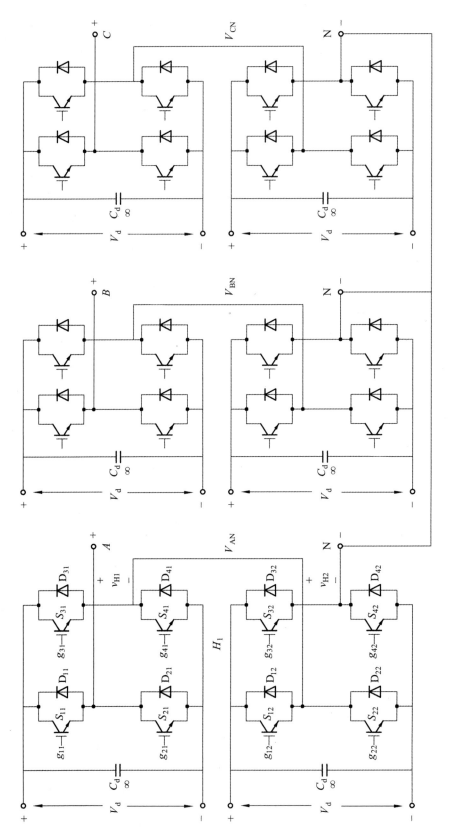

图 4-20 级联五电平电路拓扑结构

表 4-6　五电平串联 H 桥逆变器的输出电压与其对应的开关状态

输出电压 v_{AN}	开关状态				v_{H1}	v_{H2}
	S_{11}	S_{31}	S_{12}	S_{32}		
$2V_d$	1	0	1	0	V_d	V_d
V_d	1	0	1	1	V_d	0
	1	0	0	0	V_d	0
	1	1	1	0	0	V_d
	0	0	1	0	0	V_d
0	0	0	0	0	0	0
	0	0	1	1	0	0
	1	1	0	0	0	0
	1	1	1	1	0	0
	1	0	0	1	V_d	$-V_d$
	0	1	1	0	$-V_d$	V_d
$-V_d$	0	1	1	1	$-V_d$	0
	0	1	0	0	$-V_d$	0
	1	1	0	1	0	$-V_d$
	0	0	0	1	0	$-V_d$
$-2V_d$	0	1	0	1	$-V_d$	$-V_d$

上面讨论的 PWM 控制法本质上为单极性调制法。例如在图 4-21 中，H 桥单元 H_1 上部开关器件 S_{11} 和 S_{31} 的栅极信号是由载波信号 v_{cr1} 和 v_{cr1-} 与调制波 v_{mA} 进行比较得到。H_1 的输出电压 v_{H1}，正半个基波周期时，在 0 和 V_d 之间切换；负半个基波周期时，在 $-V_d$ 和 0 之间切换。在这个例子中，频率调制比为 $m_f = f_{cr} / f_m = 9$，幅值调制比为 $m_a = \hat{V}_{mA} / \hat{V}_{cr} = 0.8$，其中，$f_{cr}$，$f_m$ 分别为载波频率和调制波频率；$\hat{V}_{cr}$ 和 $\hat{V}_{mA}$ 分别为 v_{cr} 和 v_{mA} 的峰值。

逆变器的输出相电压为

$$v_{AN} = v_{H1} + v_{H2} \tag{4-47}$$

其中，v_{H1} 和 v_{H2} 分别为 H 桥单元 H_1 和 H_2 的输出电压。可明显看出，逆变器的输出相电压由 $2V_d$，V_d，0，$-V_d$ 和 $-2V_d$ 等 5 个电压电平构成。

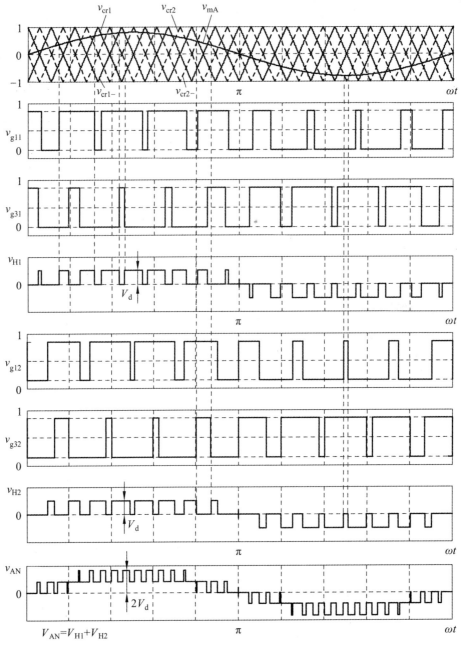

图 4-21　单相 2H 桥逆变器的载波移相调制法波形图（$m_a = 0.8$，$m_f = 9$）

　　为了验证上述的分析，采用 MATLAB/Simulink 对图 4-20 所示的拓扑结构电路进行仿真，其中，直流母线电压为 V_d=510 V，幅度调制比为 0.8，基波频率为 50 Hz，开关频率为 450 Hz，等效开关频率为 1.8 kHz。图 4-22 为其仿真波形，由图 4-22（a）可知，单个 H 桥输出的电压波形为单极性波形，这符合上述分析的单个 H 桥采用单极倍频调制方式；由图 4-22（b）可知，2H 桥电路的输出为 5 电平，最低次谐波在 36 次附近，达到 4 倍频的效果。

126

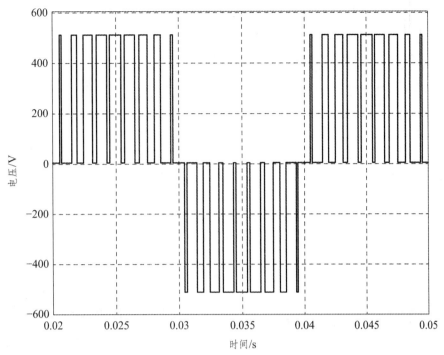

（a）单 H 桥输出电压波形

FFT window: 2 of 3.5 cycles of selected signal

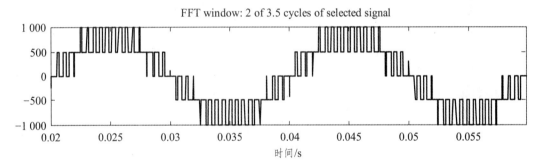

Fundamental (50Hz) = 816 , THD= 37.67%

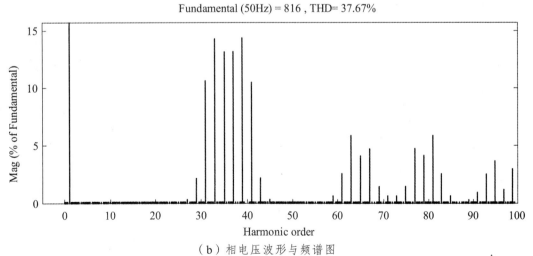

（b）相电压波形与频谱图

图 4-22　仿真波形

4.5　高压大容量逆变器复合结构

　　某些应用领域需要高压大电流的逆变器，例如 10 MVA，甚至更大容量的逆变器。目前最大容量的半控型开关器件晶闸管 SCR 和最大容量的全控型开关器件 GTO 其额定电压、电流也都只能达到 6 ~ 8.5 kV、3 000 ~ 6 000 A。IGBT 和 Power MOSFET 额定电压、电流更小。因此用六个开关组成的三相桥式逆变电路其输出功率常常不能满足要求。采用几个开关器件直接串联、并联，由于难以确保各开关器件工作中（特别是在开通、关断过程中）的电压、电流分配完全一致，也不是扩大逆变器输出容量的有效措施。虽然采用多电平开关电路能提高直流输入工作电压从而扩大逆变器输出功率，但超过三电平的逆变器电路结构过于复杂，也不是一个扩大逆变器输出容量的好途径。在大容量的应用中，采用几个变压器将多个三相桥式（或单相桥式）逆变器组成一个复合结构，扩大逆变器的输出容量是一个有效途径。特别是在需要高压输出或需要很大电流很低电压输出的应用中。

　　对逆变器的两个最基本的技术要求是输出电压可以调控，输出电压波形中的谐波含量在允许值以内。通过对全控型开关器件的多脉波 PWM 控制、SPWM 控制、SVPWM 控制都可以由逆变器内部实现输出电压的调控，并使输出电压中的低次谐波消失，剩余的高次谐波只需要很小的滤波器即可滤去大部分高次谐波，使负载电压中的谐波被控制在允许值以下。但是多脉冲的 PWM 控制要求开关器件能在高频下工作，开关损耗大，发热温升问题严重。如果大容量逆变器的负载是交流电动机（大容量逆变器的主要负载就是高压大功率交流电动机），电动机的电枢电感通常可以对较高次谐波电压起滤波作用，使电枢电流中的谐波电流被限制在允许值以内。这时逆变器的输出电压就不一定非要采用高频多脉冲 SPWM 控制。单个三相桥式逆变电路输出容量不足以满足负载要求时，如果采用两个、四个或八个三相桥式逆变电路，每个三相桥式逆变电路都按 180° 导电方式工作[如图 4-13（a）所示]。在每周波中，每个开关只通、断一次，每个三相桥式逆变电路输出线电压都是 120°的方波。若令各个三相桥式逆变器的同一相（例如 A 相）的输出电压彼此相差一定的相位角，通过几个变压器将各个三相逆变器的输出电压复合相加后输出一个总逆变电压，适当设计各个逆变变压器的变比和变压器副边的联结方式，就可以消除总的输出电压中的 5、7 等低次谐波，并调控总输出电压中的基波电压的大小。这种逆变器就称之为复合结构逆变器。

　　图 4-23 中两个三相桥式逆变器 I、II 的输出分别接到两个三相变压器的一次绕组。两个变压器的一次绕组匝数为 N_p，变压器 T_1 的二次绕组匝数为 N_s，变压器 T_2 的二次绕组每相有两个相同的绕组，其匝数都是 $N_s / \sqrt{3}$。图 4-22 中两个变压器画在同一水平方向上的绕组是位于同一铁心柱上的。逆变器 I、II 都按 180°导电方式工作。因此各变压器一次侧线电压都是 120°方波，幅值为 V_d。变压器 T_1 的二次绕组 a_1 上电压 $\vec{V}_{a1}$ 与其一次侧电压 $\vec{V}_{A1B1}$ 同相，$V_{a1} = (N_s/N_p) \times V_{A1B1}$，变压器 T_2 的二次绕组 a_{21} 上电压 $\vec{V}_{a21}$ 与其一次侧电压 $\vec{V}_{A2B2}$ 同相，$V_{a21} = (N_s / \sqrt{3}N_p) \times V_{A2B2}$。若控制逆变器 II 的各相开关器件的通断时间起始点比逆变器 I 各相开关器件延迟 30°，则逆变器 II 在相位上比逆变器 I 滞后 30°，即 $\vec{V}_{A2B2}$ 比 $\vec{V}_{A1B1}$ 滞后 30°，那么二次侧电压 $\vec{V}_{a21}$ 也应比 $\vec{V}_{a1}$ 滞后 30°。将变压器 T_1 的二次侧电压 $\vec{V}_{a1}$ 与变压器 T_2 的二次侧电压 $\vec{V}_{a21}$ 相加，再与变压器 T_2 的二次侧电压 $\vec{V}_{b22}$ 相减构成 U 相输出电压，如图 4-24 所示。

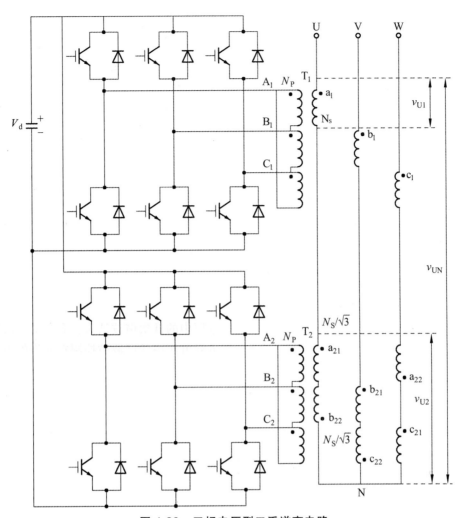

图 4-23 三相电压型二重逆变电路

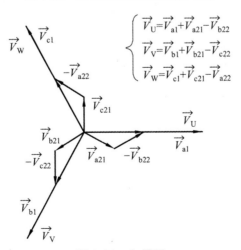

$$\begin{cases} \vec{V}_U = \vec{V}_{a1} + \vec{V}_{a21} - \vec{V}_{b22} \\ \vec{V}_V = \vec{V}_{b1} + \vec{V}_{b21} - \vec{V}_{c22} \\ \vec{V}_W = \vec{V}_{c1} + \vec{V}_{c21} - \vec{V}_{a22} \end{cases}$$

图 4-24 矢量图

图 4-25 画出了 v_{a1}、v_{a21}、v_{b22} 的波形。v_{a1} 为 120°方波，幅值为 $(N_s / N_p) \times V_d$，v_{a21} 也是 120°

方波，但幅值为 $(N_s/\sqrt{3}N_p)\times V_d$ ，$\vec{V}_{a21}$ 比 $\vec{V}_{a1}$ 滞后 30°。变压器 T_2 二次绕组 b_{22} 的电压 $\vec{V}_{b22}$ 应比其二次绕组 a_{22} 的电压 $\vec{V}_{a21}$ 滞后 120°。由图 4-24 的矢量图可知 $-\vec{V}_{b22}$ 应超前 $\vec{V}_{a1}$ 30°。图 4-25 画出了 $v_U = v_{a1} + v_{a21} - v_{b22}$ 的波形图，在选取坐标原点情况下，由 120°方波的公式得到

$$v_{a1} = \frac{2\sqrt{3}}{\pi}V_d \times \frac{N_s}{N_p}\left\{\cos\omega t - \frac{1}{5}\cos 5\omega t + \frac{1}{7}\cos 7\omega t - \frac{1}{11}\cos 11\omega t + \frac{1}{13}\cos 13\omega t\right.$$

$$\left. - \frac{1}{17}\cos 17\omega t + \frac{1}{19}\cos 19\omega t\cdots\right\}$$

$\vec{V}_{a21}$ 比 $\vec{V}_{a1}$ 滞后 30°，故有

$$v_{a21} = \frac{2\sqrt{3}}{\pi}V_d \times \frac{N_s}{\sqrt{3}N_p}\left\{\cos(\omega t - 30°) - \frac{1}{5}\cos 5(\omega t - 30°) + \frac{1}{7}\cos 7(\omega t - 30°) - \right.$$

$$\frac{1}{11}\cos 11(\omega t - 30°) + \frac{1}{13}\cos 13(\omega t - 30°) - $$

$$\left.\frac{1}{17}\cos 17(\omega t - 30°) + \frac{1}{19}\cos 19(\omega t - 30°) - \cdots\right\}$$

$$= \frac{2}{\pi}V_d \times \frac{N_s}{N_p}\left\{\cos(\omega t - 30°) - \frac{1}{5}\cos(5\omega t - 150°) + \frac{1}{7}\cos(7\omega t - 210°) - \right.$$

$$\frac{1}{11}\cos(11\omega t - 330°) + \frac{1}{13}\cos(13\omega t - 390°) - $$

$$\left.\frac{1}{17}\cos(17\omega t - 510°) + \frac{1}{19}\cos(19\omega t - 570°) - \cdots\right\}$$

$-\vec{V}_{b22}$ 比 $\vec{V}_{a1}$ 超前 30°，故有

$$-v_{b22} = \frac{2\sqrt{3}}{\pi}V_d \times \frac{N_s}{\sqrt{3}N_p}\left\{\cos(\omega t + 30°) - \frac{1}{5}\cos 5(\omega t + 30°) + \frac{1}{7}\cos 7(\omega t + 30°) - \right.$$

$$\frac{1}{11}\cos 11(\omega t + 30°) + \frac{1}{13}\cos 13(\omega t + 30°) - \frac{1}{17}\cos 17(\omega t + 30°) + $$

$$\left.\frac{1}{19}\cos 19(\omega t + 30°) - \cdots\right\}$$

$$= \frac{2}{\pi}V_d \times \frac{N_s}{N_p}\{\cos(\omega t + 30°) - \frac{1}{5}\cos(5\omega t + 150°) + \frac{1}{7}\cos(7\omega t + 210°) $$

$$- \frac{1}{11}\cos(11\omega t + 330°) + \frac{1}{13}\cos(13\omega t + 390°) - \frac{1}{17}\cos(17\omega t + 510°) + $$

$$\left.\frac{1}{19}\cos(19\omega t + 570°) - \cdots\right\}$$

由于 $\cos(A + B) + \cos(A - B) = 2\cos A \cdot \cos B$ ，将 $v_{a1} + v_{a21} + (-v_{b22})$ 相加得到

$$v_U = v_{a1} + v_{a21} - v_{b22} = \frac{4\sqrt{3}}{\pi}V_d \times \frac{N_s}{N_p}\left\{\cos\omega t - \frac{1}{11}\cos 11\omega t + \right.$$

$$\left.\frac{1}{13}\cos 13\omega t - \frac{1}{17}\cos 17\omega t + \frac{1}{19}\cos 19\omega t - \cdots\right\} \tag{4-48}$$

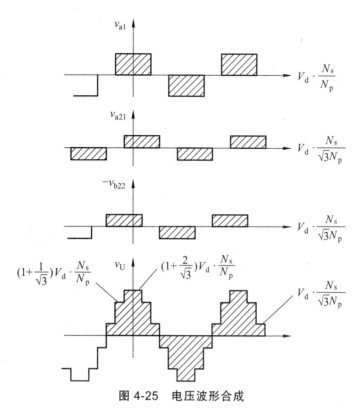

图 4-25　电压波形合成

因此采用图 4-23 中两个三相逆变器 I 和 II，通过两个变压器的二次绕组复合联结，只要变压器 T_2 的变比比变压器 T_1 小 $\sqrt{3}$ 倍，且逆变器 II 比逆变器 I 滞后 30°，那么复合联结后输出电压中就消除了 5 次和 7 次谐波。图 4-25 所示的 v_U 波形每 1/4 周期中有三个电压台阶，一个整周期中有 $4 \times 3 = 12$ 个台阶，故被称为 12 阶梯波。

180°方波中含有 3、5、7、9 等奇次谐波。两个相差 60°的 180°方波叠加时，变成一个 120°宽的方波，其中不再含有 3 次谐波。这两个 180° 方波的基波相差 60°，故 3 次谐波相差 180°，即两个 3 次谐波大小相等，方向相反，互相抵消，故叠加后的波形中不再有 3 次谐波。同理两个 120°的方波（其中都含有 5 次和 7 次谐波），若相差 36°，则它们的 5 次谐波相差 $5 \times 36°$ = 180°，因此叠加后不再含 5 次谐波。若两个 120°方波相差 180°/7 = 24.7°，则它们的 7 次谐波相差 180°而互相抵消。因此两个 120°方波不经过变压器直接叠加时，选定适当的相差角只能消除一个谐波。但是像图 4-23 那样采用变压器复合输出电压，若第一个变压器 T_1 变比为 N_s/N_p（N_p、N_s 分别为一次、二次绕组匝数），适当地选择第二个变压器 T_2 的变比（$N_s/\sqrt{3}N_p$）和电压复合方式（变压器 T_2 有两个二次绕组），在相角差为 30°情况下，可以同时消除 5 次和 7 次谐波。其输出电压为式（4-48），其中最低次谐波为 11 次。

需要说明的是：上述的两个逆变器通过变压器的复合结构得到 12 阶梯波，其输出电压中的基波电压大小是不能调节控制的。在大容量逆变器应用中通常采用两组上述结构的 12 阶梯逆变器组，将它们的输出电压叠加后再输出，控制这两组 12 阶梯逆变器输出电压之间的相位差来调控输出电压。限于篇幅，请参考文献[2]的相关章节。

131

4.6 电流源型逆变器及其调制

电压源型逆变器在负载上产生特定的三相 PWM 电压波形；而电流源型逆变器（Current Source Inverter，CSI）则产生特定的 PWM 电流波形。PWM 电流源型逆变器具有拓扑结构简单、输出波形好、可靠的短路保护等优点。

大容量传动系统通常采用两种电流源型逆变器：PWM 电流源型逆变器和负载换相逆变器（Load-Commutated Inverter，LCI）。PWM 电流源型逆变器中采用的是具有自关断能力的功率开关器件。在 20 世纪 90 年代后期 GCT 出现之前，CSI 传动系统中的功率器件基本都采用的是 GTO。负载换相逆变器则采用晶闸管器件，其换流方式是借助于具有超前功率因数的负载来实现的。LCI 的拓扑结构非常适合于高达 100 MW 的大型同步电机传动系统。

本节主要介绍 PWM 电流源型逆变器和负载换相逆变器。

4.6.1 PWM 电流源型逆变器

理想化的 PWM 电流源型逆变器如图 4-26 所示，其中逆变器由六个 GCT 组成。在大容量传动系统中，这六个 GCT 还可以由两个或更多器件串联代替。在电流源型逆变器中，采用的 GCT 是具有反向阻断能力的对称型 GCT，即 SGCT。逆变器产生特定的 PWM 输出电流 i_w，直流侧则是一个理想电流源 I_d。在实际中，电流源 I_d 可用电流源型整流器（Current Source Rectifier，CSR）实现。

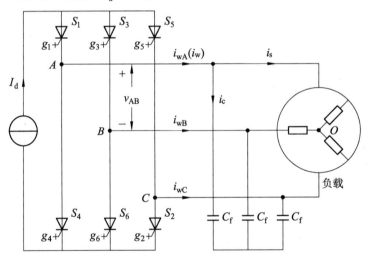

图 4-26　PWM GCT 电流源型逆变器

电流源型逆变器通常需要在输出端引入三相电容 C_f 来帮助开关器件换流。例如，在 S_1 关断瞬间，逆变器的 PWM 电流 i_w 在很短时间内要减小到零，电容则为储存在 A 相负载电抗中的能量提供了电流通路。否则可能产生很高的电压尖峰，并导致功率开关器件的损坏。电容同时还起着滤波器的作用，以改善输出电压、电流的波形。对开关频率在 200 Hz 左右的大容量传动系统，这个电容的值在 0.3 和 0.6 pu（标幺值）之间。电容的值可随着开关频率的增加而相应减小。

PWM 电流源型逆变器具有下列特征：
● 拓扑结构简单。逆变器使用 SGCT 功率开关器件，无须反并联续流二极管。

- 输出波形好。电流源型逆变器产生三相 PWM 电流，而不是像 VSI 一样产生三相 PWM 电压。在逆变器输出端滤波电容的作用下，负载电流和电压波形都非常接近正弦波。电流源型逆变器中不存在 dv/dt 过高的问题。

- 可靠的短路保护。如果逆变器输出端发生短路，直流电流 I_d 的上升将受到直流电抗的限制，从而为保护电路启动提供了充足的时间。

- 动态响应速度慢。由于直流电流值不能瞬时改变，降低了系统的动态性能。

梯形脉宽调制（TPWM）：

为 CSI 设计的脉冲调制模式通常应注意两个条件：（a）直流电流 I_d 应保持连续；（b）逆变器 PWM 电流 i_w 应该是确定的。这两个条件可以转化为脉宽调制的开关约束条件，即在任何时刻（除了换流期间）只有两个功率开关器件导通，一个在上半桥而另一个在下半桥。当只有一个开关导通，就失去了电流的连续性，直流电抗上会产生极高的电压从而造成开关器件的损坏。如果超过两个开关器件同时开通，PWM 电流 i_w 将不再符合开关方式所定义的波形。例如，当 S_1，S_2 和 S_3 同时导通，虽然在开关器件 S_1 和 S_3 中，即逆变器 A 相和 B 相的 PWM 电流之和仍为 I_d，但这两个电流的大小分配则受到负载的影响，难以确定。

图 4-27 所示为梯形脉宽调制的原理，其中 v_m 是梯形调制波，v_{cr} 是三角形载波。幅值调制比 m_a 为

$$m_a = \frac{\hat{V}_m}{\hat{V}_{cr}} \tag{4-49}$$

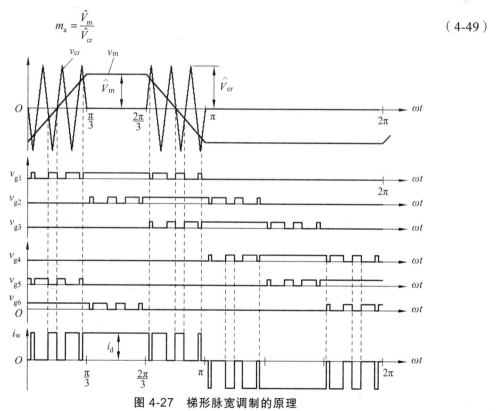

图 4-27　梯形脉宽调制的原理

这里 $\hat{V}_m$ 和 $\hat{V}_{cr}$ 分别是调制波和载波的峰值。和电压源型逆变器中基于载波的 PWM 调制方法类似，通过比较 v_m 和 v_{cr} 可以得到开关 S_1 的门极驱动信号 v_{g1}。然而，梯形脉宽调制在逆变器输出基波的正半周或负半周中间 π/3 段不产生门极驱动信号。这样的排列能够满足 CSI

的脉冲调制的约束条件。从门极信号可看出，任何时刻只有两个 GCT 导通，从而使得 i_w 波形是确定的，其幅值大小由直流母线电流 I_d 决定。

功率器件的开关频率可以用下式计算：

$$f_{sw} = f_1 \times N_p \tag{4-50}$$

其中，f_1 是基波频率，N_p 是 i_w 每半周期中的脉冲数。

图 4-28（a）所示为 $N_p = 13$ 和 $m_a = 0.85$ 时逆变器输出电流 i_w 的频谱。其中，I_{wn} 为 i_w 中第 n 次谐波电流的有效值，$I_{w1,max}$ 是根据下式计算得到的基波电流有效值的最大值

$$I_{w1,max} = 0.74I_d \qquad (m_a = 1) \tag{4-51}$$

PWM 电流 i_w 为半波对称，不包含偶次谐波。TPWM 方法在 $n = 3(N_p-1)\pm1$ 和 $n = 3(N_p-1)\pm5$ 处分布着其产生的两对主要谐波，在此例中为 31、35、37 和 41 次谐波。

图 4-28（b）所示为 i_w 中的谐波成分。基波分量 I_{w1} 并不随着幅值调制比 m_a 的变化而明显改变。当 m_a 从零变化到最大值 1.0 时，I_{w1} 从最小值 $0.89I_{w1,max}$ 变到 $I_{w1,max}$，只增加了 11%。这是因为，在每半个周期的中间 $\pi/3$ 段没有对 i_w 进行调制。在实际中，对 I_{w1} 的调制是通过整流器改变直流电流的幅值而不是改变 m_a 来实现的。

图 4-28（c）给出了主要的低次谐波电流。在 m_a 为 0.85 时，大部分谐波电流的幅值接近它们的最小值，从而使得谐波畸变比较小。这个现象在 N_p 为其他值时也是成立的。因此，m_a 应该选择为 0.85，此时 i_w 的 THD 最小，I_{w1} 接近 $I_{w1,max}$。

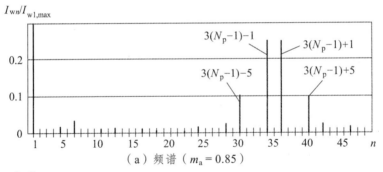

（a）频谱（$m_a = 0.85$）

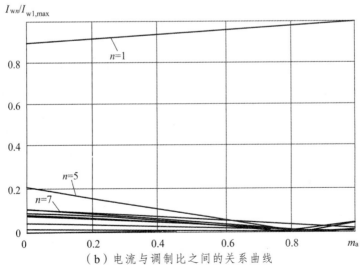

（b）电流与调制比之间的关系曲线

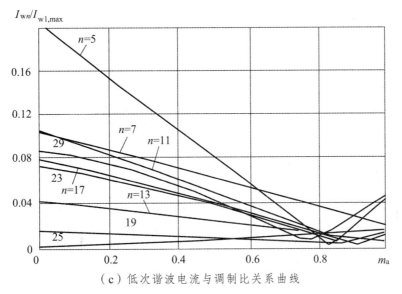

（c）低次谐波电流与调制比关系曲线

图 4-28 $N_p = 13$ 时采用 TPWM 时 i_w 的谐波含量

4.6.2 负载换向逆变器（LCI）

另一种大家所熟知的电流源型逆变器拓扑结构是负载换向逆变器。图 4-29 所示为典型 LCI 控制同步电机（SM）的传动系统结构。在逆变器直流侧，需要一个直流电抗 L_d 来提供平滑的直流电流 I_d。逆变器采用 SCR 晶闸管取代 GCT。SCR 没有自关断能力，但是，它们可以在超前功率因数下由负载电压自然换向。因此，LCI 的理想负载是运行在超前功率因数下的同步电机，这可通过调节励磁电流 I_f 来实现。

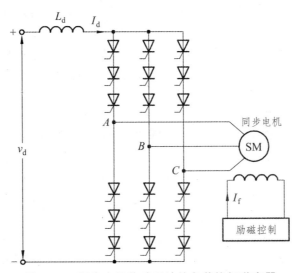

图 4-29 同步电机传动系统的负载换相逆变器

SCR 的自然换流，本质上是通过运行在一定速度下的电机感应电动势（Electro Motive Force，EMF）完成的。当电机运行在较低转速下（通常低于 10%的额度转速），因感应电动势太小以至于无法用于 SCR 的换相。在这种情况下，通常需要依靠前端 SCR 整流器来完成换相。

由于使用低成本的 SCR 器件且没有 PWM 运行，LCI 电机传动系统具有制造成本低和效率高的特点，因此 LCI 被广泛应用于超大功率传动系统中。一个典型的例子是用于 100 MW 风洞同步电机驱动系统，这里功率变换器包括整流器和逆变器在内的效率可以达到 99%。

LCI 传动系统的主要缺点是其有限的动态性能。因而 LCI 主要用于风机、泵、压缩机及传送带等动态响应要求不高的场合。另外，由于定子电流中有大量谐波，也会导致电机功率损耗很高。

PWM 电流源型逆变器具有拓扑结构简单、输出波形好及可靠的短路保护特点，是中压传动系统比较理想的一种拓扑结构。在 GCT 问世前，GTO 在 CSI 传动系统中应用广泛。但这个技术从 20 世纪 90 年代后期开始，已经被用 GCT 器件的电流源型逆变器所取代。

本章小结

在电力电子变换和控制领域中，逆变器的应用非常广泛，不仅变频变压、变速传动的交流电动机，恒频恒压交流负载等需要逆变器供电，而且在很多直流电源变换系统中，例如通信系统中广泛应用的直流开关电源（先将 50 Hz 交流不控整流为直流，再经高频逆变、高频变压器隔离变压，再整流成直流），其中间的变换环节通常也都是一个高频逆变器。至于在风力发电、太阳能发电、燃料电池、超导磁体储能等新能源系统，以及直流输电系统中，逆变器都是其中的重要环节。逆变器的类型很多，最常用的是单相和三相桥式逆变器，逆变器中的开关器件大都采用全控型开关器件。功率最大的逆变器采用 GCT、GTO，其次是 IGBT、MCT、SIT，小功率则采用 Power MOSFET。要求开关频率高则采用 Power MOSFET、SIT，其次是 IGBT、MCT，最低者是 GCT、GTO。逆变器最重要的特性是输出电压（电流）大小可控和输出电压（电流）波形质量好。开关电路只能输出数值为正、负电源电压（电流）值的矩形波电压（电流），其中含有大量谐波。对于中等功率和小功率的逆变器，采用每半个周期中多个脉冲的各种 PWM 控制，既能调节输出电压（电流）的大小，又能消除一些低次谐波；对高压大容量逆变器通常采用多个三相桥式逆变器通过变压器适当地组合输出，这时对每个三相桥式逆变器的开关器件，每周期中仅通、断一次，每个开关导电 180°，也可获得消除了 5、7、11、13 等低次谐波的输出电压。直流电压较高，开关器件额定电压不够时可以采用三电平或五电平等多电平逆变器。各国厂商已能提供单相和三相逆变器控制系统所需的各种专用和通用集成电路控制芯片，供设计者选用。

采用 SVPWM 控制策略，以微处理器和数字信号处理器 DSP 为基础，可以构成特性优良的逆变器控制系统，改进逆变器的静态和动态特性。本章在介绍逆变器工作特性时，都没有涉及开关器件的开通和关断过程的分析。

采用全控型开关器件的逆变器已广泛应用各种正弦脉冲宽度调制（SPWM）技术控制输出电压（电流）基波和谐波。

习题及思考题

1. 逆变器输出波形的谐波系数 HF 与畸变系数 DF 有何区别，为什么仅从谐波系数 HF 还不足以说明逆变器输出波形的品质？

2. 为什么逆变电路中晶闸管 SCR 不适于作开关器件？

3. 有哪些方法可以调控逆变器的输出电压？

4. 有哪些方法可以减小或消除逆变器输出电压中的谐波？

5. 正弦脉宽调制 SPWM 的基本原理是什么？载波比 N、调制度 m 的定义是什么？在载波电压幅值 V_{cm} 和频率 f_m 恒定不变时，改变调制波电压幅值 V_{rm} 和频率 f_r 为什么能改变逆变器交流输出电压基波电压 V_1 的大小和基波频率 f_1？

6. 逆变器有哪些类型？其最基本的应用领域有哪些？

7. 三相二电平电压源型逆变器中，与开关器件反并联的二极管起什么作用？在开关器件断态时，开关器件所承受的电压是多少？

8. 电流源型逆变器需不需要反并联二极管？

9. 多电平逆变器有什么优点？

10. SVPWM 的有哪些优点？

11. 如图 4-12 所示三相桥式电压型逆变电路，180°导电方式，V_d=100 V。试求输出相电压的基波幅值 U_{AO1m} 和有效值 U_{AO1}、输出线电压的基波幅值 U_{AB1m} 和有效值 U_{AB1}、输出线电压中的 5 次谐波电压有效值 U_{AB5}。

12. 三相逆变器采用电压空间矢量时，可以通过什么办法减少输出电压中的谐波含量？

第 5 章

直流-直流变换电路

如前所述，电力电子技术涉及的几种基本电能变换有直流-交流、直流-直流、交流-直流以及交流-交流变换等。本章主要讨论如何实现直流-直流的变换。

直流斩波电路（DC Chopper）能够将一种直流电变换为另一种电压固定或可调的直流电，此种电路也可称之为直流-直流变换器（DC/DC Converter）。需要强调的是，直流斩波电路（DC Chopper）一般专指直接实现直流-直流变换的电路，不包括直流-交流-直流间接变换电路。

首先，本章将按照由浅入深的次序依次介绍六种基本斩波电路：降压斩波电路、升压斩波电路、降升压斩波电路、Cúk（丘克）斩波电路、Sepic 斩波电路以及 Zeta 斩波电路。作为直流斩波电路的最基本电路，降压斩波电路和升压斩波电路应用极为广泛，掌握好这两种电路的工作原理可为学习其他四种基本斩波电路提供较好的基础。因此，降压斩波电路和升压斩波电路是本章的学习重点。

其次，由于基本斩波电路的整体性能较为有限，难以满足部分特殊场合的应用要求，本章还将对复合斩波电路和多相多重斩波电路进行介绍。复合斩波电路和多相多重斩波电路都由若干基本斩波电路组合而成，因此在掌握了前述六种基本斩波电路的基础上，不难理解它们的工作原理。

理想的直流-直流变换电路应有以下性能：

（1）输入输出端电压电流均为平滑直流，无谐波含量，输出电压连续可调；

（2）输出阻抗为零；

（3）快速的动态响应，对干扰有强抑制能力；

（4）高效、小型轻量。

任何实际电路性能的优劣，就看它在何等程度上接近上述理想性能。当然，由于应用场合不同，上述性能的重要性也有所不同。

5.1 基本斩波电路

本节依次讲解 6 种基本斩波电路，并重点阐释降压斩波电路和升压斩波电路的工作原理。

5.1.1 降压（Buck）斩波电路

图 5-1（a）点划线框内全控型开关管 V 和续流二极管 VD 构成了一个最基本的开关型直流-直流降压变换电路。这种降压变换电路连同其输出滤波电路 LC 被称为 Buck 型 DC/DC 变换器。对开关管 V 进行周期性的通、断控制，能将直流电源的输入电压 E 变换为电压 u_o 输出给负载。

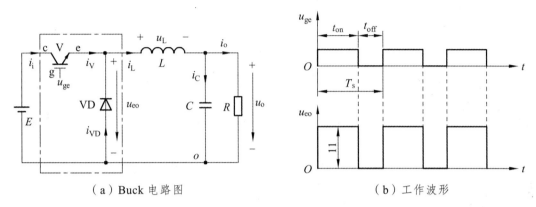

（a）Buck 电路图   （b）工作波形

图 5-1　Buck 变换器

1）理想的电力电子变换器

为了获得各类开关型变换器的基本工作特性而又能简化分析，在本书各章的分析中除特意研究开关管开通、关断过渡过程而特别指明外，都假定电力电子变换器是理想的，理想条件是：

（1）开关管 V 和二极管 VD 从导通变为关断，或从关断变为导通的过渡过程时间均为零，且通态压降为零，断态漏电流为零。

（2）在一个开关周期中，输入电压 E 保持不变；输出滤波电容电压 u_o 有很小的纹波，在分析开关电路变换特性时，可认为 u_o 保持恒定不变，其值为输出的直流电压平均值 U_o。

（3）电感和电容均为无损耗的理想储能元件。

（4）线路阻抗为零。电源输出到变换器的功率等于变换器的输出功率，即 $EI_i = U_o I_o$。

2）降压原理

在一个开关周期 T_s 期间对开关管 V 施加如图 5-1（b）所示的驱动信号 u_{ge}，在 t_{on} 阶段，$u_{ge} > 0$，开关管 V 处于通态，在 t_{off} 阶段，$u_{ge} < 0$，开关管 V 处于断态。对开关管 V 进行高频周期性的通、断控制，开关周期为 T_s，开关频率 $f_s = 1/T_s$。开关管 V 导通时间 t_{on} 与周期 T_s 之比称为开关管导通占空比 D，简称导通比或占空比，$D = t_{on}/T_s$。在开关管 V 导通期间，直流电源 E 经开关管 V 直接输出，电压 $u_{eo} = E$，这时二极管 VD 承受反压而关断，$i_{VD} = 0$，电源电流 i_i 经开关管 V 流入电感负载，电感电流 $i_L = i_V$ 上升。在开关管截止期间，负载与直流电源脱离，由于电感电流 i_L 不能突变，电感电流 i_L 经负载和二极管 VD 续流，电感电流 $i_L = i_{VD}$ 下降。如果在开关管 V 整个关断期间，电感电流 i_L 并未衰减到零，即在整个周期 T_s 中 $i_L > 0$，称为电流连续，则变换器的输出电压 $u_{eo} = 0$。

由图 5-1（b）可得，在电流连续的工作情况下，变换器输出电压 u_{eo} 平均值为

$$U_{eo} = \frac{1}{T_s} \int_0^{T_s} u_{eo} \cdot dt = \frac{1}{T_s} \left[\int_0^{t_{on}} E \cdot dt + \int_{t_{on}}^{T_s} 0 \cdot dt \right] = \frac{t_{on}}{T_s} \cdot E = D \cdot E \qquad (5-1)$$

由电路原理可知，当电路处于稳态的情况下，电感两端电压的平均值为零。因此负载上电压的平均值 U_o 等于变换器输出电压平均值 U_{eo}，即

$$U_o = U_{eo} = D \cdot E = \frac{t_{on}}{T_s} \cdot E \qquad (5-2)$$

3）控制方式

由式（5-2）可知，Buck 电路有 3 种方式调节或控制输出电压平均值 U_o：

（1）保持开关周期 T_s 恒定不变，通过调节导通时间 t_{on} 而改变平均输出电压，此种方式称为脉冲宽度调制（PWM）；

（2）保持导通时间 t_{on} 恒定不变，通过调节开关周期 T_s 而改变平均输出电压，此种方式称为频率调制（PFM）；

（3）同时调节开关周期 T_s 和导通时间 t_{on}，从而改变平均输出电压，此种方式称为混合调制。

为应用方便，一般采用第一种方式。

1. Buck 变换器电感电流连续时工作特性

Buck 变换器有两种可能的运行工况：电感电流连续模式 CCM（Continuous Current Mode）和电感电流断续模式 DCM（Discontinuous Current Mode）。电感电流连续是指图 5-2（a）中输出电感 L 的电流在整个开关周期 T_s 中都存在。电感电流断续是指在开关管 V 关断的 t_{off} 期间后期一段时间内输出电感的电流已降为零。处于这两种工作情况的临界点称为电感电流临界连续状态，这时在开关管关断期结束时，电感电流刚好降为零。图 5-2（e）、（f）分别给出了电感电流连续和断续两种工作情况时的电压、电流波形图。本节分析电感电流连续时 Buck 变换器的工作特性。

1）两种开关状态

图 5-2（a）中在一个开关周期 T_s 的 t_{on} 期间，开关管 V 处于导通、二极管 VD 处于关断状态，定义为开关状态 1；在 t_{off} 期间，V 关断、VD 导通定义为开关状态 2。

（1）在开关状态 1[t_{on} 期间]，其等效电路图为 5-2（b）。

令 $t = 0$ 时，开关管 V 导通，电源 E 通过 V 加到二极管 VD 和输出滤波电感 L、输出滤波电容 C 上，故 VD 截止。由于输出滤波电容电压保持不变，因此加在 L 上的电压为 $E - U_o$，这个电压差使输出滤波电感电流 i_L 线性增加。

$$L \cdot \frac{di_L}{dt} = E - U_o \qquad (5-3)$$

当 $t = DT_s = t_{on}$ 时，i_L 达到最大值 I_{Lmax}。

在 V 导通期间，i_L 的增量 Δi_{L+} 为

$$\Delta i_{L+} = \frac{E - U_o}{L} \cdot t_{on} = \frac{E - U_o}{L} \cdot D \cdot T_s \qquad (5-4)$$

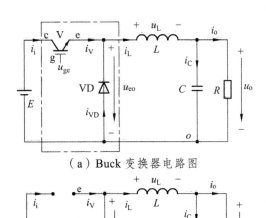

（a）Buck 变换器电路图

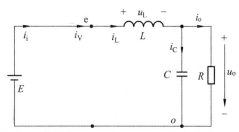

（b）开关状态 1：V 导通，VD 关断等效电路

（c）开关状态 2：V 关断，VD 导通等效电路

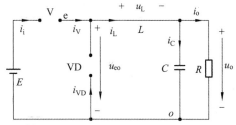

（d）开关状态 3：V 关断，VD 关断等效电路

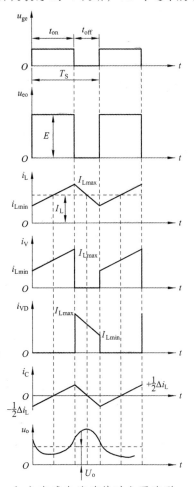

（e）电感电流连续时主要波形

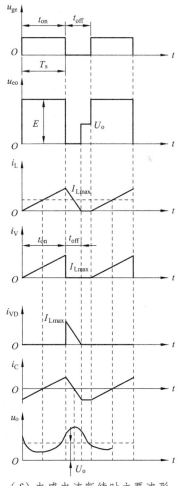

（f）电感电流断续时主要波形

图 5-2　Buck 变换器电路图及波形

（2）在开关状态 2[t_{off} 期间]，其等效电路图为 5-2（c）。

在 $t > t_{on}$ 时，V 关断，i_L 通过二极管 VD 继续流通。此时加在 L 上的电压为 $-U_o$，电感电流 i_L 线性减小。

$$L \cdot \frac{di_L}{dt} = -U_o \tag{5-5}$$

当 $t = T_s$ 时，i_L 减小到最小值 I_{Lmin}。

在 V 截止期间，i_L 的减小量 Δi_{L-} 为

$$\Delta i_{L-} = \frac{U_o}{L} \cdot (T_s - t_{on}) = \frac{U_o}{L} \cdot (1-D) \cdot T_s \tag{5-6}$$

在 $t \geqslant T_s$ 时，开关管 V 又导通，开始下一个开关周期。

在开关管 V 导通期间 VD 截止，流过开关管 V 的电流是电源输入的电流，也就是电感电流 i_L；在 V 截止期间，二极管 VD 导通时，流过二极管 VD 的电流是 i_L，这时开关管 V 的电流和电源的输入电流为 0。为了减小电源输入电流的脉动，可在 Buck 变换器的输入侧加接输入 LC 滤波电路。稳态工作时流入电容 C 充电量等于放电量，通过电容的平均电流应为零，因此电感电流的平均值 I_L 就是负载电流平均值 I_o。

2）电压、电流基本关系

Buck 电路处于稳定工作时在开关管 V 导通的 t_{on} 期间，电感电流 i_L 从 I_{Lmin} 线性上升至 I_{Lmax}，在随后 V 关断、VD 导通的 t_{off} 期间，i_L 又从 I_{Lmax} 线性下降到 I_{Lmin}，参见图 5-2（e）。V 导通期间 i_L 的增量 Δi_{L+} 等于它在 V 关断期间的减小量 Δi_{L-}。

由式（5-4）式（5-6）可以得到

$$\Delta i_L = \Delta i_{L+} = \Delta i_{L-} = I_{Lmax} - I_{Lmin} = \frac{E-U_o}{L} \cdot D \cdot T_s = \frac{U_o}{L} \cdot (1-D) \cdot T_s \tag{5-7}$$

定义变压比为 $M = U_o / E$，由式（5-7）可得 $M = U_o / E = D$

因此理想的 Buck 变换器在电感电流连续的情况下变压比 M 只与占空比 D 有关，与负载电流的大小无关。

稳态时，一个开关周期内滤波电容 C 的平均充电与放电电流相等，故变换器输出的负载电流 I_o 就是 i_L 的平均值 I_L，即

$$I_L = I_o = \frac{I_{Lmax} + I_{Lmin}}{2} \tag{5-8}$$

由前述假定，变换器的损耗为零，输出功率 $P_o = U_o I_o$ 等于输入功率 $P_i = EI_i$，I_o 和 I_i 分别为变换器的输出平均电流和输入平均电流。因此变压比 M 有可表示为

$$M = U_o / E = I_i / I_o = D \tag{5-9}$$

由式（5-7）、（5-8）可得，电感电流的最大值 I_{Lmax} 和最小值 I_{Lmin} 分别为

$$I_{Lmax} = I_o + \frac{1}{2} \Delta i_L = \frac{U_o}{R} \left[1 + \frac{R}{2L}(1-D)T_s \right] \tag{5-10}$$

$$I_{\text{Lmin}} = I_{\text{o}} - \frac{1}{2}\Delta i_{\text{L}} = \frac{U_{\text{o}}}{R}\left[1 - \frac{R}{2L}(1-D)T_{\text{s}}\right] \quad\quad （5\text{-}11）$$

式中，$I_{\text{o}} = U_{\text{o}}/R$，$R$ 为变换器负载电阻。

开关管 V 和二极管 VD 截止时所承受的电压都是输入电压 E。

从图 5-2（a）可知，$i_{\text{C}} = i_{\text{L}} - i_{\text{o}}$，当 $i_{\text{L}} > i_{\text{o}}$ 时，i_{C} 为正值，电容 C 充电，输出电压 U_{o} 升高；当 $i_{\text{L}} < i_{\text{o}}$ 时，i_{C} 为负值，电容 C 放电，输出电压 U_{o} 下降，因此电容 C 一直处于周期性充放电状态。若滤波电容 C 足够大时，则 u_{o} 为平滑的直流电压。当 C 不够大时，则 u_{o} 有一定的脉动。

电容 C 在一个开关周期内的充电电荷 ΔQ 为

$$\Delta Q = \frac{1}{2} \cdot \frac{\Delta i_{\text{L}}}{2} \cdot \frac{T_{\text{s}}}{2} = \frac{\Delta i_{\text{L}}}{8f_{\text{s}}}$$

上式中的 Δi_{L} 由式（5-7）确定，因此输出电压的脉动量 ΔU_{o} 为

$$\Delta U_{\text{o}} = U_{\text{omax}} - U_{\text{omin}} = \frac{\Delta Q}{C} = \frac{(1-D)U_{\text{o}}}{8LCf_{\text{s}}^2} \quad\quad （5\text{-}12）$$

由此可见，增加开关频率 f_{s}、加大 L 和 C 都可以减小输出电压脉动。

2. Buck 变换器电感电流断续时工作特性

1）三种开关状态和变压比 M

图 5-2（f）给出了电感电流断续时工作电压、电流波形，此时开关管 V 和二极管 VD 有三种工作状态：

（1）[开关状态 1]：V 导通，VD 截止 t_{on} 期间，电路结构如图 5-2（b）所示。在 $t_{\text{on}} = DT_{\text{s}}$ 期间，电感电流 i_{L} 从零开始线性增加到 I_{Lmax}，其增量 $\Delta i_{\text{L+}}$ 为

$$\Delta i_{\text{L+}} = I_{\text{Lmax}} = \frac{E - U_{\text{o}}}{L} \cdot DT_{\text{s}} \quad\quad （5\text{-}13）$$

V 导通，VD 截止的 $t_{\text{on}} = DT_{\text{s}}$ 期间变换器输出电压 $u_{\text{eo}} = E$。

（2）[开关状态 2]：V 截止，VD 导通 t_{off} 期间，电路结构如图 5-2（c）所示。令 $D_1 = t'_{\text{off}}/T_{\text{s}}$，在 $t'_{\text{off}} = D_1 T_{\text{s}}$ 期间，电感电流 i_{L} 从 I_{Lmax} 线性下降到零，其下降量 $\Delta i_{\text{L-}}$ 为

$$\Delta i_{\text{L-}} = \frac{U_{\text{o}}}{L} \cdot t'_{\text{off}} = \frac{U_{\text{o}}}{L}D_1 \cdot T_{\text{s}} = I_{\text{Lmax}} \quad\quad （5\text{-}14）$$

t'_{off} 为续流二极管 VD 导通时间，电感电流在 t'_{off} 期间下降到零，$t'_{\text{off}} < (T_{\text{s}} - t_{\text{on}})$。

V 截止，VD 导通的 $t'_{\text{off}} = D_1 T_{\text{s}}$ 期间变换器输出电压 $u_{\text{eo}} = 0$。

（3）[开关状态 3]：V 和 VD 都截止，电路结构如图 5-2（d）所示。在一个周期 T_{s} 的剩余时间 $(T_{\text{s}} - t_{\text{on}} - t'_{\text{off}}) = T_{\text{s}}(1 - D - D_1)$ 期间，V、VD 都截止，在此期间，电感电流 i_{L} 保持为零，图 5-2（a）中变换器输出电压 $u_{\text{eo}} = U_{\text{o}}$，负载由滤波电容供电。

由式（5-13）、（5-14）可得

$$\frac{E - U_{\text{o}}}{L} \cdot DT_{\text{s}} = \frac{U_{\text{o}}}{L}D_1 \cdot T_{\text{s}}$$

由此得到电流断续时的变压比

$$M = \frac{U_o}{E} = \frac{D}{D + D_1} \qquad (5\text{-}15)$$

由于 $D + D_1 = \frac{t_{on} + t'_{off}}{T_s} < 1$，故 $M > D$，即电流断续时的变压比 M 大于导通占空比 D。物理上这是由于在电感断流后，续流二极管 VD 又不导通，使 u_{eo} 不再等于零而变为 U_o，因而提高了输出直流电压平均值 U_o。

又因为 $U_o I_o = E I_i$，故有

$$M = \frac{U_o}{E} = \frac{D}{D + D_1} = \frac{I_i}{I_o} \qquad (5\text{-}16)$$

电感电流平均值 I_L 就是负载电流的平均值 I_o，$I_L = I_o$。

2）临界负载电流

从图 5-2（e）中的电感电流波形可以看出，当负载电流 I_o 减小时，I_{Lmax} 和 I_{Lmin} 都减小，当负载电流 I_o 减小到使 I_{Lmin} 达到零时，电感电流将在一个周期 T_s 中 V 导通的 t_{on} 期间从 0 升至 I_{Lmax}，然后在 V 关断的 t_{off} 期间从 I_{Lmax} 下降到零。这时的负载电流称为临界负载电流 I_{ob}（Boundary Value）。图 5-3 给出了电感电流临界连续工作情况的波形。

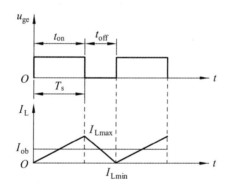

图 5-3 电感电流临界连续波形

由图 5-3 可知，I_{Lmax} 就是导通期间电感电流的增量 ΔI_{L+}，即 $I_{Lmax} = \Delta I_{L+}$。因此临界负载电流 $I_{ob} = \Delta I_{L+}/2$，即

$$I_{ob} = \Delta I_{L+}/2 = \frac{1}{2} \frac{E - U_o}{L} \cdot t_{on} = \frac{1}{2} \frac{E - U_o}{L} \cdot D T_s = \frac{E - U_o}{2L f_s} \cdot D \qquad (5\text{-}17)$$

电感电流临界连续工作时，$U_o = D \cdot E$，$M = D$ 的关系仍然成立，式（5-17）的临界负载电流可表达为

$$I_{ob} = = \frac{E}{2L f_s} \cdot D(1 - D) \qquad (5\text{-}18)$$

由此可得到 E 不变时，当 D=0.5 时，I_{ob} 有最大值

$$I_{\text{obmaxi}} = E/(8Lf_s) \tag{5-19}$$

式（5-18）又可表示为

$$I_{\text{ob}} = \frac{U_o}{2Lf_s} \cdot (1-D) \tag{5-20}$$

由此可得到 U_o 不变时，当 $D=0$ 时，I_{ob} 有最大值

$$I_{\text{obmaxo}} = U_o/(2Lf_s) \tag{5-21}$$

5.1.2 升压（Boost）斩波电路

像图 5-1（a）那样在电源 E 与负载之间串接一个通-断控制的开关器件绝不可能使负载获得高于电源电压 E 的直流电压。为了获得高于电源电压 E 的直流输出电压，一个简单而有效的办法是在变换器开关管前端插入一个电感 L，如图 5-4（a）所示，在开关管 V 关断时，利用图 5-4（c）中电感线圈 L 在其电流减小时所产生的反电动势 e_L（在电感电流减小时，$e_L = -L\,di_L/dt$ 为正值）与电源电压 E 串联相加送至负载，则负载就可获得高于电源电压 E 的直流电压 U_o。

图 5-4（a）中 Boost 变换器中电感 L 在输入侧，称之为升压电感。开关管 V 仍采用 PWM 控制方式，和 Buck 变换器一样，Boost 变换器也有电感电流连续和断续两种工作方式，图 5-4（e）和（f）给出了这两种工作方式下的波形图。图 5-4（b）、（c）、（d）为 Boost 变换器在不同开关状态时的等效电路。当电感电流连续时，Boost 变换器存在两种开关状态，如图 5-4（b）和（c）所示；而当电感电流断续时，Boost 变换器还有第三种开关状态，如图 5-4（d）所示。

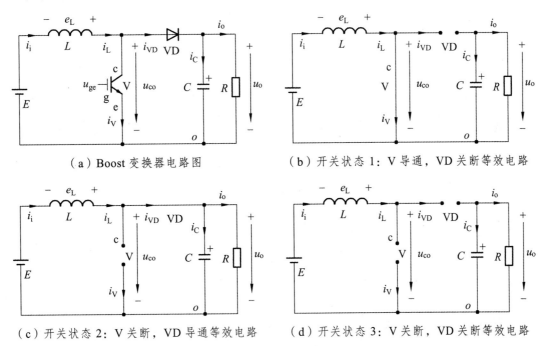

（a）Boost 变换器电路图　　　　　　　（b）开关状态 1：V 导通，VD 关断等效电路

（c）开关状态 2：V 关断，VD 导通等效电路　　　（d）开关状态 3：V 关断，VD 关断等效电路

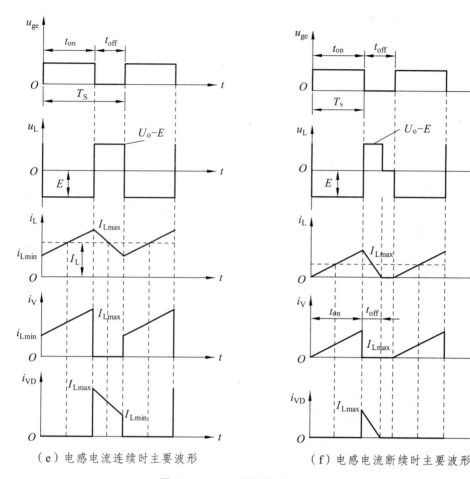

（e）电感电流连续时主要波形　　　　　（f）电感电流断续时主要波形

图 5-4　Boost 变换器电路图及波形

1. Boost 变换器电感电流连续时工作特性

1）两种开关状态

图 5-4（a）中在一个开关周期 T_s 的 t_{on} 期间，开关管 V 处于导通、二极管 VD 处于关断状态，定义为开关状态 1；在 t_{off} 期间，V 关断、VD 导通定义为开关状态 2。

（1）在开关状态 1[t_{on} 期间]，其等效电路图为 5-4（b）。

令 $t=0$ 时，开关管 V 导通，电源 E 加到升压电感 L 上，电感电流 i_L 线性增加。

$$L \cdot \frac{di_L}{dt} = E \qquad\qquad (5-22)$$

当 $t = DT_s = t_{on}$ 时，i_L 达到最大值 I_{Lmax}。

在 V 导通期间，i_L 的增量 Δi_{L+} 为

$$\Delta i_{L+} = \frac{E}{L} \cdot t_{on} = \frac{E}{L} \cdot D \cdot T_s \qquad\qquad (5-23)$$

在开关状态 1，由于二极管 VD 关断，负载由电容 C 供电，选用足够大的 C 值可使 u_o 变

化很小，近似分析中可认为在一个开关周期 T_s 中 u_o 恒定不变，等于其平均值 U_o。

（2）在开关状态 2[t_{off} 期间]，其等效电路图为 5-4（c）。

在 $t > t_{on}$ 时，V 关断，这时电源电压 E 和电感电流 i_L 通过二极管 VD 向负载和电容供电，i_L 减小，此时加在 L 上的电压为 $E - U_o$，由于 $U_o > E$，故电感电流 i_L 线性减小。

$$L \cdot \frac{di_L}{dt} = E - U_o \tag{5-24}$$

当 $t = T_s$ 时，i_L 减小到最小值 I_{Lmin}。

在 V 截止期间，i_L 的减小量 Δi_{L-} 为

$$\Delta i_{L-} = \frac{E - U_o}{L} \cdot (T_s - T_{on}) = \frac{E - U_o}{L} \cdot (1 - D) \cdot T_s \tag{5-25}$$

在 $t \geqslant T_s$ 时，开关管 V 又导通，开始下一个开关周期。

在开关管 V 导通期间 VD 截止，流过开关管 V 的电流是电源输入的电流，也就是电感电流 i_L；在 V 截止期间，二极管 VD 导通时，流过二极管 VD 的电流是 i_L。稳态工作时流入电容 C 充电量等于放电量，通过电容的平均电流应为零，因此二极管电流的平均值 I_{VD} 就是负载电流平均值 I_o。

2）电压、电流基本关系

稳态工作时，V 导通期间，电感电流 i_L 的增量 Δi_{L+} 等于它在 V 关断期间的减小量 Δi_{L-}。

从式（5-23）和式（5-25）可以得到

$$\Delta i_L = \Delta i_{L+} = \Delta i_{L-} = I_{Lmax} - I_{Lmin} = \frac{E}{L} \cdot D \cdot T_s = \frac{U_o - E}{L} \cdot (1 - D) \cdot T_s \tag{5-26}$$

定义变压比为 $M = U_o / E$，式（5-26）可得 $M = U_o / E = 1/(1 - D)$。

在每一个开关周期中，电感 L 都有一个储能和能量通过二极管 VD 释放过程，也就是说必须有能量送到负载端。因此，如果该变换器没有接负载，则不断增加的电感储能不能释放，必然会使 U_o 不断升高，最后使变换器损坏。实际工作中 D 越接近 1，输出电压越高，为防止输出电压过高，Boost 变换器不宜在占空比 D 接近于 1 的情况下工作。

Boost 变换器在电感电流连续的情况下变压比 M 只与占空比 D 有关，与负载电流的大小无关。

通过二极管电流的平均值 I_{VD} 就是负载电流平均值 I_o，即 $I_{VD} = I_o$。电感电流的脉动量

$$\Delta i_L = \Delta i_{L+} = \Delta i_{L-} = I_{Lmax} - I_{Lmin} = \frac{E}{Lf_s} \cdot D = \frac{U_o}{Lf_s} D(1 - D) \tag{5-27}$$

由前述假定，变换器的损耗为零，输出功率 $P_o = U_o I_o$ 等于输入功率 $P_i = E I_i$，I_o 和 I_i 分别为变换器的输出平均电流和输入平均电流。因此变压比 M 有可表示为

$$M = U_o / E = I_i / I_o = 1/(1 - D) \tag{5-28}$$

由图 5-4（e）可知，通过 V 和 VD 的电流最大值 I_{Vmax} 和 I_{VDmax} 与电感电流最大值 I_{Lmax} 相等，即

$$I_{V\max} = I_{VD\max} = I_{L\max} = I_i + \frac{1}{2}\Delta i_L = \frac{I_o}{1-D} + \frac{U_o D(1-D)}{2Lf_s} \qquad （5\text{-}29）$$

V 和 VD 关断时所承受点电压均为输出电压 U_o。

输入电流 i_i 的脉动量 Δi_i 等于电感电流 i_L 的脉动量 Δi_L。

输出电压脉动量 Δu_o 等于开关管 V 导通期间电容 C 向负载放电引起的电压变化量。Δu_o 可近似地由下式确定：

$$\Delta u_o = u_{o\max} - u_{o\min} = \frac{\Delta Q}{C} = \frac{1}{C} \cdot I_o \cdot t_{on} = \frac{1}{C} \cdot I_o \cdot DT_s = \frac{D}{Cf_s} I_o \qquad （5\text{-}30）$$

因此
$$\frac{\Delta u_o}{U_o} = \frac{D}{Cf_s} \cdot \frac{I_o}{U_o} = D \cdot \frac{1}{f_s} \cdot \frac{1}{RC} = D\frac{f_C}{f_s}$$

其中
$$f_C = \frac{1}{RC}$$

由此可见，增加开关频率 f_s、加大 R 和 C 都可以减小输出电压脉动。

2. Boost 变换器电感电流断续时工作特性

1）三种开关状态和变压比 M

图 5-4（f）给出了电感电流断续时工作电压、电流波形，此时开关管 V 和二极管 VD 有三种工作状态：

（1）[开关状态 1]：V 导通，VD 截止 t_{on} 期间，电路结构如图 5-4（b）所示。在 $t_{on} = DT_s$ 期间，电感电流 i_L 从零开始线性增加到 $I_{L\max}$，其增量 Δi_{L+} 为

$$\Delta i_{L+} = I_{L\max} = \frac{E}{L} \cdot DT_s = \frac{E}{L} D \cdot \frac{1}{f_s} \qquad （5\text{-}31）$$

上式中 $f_s = 1/T_s$ 为开关频率。

（2）[开关状态 2]：V 截止，VD 导通 t_{off} 期间，电路结构如图 5-4（c）所示。令 $D_1 = t'_{off}/T_s$，在 $t'_{off} = D_1 T_s$ 期间，电感电流 i_L 从 $I_{L\max}$ 线性下降到零，其下降量 Δi_{L-} 为

$$\Delta i_{L-} = \frac{U_o - E}{L} \cdot t'_{off} = \frac{U_o - E}{L} D_1 \cdot T_s = I_{L\max} \qquad （5\text{-}32）$$

t'_{off} 为二极管 VD 导通时间，电感电流在 t'_{off} 期间下降到零，$t'_{off} < (T_s - t_{on})$。

（3）[开关状态 3]：V 和 VD 都截止，电路结构如图 5-4（d）所示。在一个周期 T_s 的剩余时间 $(T_s - t_{on} - t'_{off}) = T_s(1 - D - D_1)$ 期间，V、VD 都截止，在此期间，电感电流 i_L 保持为零，负载由电容供电。

由式（5-31）、（5-32）可得

$$\frac{E}{L} \cdot DT_s = \frac{U_o - E}{L} D_1 \cdot T_s$$

由此得到电流断续是的变压比

$$M = \frac{U_o}{E} = \frac{D+D_1}{D_1} = 1 + \frac{D}{D_1} = \frac{1}{1-D}\left[1 + \frac{D}{D_1}(1-D-D_1)\right] \qquad (5\text{-}33)$$

由上式可知，$M > \dfrac{1}{1-D}$，即电流断续时的变压比大于电流连续时的变压比。

又因为 $U_o I_o = E I_i$，故有

$$M = \frac{U_o}{E} = \frac{D+D_1}{D_1} = \frac{I_i}{I_o} \qquad (5\text{-}34)$$

由图 5-4（a）可知，电感电流平均值 I_L 就是电源电流的平均值 I_i，$I_L = I_i$。

2）临界负载电流

从图 5-4（e）中的电感电流波形可以看出，当负载电流 I_o 减小时，$I_{L\max}$ 和 $I_{L\min}$ 都减小，当负载电流 I_o 减小到使 $I_{L\min}$ 达到零时，电感电流将在一个周期 T_s 中 V 导通的 t_{on} 期间从 0 升至 $I_{L\max}$，然后在 V 关断的 t_{off} 期间从 $I_{L\max}$ 下降到零。这时的负载电流称为临界负载电流 I_{ob}（Boundary Value）。图 5-5 给出了电感电流临界连续工作情况的波形。

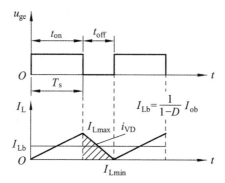

图 5-5　电感电流临界连续波形

由图 5-5 可知，在 t_{off} 期间，V 关断，VD 导通，电感电流 i_L 下降，这时 $i_L = i_{VD}$，当电路处于稳态时，在一个周期 T_s 中，电容电流的平均值为零，由图 5-4（a）可以得到，二极管电流平均值 I_{VD} 就等于负载电流平均值 I_o，因此可以得到临界负载电流 I_{ob} 为

$$I_{ob} = \frac{I_{L\max}}{2} \cdot \frac{t_{off}}{T_s} = \frac{1}{2}\frac{E}{L} \cdot t_{on} \frac{(1-D)T_s}{T_s} = \frac{1}{2}\frac{E}{Lf_s}D(1-D)$$

$$= \frac{U_o}{2Lf_s}\frac{E}{U_o}D(1-D) = \frac{U_o}{2Lf_s}D(1-D)^2 \qquad (5\text{-}35)$$

由此可得到 E 不变时，当 $D=0.5$ 时，I_{ob} 有最大值

$$I_{obmaxi} = E/(8Lf_s) \qquad (5\text{-}36)$$

U_o 不变时，当 $D=1/3$ 时，I_{ob} 有最大值

$$I_{obmaxo} = 2U_o/(27Lf_s) \qquad (5\text{-}37)$$

当负载电流 $I_o > I_{ob}$ 时，电感电流连续，变压比 $M = 1/(1-D)$，$U_o = E/(1-D)$；

当负载电流 $I_o = I_{ob}$ 时，电感电流临界连续，变压比仍然 $M = 1/(1-D)$ ，$U_o = E/(1-D)$ ；当负载电流 $I_o < I_{ob}$ 时，电感电流断续续，变压比 $M > 1/(1-D)$ 。

5.1.3 降升压（Buck–Boost）斩波电路

前述 Buck 电路只能降压，Boost 电路只能升压。有没有一种电路既可以实现降压变换又可实现升压变换？即输出电压直流平均值即可以 $U_o \geqslant E$ ，也可以 $U_o \leqslant E$ 。图 5-6 给出了 Buck-Boost 变换器电路，为了分析方便起见，假设电路中的电感 L 和电容 C 都很大，因此电感电流 i_L 和负载电压 u_o 视为恒定不变。

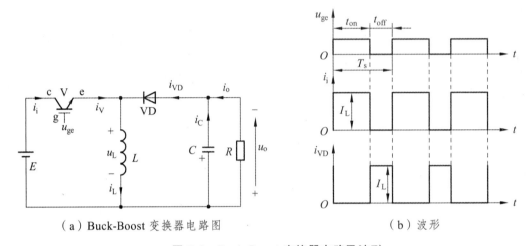

（a）Buck-Boost 变换器电路图   （b）波形

图 5-6　Buck-Boost 变换器电路及波形

V 导通时，电源 E 经 V 向 L 供电使其贮能，此时电流为 i_i ，同时 C 维持输出电压恒定并向负载 R 供电。工作电路存在电流回路 $E \rightarrow V \rightarrow L \rightarrow E$ 和 $C \rightarrow R \rightarrow C$ 。

V 关断时，L 释放电能，电流为 i_{VD} ；C 处于充电状态；负载电压极性为上负下正，与电源电压极性相反，该电路也称作反极性斩波电路。此阶段，电路中的电流回路为 $L \rightarrow C//R \rightarrow VD \rightarrow L$ 。

稳态时，一个周期 T 内电感 L 能量平衡，即储能量等于放电量。且大电感电流恒定，所以电感两端电压 u_L 对时间的积分为零，即

$$\int_0^T u_L \, \mathrm{d}t = 0 \tag{5-38}$$

V 导通时，$u_L = E$ ；而当 V 处于断态期间，$u_L = -u_0$ ，则

$$E \cdot t_{on} = U_o \cdot t_{off} \tag{5-39}$$

所以输出电压为

$$U_o = \frac{t_{on}}{t_{off}} E = \frac{t_{on}}{T - t_{on}} E = \frac{D}{1-D} E \tag{5-40}$$

改变导通比 D ，输出电压既可以比电源电压高，也可以比电源电压低。当 $0<D<1/2$ 时为

降压，当 $1/2 < D < 1$ 时为升压，因此将该电路称作升降压斩波电路。设电源电流 i_i 和负载电流 i_o 的平均值分别为 I_i 和 I_o，当电流脉动足够小时，有

$$\frac{I_i}{I_o} = \frac{t_{on}}{t_{off}} \tag{5-41}$$

进一步，

$$I_o = \frac{t_{off}}{t_{on}} I_i = \frac{1-D}{D} I_i \tag{5-42}$$

如果 V、VD 为没有损耗的理想开关时，则输出功率和输入功率相等，即

$$EI_i = U_o I_o \tag{5-43}$$

5.1.4 升降压（Boost–Buck）斩波电路或 Cúk（丘克）电路

Cúk 变换器是把 Boost 与 Buck 变换器先后串联起来，进行如下的演变，从而得出很有特色的一个直流-直流变换电路。

在升压变换器后串一个降压变换器的电路，如图 5-7（a）所示。假定在图 5-7（a）中，开关 V_1 和 V_2 是同步的，并有相同的占空比 D，则 S_1、VD_1、S_2、VD_2 的功能可以用等效的双刀双掷开关 S 来代替，得到图 5-7（b）所示电路。如果允许输出电压是反极性时，则双刀双掷开关及并联电容器 C_1 可以用一个单刀双掷的开关 S 及一个串联电容器 C_1 代替，这时图 5-7（b）就可以简化为图 5-7（c）。再进一步用一个开关管 V 和一个二极管 VD 代替图 5-7（c）中的单刀双掷开关 S，则得到一个直流-直流升/降压变换电路，如图 5-7（d）所示，这就是 Cúk 变换器。

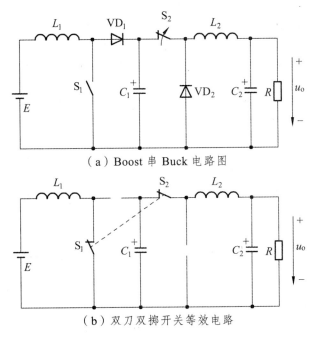

（a）Boost 串 Buck 电路图

（b）双刀双掷开关等效电路

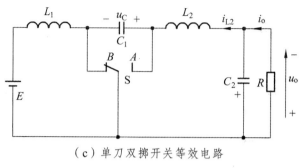

（c）单刀双掷开关等效电路

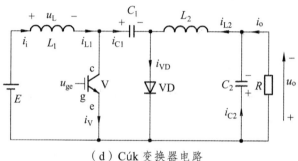

（d）Cúk变换器电路

图 5-7 Cúk 斩波电路及其等效电路

下面对其工作原理进行分析。电路稳定工作后，当 V 导通时，电路中存在电流回路 $E \to L_1 \to V \to E$、$C_1 \to V \to R//C_2 \to L_2$。在此阶段，电感 L_1 储能，电容 C_1 释放电能，电感 L_2 储能。当 V 关断后，电路中存在电流回路 $E \to L_1 \to C_1 \to VD \to E$ 和 $L_2 \to VD \to R//C_2 \to L_2$。在此阶段，电感 L_1 和电源 E 共同为电容 C_1 充电，电感 L_2 为负载 R 供电。经上述分析，实际电路可简化为图 5-7（c）所示的等效电路，工作过程相当于单刀双掷开关 S 在 A、B 两点间反复切换。

C_1 的电流在一周期内的积分应为零，即

$$\int_0^T i_{C_1} \, \mathrm{d}t = 0 \tag{5-44}$$

在 V 导通期间 t_on 和关断期间 t_off，流经电容 C_1 的电流分别为 $-i_{L2}$ 和 i_{L1}。假定电感 L_1 和 L_2 足够大，那么 i_{L1} 和 i_{L2} 分别等于其平均值 I_{L1} 和 I_{L2}，因为 $I_{L1} = I_\mathrm{i}$ 和 $I_{L2} = I_\mathrm{o}$，则有

$$I_\mathrm{o} t_\mathrm{on} = I_\mathrm{i} t_\mathrm{off} \tag{5-45}$$

可求出

$$\frac{I_\mathrm{o}}{I_\mathrm{i}} = \frac{t_\mathrm{off}}{t_\mathrm{on}} = \frac{T - t_\mathrm{on}}{t_\mathrm{on}} = \frac{1 - D}{D} \tag{5-46}$$

接下来分析稳态时输出电压 U_o 与输入电压 E 之间关系。设电容 C_1 很大，电容电压恒定为 U_{C1}，当开关 S 打向 B 点时，$u_B = 0$，$u_A = -U_{C1}$；当开关 S 打向 A 点时，$u_B = U_{C1}$，$u_A = 0$。因此，B 点平均电压为 $U_B = \frac{t_\mathrm{off}}{T} U_{C1}$，由于电感 L_1 的平均电压为零，则有 $E = U_B = \frac{t_\mathrm{off}}{T} U_{C1}$。同

理，A 点平均电压为 $U_A = -\dfrac{t_{on}}{T}U_{C1}$，电感 L_2 的平均电压也为零，可求出 $U_o = \dfrac{t_{on}}{T}U_{C1}$。最后可得

$$U_o = \frac{t_{on}}{t_{off}}E = \frac{t_{on}}{T-t_{on}}E = \frac{D}{1-D}E \tag{5-47}$$

由于电感 L_1 和 L_2 分别对电流 i_i 和 i_o 起到了平波作用，因此与升降压斩波电路相比，Cúk 斩波电路具有输入与输出电流都为连续、脉动小的突出优点。

5.1.5　Sepic 斩波电路和 Zeta 斩波电路

图 5-8 中的（a）、（b）两图分别是 Sepic 斩波电路、Zeta 斩波电路的原理图。

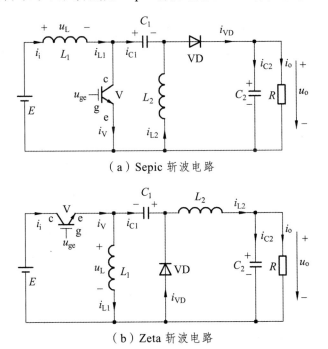

（a）Sepic 斩波电路

（b）Zeta 斩波电路

图 5-8　Sepic 斩波电路和 Zeta 斩波电路

Sepic 斩波电路原理：

工作原理为：V 导通时，$E \rightarrow L_1 \rightarrow V \rightarrow E$ 回路和 $C_1 \rightarrow V \rightarrow L_2 \rightarrow C_1$ 回路同时导电，L_1 和 L_2 贮能。V 关断时，$E \rightarrow L_1 \rightarrow C_1 \rightarrow VD \rightarrow$ 负载 $\rightarrow E$ 及 $L_2 \rightarrow VD \rightarrow$ 负载 $\rightarrow L_2$ 同时导电，此阶段 E 和 L_1 既向负载供电，同时也向 C_1 充电（C_1 贮存的能量在 V 处于通态时向 L_2 转移）。

输入输出电压关系为

$$U_o = \frac{t_{on}}{t_{off}}E = \frac{t_{on}}{T-t_{on}}E = \frac{D}{1-D}E \tag{5-48}$$

Zeta 斩波电路原理：

工作原理为：V 导通时，电源 E 经开关 V 向电感 L_1 贮能。V 关断时，$L_1 \rightarrow VD \rightarrow C_1 \rightarrow L_1$

构成振荡回路，L_1 的能量转移至 C_1，能量全部转移至 C_1 上之后，VD 关断，C_1 经 L_2 向负载供电。

输入输出关系为

$$U_o = \frac{D}{1-D}E \qquad\qquad (5\text{-}49)$$

两种电路具有相同的输入输出关系，Sepic 电路中，电源电流连续但负载电流断续，有利于输入滤波，反之，Zeta 电路的电源电流断续而负载电流连续；两种电路输出电压为正极性的。

5.2　复合斩波电路和多相多重斩波电路

基本斩波电路结构简单，但总体性能不高。为此，本节介绍性能较高的复合斩波电路和多相多重斩波电路。复合斩波电路是由降压斩波电路和升压斩波电路组合构成的。而多相多重斩波电路则是由若干个相同结构的基本斩波电路组合构成。

5.2.1　电流可逆斩波电路

斩波电路用于拖动直流电动机时，应能满足电动机的电动运行和再生制动两种状态的要求。降压斩波电路仅能使电动机工作于第 1 象限，升压斩波电路仅能使电动机工作于第 2 象限，因此这两种电路都不能单独完全满足电动机的运行要求。而本节所介绍的电流可逆斩波电路是由降压斩波电路与升压斩波电路组合而成，能确保电动机的电枢电流正负变换，同时电压始终同一种极性。简言之，电流可逆斩波电路可使电动机工作于第 1 象限和第 2 象限。

电流可逆斩波电路的结构如图 5-9（a）所示，V_1 和 VD_1 构成降压斩波电路，为电动机供电，驱动其电动运行，工作于第 1 象限。V_2 和 VD_2 构成升压斩波电路，回收电动机再生制动运行时反馈的电能，工作于第 2 象限。特别强调，V_1 和 V_2 不能同时导通以防电源短路。

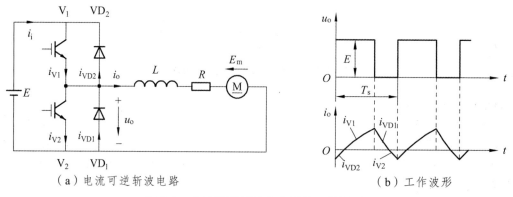

（a）电流可逆斩波电路　　　　　　　　　　（b）工作波形

图 5-9　电流可逆斩波电路及其工作波形

电流可逆斩波电路可有 3 种工作模式，即只做降压斩波器运行、只做升压斩波器运行，以及作为降压斩波器和升压斩波器交替工作。前 2 种工作模式在本章第一节已经详细讨论，在此不再讨论。第 3 种工作模式下，当一种斩波电路电流断续为零时，使另一个斩波电路工作，让电流反方向流过，从而确保电动机电枢回路始终有电流流过。例如：当 V_1 关断，降压斩波器停止工作，电感 L 积蓄的电能经一段时间之后释放殆尽。当正向电枢电流衰减为零时，令 V_2 导通，在电机反电动势 E_m 作用下，电枢将出现反向电流，同时电感反向积蓄电能。待关断 V_2 后，L 积蓄的反向电能和电机制动产生的电能将通过 VD_2 回馈至直流电源 E。当此反向电流恰衰减为零时，重新开通 V_1，使得电枢重新出现正向电流，如此循环，两个斩波器交替工作。

5.2.2　桥式可逆斩波电路

电流可逆斩波电路可为电机电枢提供双向电流，实现电机在 1、2 象限的运行。但只能为电机提供单极性电压，因此无法满足一些场合的需求，如当要求电机能正、反转，且正、反转情况下既可电动又可制动运行时。不过，如果将两个电流可逆斩波电路组合使用，一个电路为电机提供正电压，另一个电路提供反电压，构成一个桥式可逆斩波电路就可解决此问题。

桥式可逆斩波电路如图 5-10 所示。

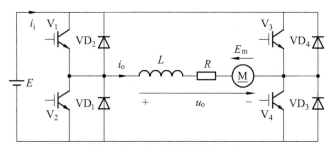

图 5-10　桥式可逆斩波电路

若保持 V_3 关断、V_4 导通，该电路完全等效于图 5-6（a）所示的电流可逆斩波电路，为电机提供正向电压，能使电机运行于 1、2 象限，可实现电机的正转及正转再生制动。若保持 V_1 关断、V_2 导通，则右边开关器件 V_3、V_4 和两个二极管一起共同构成另一电流可逆斩波器，为电机提供负电压，电机可工作于 3、4 象限，可实现电机的反转及反转再生制动。

5.2.3　多相多重斩波电路

前述两种复合斩波电路利用两种不同的基本斩波电路（升、降压斩波电路）组合而成，多相多重斩波电路是由若干结构完全相同的基本斩波电路所构成。一个控制周期内，电源电流的脉波数称为斩波电路的相数；负载电流的脉波数则为斩波电路的重数，其电路框图如图 5-11 所示。

（a）三相三重电路　　　　　　　　　　　（b）三相单重电路

图 5-11　多相多重电路框图（1：基本变换电路，2：负载）

图 5-12 为一个具体的三相三重 Buck 斩波电路及其工作波形。此电路由 3 个降压斩波器

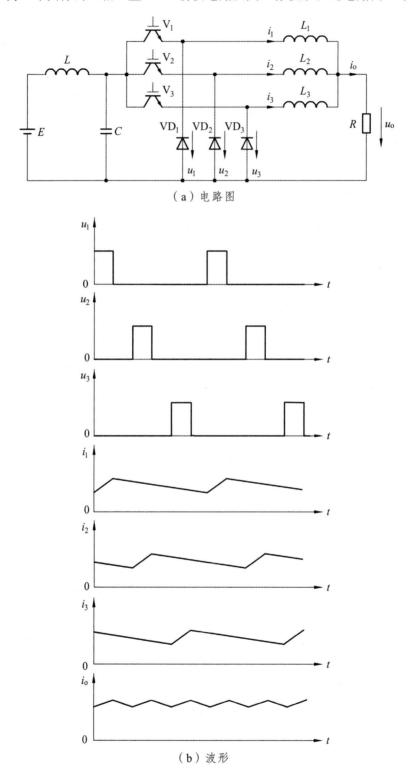

（a）电路图

（b）波形

图 5-12　三相三重斩波电路及其工作波形图

并联而成，3 个降压斩波器依次各工作 1/3 个周期，总输出电流为 3 个斩波器的输出电流之和，平均值为单个斩波器输出电流的 3 倍，脉动频率是单元斩波器电流脉动频率的 3 倍。3 个单元斩波器电流叠加之后，使得总输出电流的脉动幅值大为减小。实际上，多相多重斩波电路的总输出电路的最大脉动率（脉动幅值与平均值之比）与相数的平方成反比，因此多相多重斩波电路的输出电流的质量较高，方便滤波，由其引起的干扰也较小。

如果前述电路的 3 个基本单元公用一个电源，而负载为 3 个独立负载时，则电路演化为三相单重斩波电路；若 3 个基本单元的电源为 3 个独立电源，并向同一负载供电，则电路演化为单相三重斩波电路。

多相多重斩波电路还具有一定容错能力，各斩波电路单元可互为备用，一旦某一斩波单元发生故障，其余各单元可以继续运行，提高了电路的可靠性。

本章小结

直流-直流变换是电能几种基本转换之一，因此本章也是全书的重点内容之一。

斩波电路在直流传动、开关电源领域应用广泛。因此，为真正掌握斩波电路的设计与应用技巧，应当在完成本章的基本理论学习之后，结合一些直流传动、开关电源中的实例进行深入研究。

本章内容分为基本斩波电路、复合斩波电路及多相多重斩波电路两大块。由于复合斩波电路和多相多重斩波电路是由基本斩波电路组合构成，因此掌握基本斩波电路特别是其中的升压斩波电路、降压斩波电路是本章学习的要点与核心。

此外，需要再次说明的是本章仅研究了如何实现直流-直流的直接转换，没有讨论直流-交流-直流转换。本书在后续章节中将会讨论直流-交流-直流的间接转换，到时应当注意比较这两种转换的联系与区别。

习题及思考题

1. 直流斩波电路可实现直流到_____的转换。

2. 直流斩波电路最基本的两种斩波电路是_____和 _____。

3. 升压斩波电路可使直流电机工作于第_____象限；降压斩波电路可使直流电机工作于第_____象限；升降压斩波电路可使直流电机工作于第_____象限。

4. 复合斩波电路可视为由_____和_____两种斩波电路复合而成。

5. 直流斩波电路有哪几种控制方式？

6. 简述降压斩波电路的工作原理。

7. 简述升压斩波电路的工作原理。

8. 脉冲宽度调制 PWM 和脉冲频率调制 PFM 的优缺点各是什么？

9. Buck 变换器中电感电流的脉动和输出电压的脉动与哪些因素有关，试从物理上给以解释。

10. Buck 变换器断流工况下的变压比 M 与哪些因素有关，试从物理上给以解释。

11. 图 5-2（a）、5-4（a）电路稳态时在一个开关周期中，电感电流的增量 $\Delta I_L = 0$，电感 L 的磁通增量是否为零，为什么？电容 C 的电流平均值为零，电容 C 端电压的增量是否为零，为什么？

12. Buck 变换器中电流临界连续是什么意思？当负载电压 V_o、电流 I_o 一定时在什么条件下可以避免电感电流断流？

13. 开关电路实现直流升压变换的基本原理是什么？

14. Boost 变换器为什么不宜在占空比 D 接近 1 的情况下工作？

15. 升压-降压变换器（Cúk 变换器）的工作原理及主要优点是什么？

16. 分析桥式可逆斩波电路的工作原理。

17. 多相多重斩波电路有什么优点？什么原因使其具有这些优点？

第 6 章

交流-交流变换电路

交流-交流变换电路,即把一种形式的交流变成另一种形式交流的电路。在进行交流-交流变流时,可以改变相关的电压(电流)有效值、频率和相数等。

交流-交流变换电路可以分为直接方式(无中间直流环节)和间接方式(有中间直流环节)两种,由于间接方式可以看作交流-直流变换电路(整流电路)和直流-交流变换电路(逆变电路)的组合,所以本章只讨论直接方式的交流-交流变换电路。

在交流-交流变换电路中,改变频率的电路称为变频电路,只改变电压、电流幅值或对电路的通断进行控制,而不改变频率的电路称为交流电力控制电路。在每个周波内通过对电力电子器件开通进行控制,调节输出电压的有效值,这种电路称为交流调压电路。以交流电的周期为单位控制晶闸管的通断,改变通态周期数和断态周期数的比值,可以方便地调节输出功率的平均值,这种电路称为交流调功电路。如果只是根据需要接通或断开电路,并不在意调节输出电压的有效值或输出的平均功率,则称串入电路中的电力电子器件为交流电力电子开关。

6.1 交流调压电路

交流调压电路采用双向交流开关进行交流电压的控制,如把两个晶闸管反并联后串联在交流电路中,通过对晶闸管的控制就可以达到调节输出交流电压的目的。

交流调压电路广泛应用于灯光控制(调光台灯和舞台灯管控制)及异步电动机的软启动、异步电动机调速,也常用于对电力系统中无功功率的连续调节。

此外在高电压小电流或低电压大电流直流电源中,也常采用交流调压电路调节变压器一次侧电压,如采用晶闸管相控整流电路,要得到高电压小电流可控直流电源就需要很多晶闸管串联,同样要得到低电压大电流直流电源需要很多晶闸管并联,这都是不合理的。采用交流调压电路在变压器一次侧调压,其电压电流值都比较适中,在变压器二次侧只要用二极管整流就可以了。这样的电路体积小、成本低、易于设计制造。

交流调压电路一般有两种控制方式,即相位控制和斩波控制。

(1)相位控制。与可控整流电路的移相触发控制类似,在交流电压的正半周触发导通正向晶闸管,在负半周触发导通反向晶闸管,且保持两只晶闸管的移相角相同,以保证向负载输出正负半周对称的交流电压波形。

相位控制方法简单，能连续调节输出电压的大小。但输出电压波形为非正弦，含有相当成分的低次谐波，会在负载中引起附加谐波损耗，给设备运行带来不利的影响。

（2）斩波控制。斩波控制利用脉宽（PWM）技术将正弦交流电压波形分割成脉冲列，通过改变脉冲的占空比调节输出电压。斩波控制输出电压的大小可以连续调节，谐波含量小，基本上克服了相位控制的缺点。斩波控制调压电路须采用全控型高频电力电子器件。

实际应用中，采用相位控制的晶闸管交流调压电路应用范围最广。

交流调压电路可分为单相交流调压电路和三相交流调压电路。前者是后者的基础，也是本节的重点。

6.1.1 单相交流调压电路

和整流电路一样，交流调压电路的工作情况也和负载性质有很大的关系，应分别讨论带电阻负载和阻感负载时的工作情况。

1. 电阻负载

图 6-1 为带电阻负载的单相交流调压电路图及其波形。图中的晶闸管 VT_1 和 VT_2 也可以用一个双向晶闸管代替。在交流电源 u_1 的正半周和负半周，分别对 VT_1 和 VT_2 的触发延迟角 α 进行控制就可以调节输出电压。正、负半周 α 起始时刻（$\alpha=0$）均为电压过零时刻。在稳态情况下，应使正、负半周的 α 相等。可以看出，负载电压波形是电源电压波形的一部分，负载电流（也即电源电流）和负载电压的波形相同，因此通过触发延迟角 α 的变换就可实现输出电压的控制。

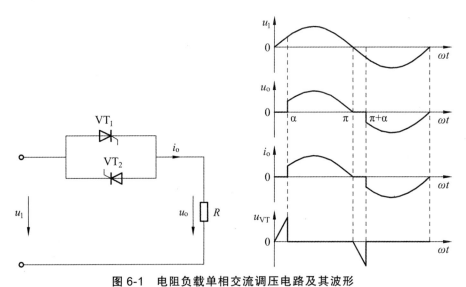

图 6-1　电阻负载单相交流调压电路及其波形

上述电路在触发延迟角为 α 时，输出电压的数学表达式为

$$u_o = \begin{cases} \sqrt{2}U_1 \sin \omega t & (\alpha < \omega t < \pi, \pi + \alpha < \omega t < 2\pi) \\ 0 & (0 < \omega t < \alpha, \pi < \omega t < \pi + \alpha) \end{cases} \qquad (6\text{-}1)$$

式中，U_1 为电源电压有效值。

（1）负载电压有效值 U_o 为

$$U_o = \sqrt{\frac{1}{\pi}\int_\alpha^\pi \left(\sqrt{2}U_1\sin\omega t\right)^2 d(\omega t)} = U_1\sqrt{\frac{1}{2\pi}\sin 2\alpha + \frac{\pi - \alpha}{\pi}} \tag{6-2}$$

（2）负载电流有效值 I_o 为

$$I_o = \frac{U_o}{R} \tag{6-3}$$

（3）流过晶闸管 VT_1 中电流的数学式为

$$i_{VT1} = \begin{cases} \dfrac{u_o}{R} = \sqrt{2}U_1\sin\omega t / R & (\alpha < \omega t < \pi) \\ 0 & (0 < \omega t < \alpha, \pi < \omega t < 2\pi) \end{cases} \tag{6-4}$$

有效值 I_{VT} 为

$$I_{VT} = \sqrt{\frac{1}{2\pi}\int_\alpha^\pi \left(\frac{\sqrt{2}U_1\sin\omega t}{R}\right)^2 d(\omega t)} = \frac{U_1}{R}\sqrt{\frac{1}{2}\left(1 - \frac{\alpha}{\pi} + \frac{\sin 2\alpha}{2\pi}\right)} \tag{6-5}$$

（4）电路的功率因数 λ 为

$$\lambda = \frac{P}{S} = \frac{U_o I_o}{U_1 I_o} = \frac{U_o}{U_1} = \sqrt{\frac{1}{2\pi}\sin 2\alpha + \frac{\pi - \alpha}{\pi}} \tag{6-6}$$

从图 6-1 及以上各式可以看出，α 的移相范围为 $0 \leqslant \alpha \leqslant \pi$。当 $\alpha = 0$ 时，相当于晶闸管一直导通，输出电压为最大值，$U_o = U_1$。随着 α 的增大，U_o 逐渐减小。直到 $\alpha = \pi$ 时，$U_o = 0$。此外，$\alpha = 0$ 时，功率因数 $\lambda = 1$，随着 α 的增大，输入电流滞后于电压且发生畸变，λ 也逐渐降低。

例 6-1 一调光台灯由单相交流调压电路供电，设该台灯可看作电阻负载，在 $\alpha = 0$ 时输出功率为最大值。试求功率为最大输出功率的 80%、50% 时的开通角 α。

解： $\alpha = 0$ 时输出电压最大，为

$$U_{omax} = \sqrt{\frac{1}{\pi}\int_0^\pi \left(\sqrt{2}U_1\sin\omega t\right)^2 d(\omega t)} = U_1$$

此时负载电流最大，为

$$I_{omax} = \frac{U_{omax}}{R} = \frac{U_1}{R}$$

因此最大输出功率为

$$P_{max} = U_{omax}I_{omax} = \frac{U_1^2}{R}$$

（1）输出功率为最大输出功率的 80%，则

$$P = 0.8 \times P_{omax} = \frac{(\sqrt{0.8}U_1)^2}{R}$$

即

$$U_\text{o} = \sqrt{0.8}U_1$$

由

$$U_\text{o} = \sqrt{\frac{1}{\pi}\int_\alpha^\pi \left(\sqrt{2}U_1 \sin\omega t\right)^2 \mathrm{d}(\omega t)} = U_1\sqrt{\frac{1}{2\pi}\sin 2\alpha + \frac{\pi-\alpha}{\pi}}$$

解得：$\alpha = 60.54°$

（2）同理，输出功率为最大功率的 50%，有

$$U_\text{o} = \sqrt{0.5}U_1$$

由

$$U_\text{o} = U_1\sqrt{\frac{1}{2\pi}\sin 2\alpha + \frac{\pi-\alpha}{\pi}}$$

得

$$\alpha = 90°$$

2. 阻感负载

带阻感负载的单相交流调压电路图及其波形如图 6-2 所示。

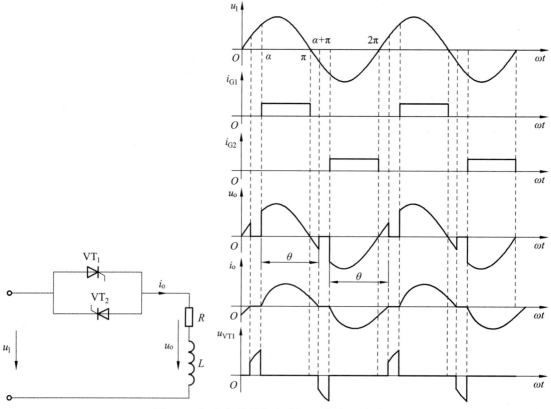

图 6-2　阻感负载单相交流调压电路及其波形

162

设负载的阻抗角为 $\varphi = \arctan(\omega L / R)$。如果用导线把晶闸管完全短接，稳态时负载电流应为正弦波，其相位滞后于电源电压 u_1 的角度为 φ。在用晶闸管控制时，由于只能通过触发延迟角 α 推迟晶闸管的导通，所以晶闸管的触发脉冲应在电流过零点之后，使负载电流更为滞后，而无法使其超前。为了方便，把 $\alpha = 0$ 的时刻仍定在电源电压过零的时刻，显然，阻感负载下稳态时 α 的移相范围为 $\varphi \leqslant \alpha \leqslant \pi$。

1）负载电流 i_o

当在 $\omega t = \alpha$ 时刻开通晶闸管 VT_1，负载电流应满足如下微分方程式和初始条件：

$$\begin{cases} L\dfrac{di_o}{dt} + Ri_o = \sqrt{2}U_1\sin\omega t \\ i_o\big|_{\omega t = \alpha} = 0 \end{cases} \tag{6-7}$$

解该方程得

$$i_o = \frac{\sqrt{2}U_1}{Z}\left[\sin(\omega t - \varphi) - \sin(\alpha - \varphi)e^{\frac{\alpha - \omega t}{\tan\varphi}}\right] \quad \alpha \leqslant \omega t \leqslant \alpha + \theta \tag{6-8}$$

式中，$Z = \sqrt{R^2 + (\omega L)^2}$；$\theta$ 为晶闸管导通角。

VT_2 导通时，上述关系完全相同，只是 i_o 的极性相反，且相位相差 $180°$。负载电流有效值 I_o 分别为

$$I_o = \sqrt{\frac{1}{\pi}\int_\alpha^{\alpha+\theta}\left\{\frac{\sqrt{2}U_1}{Z}\left[\sin(\omega t - \varphi) - \sin(\alpha - \varphi)e^{\frac{\alpha - \omega t}{\tan\varphi}}\right]\right\}^2 d(\omega t)}$$

$$= \frac{U_1}{\sqrt{\pi}Z}\sqrt{\theta - \frac{\sin\theta\cos(2\alpha + \varphi + \theta)}{\cos\varphi}} \tag{6-9}$$

2）晶闸管导通角 θ

根据（6-8）式，利用边界条件：$\omega t = \alpha + \theta$ 时 $i_o = 0$，可求得 θ

$$\sin(\alpha + \theta - \varphi) = \sin(\alpha - \varphi)e^{\frac{-\theta}{\tan\varphi}} \tag{6-10}$$

3）晶闸管电流有效值 I_{VT}

VT_1 和 VT_2 两个晶闸管轮流导通，得到负载电流 i_o。故每个晶闸管流过电流的有效值为

$$I_{VT} = I_o / \sqrt{2} \tag{6-11}$$

4）负载电压有效值 U_o

$$U_o = \sqrt{\frac{1}{\pi}\int_\alpha^{\alpha+\theta}\left(\sqrt{2}U_1\sin\omega t\right)^2 d(\omega t)}$$

$$= U_1\sqrt{\frac{\theta}{\pi} + \frac{1}{2\pi}\left[\sin 2\alpha - \sin(2\alpha + 2\theta)\right]} \tag{6-12}$$

如上所述，阻感负载时 α 的移相范围为 $\varphi \leqslant \alpha \leqslant \pi$。但当 $\alpha < \varphi$ 时，并非电路不能工作，下面就来分析这种情况。

当 $\varphi < \alpha < \pi$ 时，VT_1 和 VT_2 的导通角 θ 均小于 π，α 越小则 θ 越大；$\alpha = \varphi$ 时，$\theta = \pi$。当 α 继续减小，例如在 $0 \leqslant \alpha < \varphi$ 的某一时刻触发 VT_1，则 VT_1 的导通时间将超过 π。到 $\omega t = \pi + \alpha$ 时刻触发 VT_2 时，负载电流 i_o 尚未过零，VT_1 仍在导通，VT_2 不会开通，直到 i_o 过零后，如 VT_2 的触发脉冲有足够的宽度而尚未消失（图 6-3 所示），VT_2 就会开通。因为 $\alpha < \varphi$，VT_1 提前开通，负载 L 被过充电，其放电时间也将延长，使得 VT_1 结束导电时刻大于 $\pi + \varphi$，并使 VT_2 推迟开通，VT_2 的导通角当然小于 π。

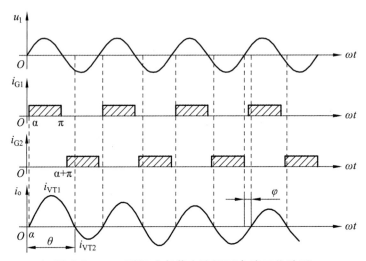

图 6-3 $\alpha < \varphi$ 时阻感负载交流调压电路工作波形

在这种情况下，由式（6-7）和式（6-8）所得到的 i_o 表达式仍是适用的，只是 ωt 的适用范围不再是 $\alpha \leqslant \omega t \leqslant \alpha + \theta$，而是扩展到 $\alpha \leqslant \omega t < \infty$，因为这种情况下 i_o 已不存在断流区，其过渡过程和带 R-L 负载的单相交流电路在 $\omega t = \alpha$（$\alpha < \varphi$）时合闸所发生的过渡过程完全相同。可以看出，i_o 由两个分量组成，第一项为正弦稳态分量，第二项为指数衰减分量。在指数分量衰减过程中，VT_1 的导通时间逐渐缩短，VT_2 的导通时间逐渐延长。当指数分量衰减到零后，VT_1 和 VT_2 的导通时间趋近到 π，其稳态的工作情况和 $\alpha = \varphi$ 时完全相同。整个过程的工作波形如图 6-3 所示。

例 6-2 一单相交流调压器，输入交流电压为 220 V，50 Hz，带阻感负载，其中 $R = 8\,\Omega$，$X_L = 6\,\Omega$。求 α 分别为 $\pi/6$、$\pi/3$ 时的输出电压、电流有效值及输入功率和功率因数。

解： 负载阻抗及负载阻抗角分别为

$$Z = \sqrt{R^2 + X_L^2} = 10\,\Omega$$

$$\varphi = \arctan\left(\frac{X_L}{R}\right) = \arctan\left(\frac{6}{8}\right) = 0.643\,5\ \text{rad} = 36.87°$$

因此触发延迟角 α 的变化范围为

$$\varphi \leqslant \alpha < \pi$$

即
$$0.643\,5 \leqslant \alpha < \pi$$

（1）当 $\alpha = \pi/6$ 时，由于 $\alpha < \varphi$，因此晶闸管调压器全开放，输出电压为完整的正弦波，负载电流也为最大，此时输出功率最大，为

$$I_{in} = I_o = \frac{220\,V}{Z} = 22\,A$$

输入功率为

$$P_{in} = I_o^2 R = 3\,872\,W$$

功率因数为

$$\lambda = \frac{P_{in}}{U_1 I_o} = \frac{3\,872}{220 \times 22} \approx 0.8$$

实际上，此时功率因数也就是负载阻抗角的余弦。

（2）当 $\alpha = \pi/3$ 时，先计算晶闸管的导通角，由式（6-10）得

$$\sin\left(\frac{\pi}{3} + \theta - 0.643\,5\right) = \sin\left(\frac{\pi}{3} - 0.643\,5\right) e^{\frac{-\theta}{\tan\varphi}}$$

解上式可得晶闸管导通角为

$$\theta = 2.727\,rad = 156.2°$$

流过晶闸管电流有效值为

$$I_{VT} = \frac{U_1}{\sqrt{2\pi}Z} \sqrt{\theta - \frac{\sin\theta\cos(2\alpha + \varphi + \theta)}{\cos\varphi}}$$

$$\frac{220}{\sqrt{2\pi} \times 10} \sqrt{2.727 - \frac{\sin 2.727 \times \cos(2\pi/3 + 0.643\,5 + 2.727)}{0.8}}$$

$$= 13.55\,A$$

负载电流的有效值为

$$I_{in} = I_o = \sqrt{2} I_{VT} = 19.16\,A$$

输入功率为

$$P_{in} = I_o^2 R = 2\,937\,W$$

功率因数为

$$\lambda = \frac{P_{in}}{U_1 I_o} = \frac{2\,937}{220 \times 19.16} = 0.697$$

3. 斩控式交流调压电路

斩控式交流调压电路的原理图如图 6-4 所示，图中 V_1、V_2、VD_1、VD_2 构成一个双向可控开关，为主开关，V_3、V_4 分别为对应的续流管。

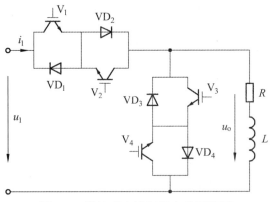

图 6-4　斩控式交流调压电路原理图

若为电阻性负载，负载电压和负载电流波形形状相同，有电压时有电流，当电压为零时，电流也为零。电压和电流波形如图 6-5（a）所示，交流电压为正时，V_1 按斩波方式工作，交流电压为负时，V_2 按斩波方式工作，由于没有续流的作用，所以 V_3 和 V_4 不工作。

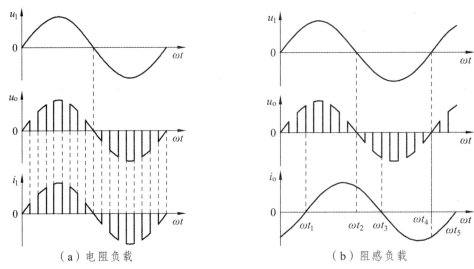

（a）电阻负载　　　　　　　　　　（b）阻感负载

图 6-5　斩控式交流调压电路波形

在 u_1 正半周，控制 V_1 导通。当 V_1 导通时，$u_o = u_1$；当 V_1 关断时，$u_o = 0$。在 u_1 负半周，控制 V_2 导通。当 V_2 导通时，$u_o = u_1$；当 V_2 关断时，$u_o = 0$。电路用 V_1、V_2 进行斩波控制，设斩波器件（V_1、V_2）导通时间为 t_{on}，开关周期为 T，则导通比 $D = t_{on}/T$，通过改变 D 来调节输出电压。

图 6-5（a）可以看出，电源电流 i_1 的基波分量是和电源电压 u_1 同相位的，即位移因数为 1。另外，通过傅立叶分析可知，电源电流中不含低次谐波，只含和开关周期 T 有关的高次谐波。这些高次谐波用很小的滤波器即可滤除，这时电路的功率因数接近 1。

如为阻感负载，负载电流滞后于负载电压，电压变负时，电流仍然为正。因此，在阻感负载时，开关管有两种工作方式。

1）互补型控制方式

互补型控制方式是指当 V_1 导通时 V_4 关断，当 V_1 关断时 V_4 导通；当 V_2 导通时 V_3 关断，

当 V_2 关断时 V_3 导通。当电流为正时，V_1、V_4 按斩波方式工作，V_2、V_3 不工作。当电流为负时，V_2、V_3 按斩波方式工作，V_1、V_4 不工作。

在电压正半周的 $\omega t_1 \sim \omega t_2$ 期间，V_1 导通时 V_4 关断，负载电流经交流电源、V_1 流过负载，当 V_1 关断时，V_4 导通，由于是阻感负载，电感的自感电势使负载电流经 V_4 续流。在电压过零变负时的 $\omega t_2 \sim \omega t_3$ 期间，电流仍然为正，V_4 导通时 V_1 关断，电感的自感电势使负载电流经 V_4 续流，当 V_4 关断时 V_1 导通，由于是阻感负载，电感的自感电势使负载电流经交流电源、V_1 流过负载。在 $\omega t_1 \sim \omega t_3$ 期间，V_2 和 V_3 不工作。当负载电流降为零后，即在 $\omega t_3 \sim \omega t_5$ 期间，V_2 和 V_3 工作情况和电流为正时 V_1 和 V_4 的工作情况相同。互补型控制方式的动作过程见表 6-1。

表 6-1　阻感负载、互补型控制方式时开关管工作情况

电压		正半周		负半周	
ωt		$0 \sim \omega t_1$（$\omega t_4 \sim \omega t_5$）	$\omega t_1 \sim \omega t_2$	$\omega t_2 \sim \omega t_3$	$\omega t_3 \sim \omega t_4$
开关	V_1	断	斩波工作	斩波工作	断
	V_4	断	斩波工作	斩波工作	断
	V_2	斩波工作	断	断	斩波工作
	V_3	斩波工作	断	断	斩波工作

电路用 V_1、V_2 进行斩波控制，用 V_3、V_4 给负载电流提供续流通道。当 V_1 导通 V_4 关断和 V_2 导通 V_3 关断时，$u_o = u_1$。V_1 关断 V_4 导通和 V_2 关断 V_3 导通时，$u_o = 0$。如斩波器件（V_1、V_2）导通时间为 t_{on}，开关周期为 T，则导通比 $\alpha = t_{on}/T$，通过改变 D 来调节输出电压。

由于实际开关为非理想开关，在主开关管和续流管相互切换的过程中，很可能会因为开关导通、关断的延迟造成电路产生过电压。因此为防止发生上述情况，还需要采取其他措施，如采用缓冲电路来限制过电压。这是互补控制方式的不足之处。

2）非互补型控制方式

非互补型控制方式是指当电压和电流为正时，V_1 按斩波方式工作，V_4 一直有驱动信号，V_2 和 V_3 断开不工作；当电压为负、电流为正时，V_4 按斩波方式工作，V_1 一直有驱动信号，V_2 和 V_3 断开不工作；当电压和电流为负时，V_2 按斩波方式工作，V_3 一直有驱动信号，V_1 和 V_4 断开不工作；当电压为正、电流为负时，V_3 按斩波方式工作，V_2 一直有驱动信号，V_1 和 V_4 断开不工作。其工作情况与互补型控制方式相同，但可以克服互补型控制方式的不足，不会出现由于开关管开通和关断延时造成回路过电压。

非互补型控制方式的动作过程见表 6-2。

表 6-2　阻感负载、非互补型控制方式时开关管工作情况

电压		正半周		负半周	
ωt		$0 \sim \omega t_1$（$\omega t_4 \sim \omega t_5$）	$\omega t_1 \sim \omega t_2$	$\omega t_2 \sim \omega t_3$	$\omega t_3 \sim \omega t_4$
开关	V_1	断	斩波工作	一直驱动	断
	V_4	断	一直驱动	斩波工作	断
	V_2	一直驱动	断	断	斩波工作
	V_3	斩波工作	断	断	一直驱动

交流斩波调压与相控调压相比，克服了输出电压谐波分量大、控制角 α 较大时功率因数低以及电源测电流谐波分量高等缺点。在一定的导通比下，斩波频率越高，感性负载的畸变越小，波形越接近正弦波，电路功率因数也越高，但电路中开关管的开关次数增加，换流损耗也相应增加。相反，在一定的斩波频率下，把脉冲宽度变得很窄，则输出电压变低，谐波分量增加。

6.1.2　三相交流调压电路

根据三相联结形式的不同，三相交流调压电路具有多种形式。图 6-6（a）是星形联结，图 6-6（b）是支路控制三角形联结，图 6-6（c）是中点控制三角形联结。其中图 6-6（a）和6-6（b）两种电路最常用，下面简单介绍星形联结电路的基本工作原理和特性。

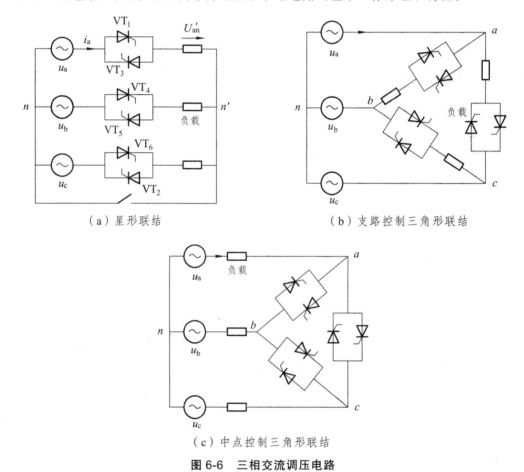

（a）星形联结　　　　　　　　　　　（b）支路控制三角形联结

（c）中点控制三角形联结

图 6-6　三相交流调压电路

如图 6-6（a）所示，这种电路又可分为三相三线和三相四线两种情况。三相四线时相当于三个单相交流调压电路的组合，三相互相错开 120°工作，单相交流调压电路的工作原理和分析方法均适用于这种电路。在单相交流调压电路中，电流中含有基波和各奇次谐波。组成三相电路后，基波和 3 的整数倍数次以外的谐波在三相之间流动，不流过中性线。而三相的 3 的整数倍次谐波是同相位的，不能在各相之间流动，全部流过中性线。因此中性线中会有很大的 3 次谐波电流及其他 3 的整数倍次谐波电流。当 $\alpha = 90°$ 时，中性线电流甚至和各相电流的有效值接近。在选择导线线径和变压器时必须注意这一问题。

下面分析三相三线时的工作原理，主要分析电阻负载时的情况。任一相在导通时必须和另一相构成回路，因此和三相桥式全控整流电路一样，电流流通路径中有两个晶闸管，所以应采用双脉冲或宽脉冲触发。三相的触发脉冲应依次相差 120°，同一相的两个反并联晶闸管触发脉冲应相差 180°，因此和三相桥式全控整流电路一样，触发脉冲顺序也是 VT$_1$ ~ VT$_6$，依次相差 60°。

如果把晶闸管换成二极管可以看出，相电流和相电压同相位，且相电压过零时二极管开始导通。因此把相电压过零点定为触发延迟角 α 的起点。三相三线电路中，两相间导通是靠线电压导通的，而线电压超前相电压 30°，因此 α 角的移相范围为 0° ~ 150°。

在任一时刻，电路可以根据晶闸管导通状态分为三种情况：一种是三相中各有一个晶闸管导通，这时负载相电压就是电源相电压；另一种是两相中各有一个晶闸管导通，另一相不导通，这时导通相的负载相电压是电源线电压的一半；第三种是三相晶闸管均不导通，这时负载电压为零。根据任一时刻导通晶闸管个数以及半个周波内电流是否连续，可将 0° ~ 150° 的移相范围分为如下三段：

（1）0° ≤ α < 60° 范围内，电路处于三个晶闸管导通与两个晶闸管导通的交替状态，每个晶闸管导通角为 180° - α。但 α = 0° 时是一种特殊情况，一直是三个晶闸管导通。

（2）60° ≤ α < 90° 范围内，任一时刻都是两个晶闸管导通，每个晶闸管的导通角为 120°。

（3）90° ≤ α < 150° 范围内，电路处于两个晶闸管导通与无晶闸管导通的交替状态，每个晶闸管导通角为 300° - 2α，而且这个导通角被分割为不连续的两部分，在半周波内形成两个断续的波头，各占 150° - α。

图 6-7 给出了 α 分别为 30°、60°和 120°时 a 相负载上的电压波形及晶闸管导通区间示意图，分别作为这三段移相范围的典型示例。因为是电阻负载，所以负载电流（也即电源电流）波形与负载相电压波形一致。

从波形上可以看出，电流中也含有很多谐波。进行傅立叶分析后可知，其中所含谐波的次数为 $6k \pm 1(k = 1, 2, 3, \cdots)$，这和三相桥式全控整流电路交流侧电流所含谐波的次数完全相同，而且也是谐波的次数越低，其含量越大。和单相交流调压电路相比，这里没有 3 的整数倍次谐波，因为在三相对称时，它们不能流过三相三线电路。

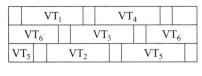

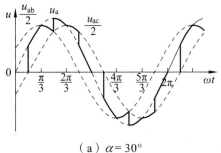

（a）α = 30°

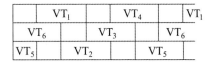

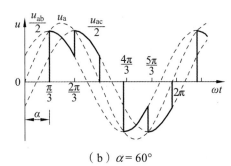

（b）α = 60°

VT$_4$			VT$_1$	VT$_1$			VT$_4$	VT$_4$
	VT$_6$	VT$_6$			VT$_3$	VT$_3$		
VT$_5$	VT$_5$			VT$_2$	VT$_2$			VT$_5$

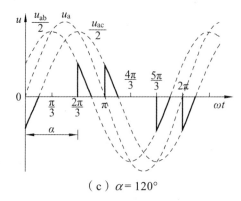

（c）$\alpha = 120°$

图 6-7　不同 α 时负载相电压波形及晶闸管导通区间

在阻感负载的情况下，可参照电阻负载和前述单相阻感负载时的分析方法，只是情况更复杂一些。$\alpha = \varphi$ 时，负载电流最大且为正弦波，相当于晶闸管全部被短接的情况。一般来说，电感大时，谐波电流的含量要小一些。

6.2　其他交流电力控制电路

除相位控制和斩波控制的交流电力控制电路外，还有以交流电源周波数为控制单元的交流调功电路以及对电路通断进行控制的交流电力电子开关。本节简单介绍这两种电路。

6.2.1　交流调功电路

交流调功电路和交流调压电路的电路形式完全相同，只是控制方式不同。交流调功电路不是在每个交流电源周期都通过触发延迟角 α 对输出电压波形进行控制，而是采用过零触发，在电源过零的瞬间使晶闸管触发导通，仅当电流接近零时才关断，从而将负载与交流电源接通几个整周波，再断开几个整周波，通过改变接通周波数与断开周波数的比值来调节负载所消耗的平均功率。

交流过零调功电路常用于电炉温度这样的控制对象，其时间常数往往很大，没有必要对交流电源的每个周期进行频繁的控制，只要以周波数为单位进行控制就足够了。通常控制晶闸管导通的时刻都是在电源电压过零的时刻，这样，在交流电源接通期间，负载电压电流都是正弦波，不对电网电压和电流造成通常意义的谐波污染。

设控制周期为 M 倍电源周期，其中晶闸管在前 N 个周期导通，后 $M - N$ 个周期关断。$M = 5$、$N = 3$ 时的电路波形如图 6-8 所示。可以看出，负载电压和负载电流（也即电源电流）的重复周期为 M 倍电源周期。在负载为电阻时，负载电流波形和负载电压波形相同。

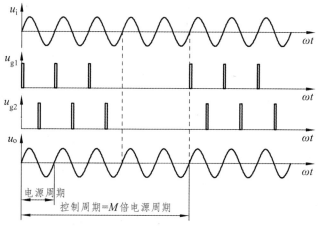

图 6-8　单相交流调功电路典型波形（M=5，N=3）

调功器的输出功率为

$$P_o = \frac{NT}{T_c} P_1 = \frac{N}{M} P_1 = k_z P_1 \qquad (6\text{-}13)$$

负载电压的有效值为

$$U_L = \sqrt{\frac{1}{T_c} \int_0^{NT} (\sqrt{2} U_1 \sin \omega t)^2 \mathrm{d}(\omega t)} = U_1 \sqrt{k_z} \qquad (6\text{-}14)$$

T_c 为运行周期，即控制周期，为电源周期的 M 倍，其中电源周期的 N 倍是导通的。k_z 为导通比，$k_z = N/M$。控制调功电路的导通比就可以实现对被调对象的输出功率的调节控制。

6.2.2　交流电力电子开关

把晶闸管反并联后串入交流电路中，代替电路中的机械开关，起接通和断开电路的作用，这就是交流电力电子开关。和机械开关相比，这种开关响应速度快，没有触点，寿命长，可以频繁控制通断。

交流调功电路也是控制电路的接通和断开，但它是以控制电路的平均输出功率为目的，其控制手段是改变控制周期内电路导通周波数和断开周波数的比。而交流电力电子开关并不去控制电路的平均输出功率，通常也没有明确的控制周期，而只是根据需要控制电路的接通和断开。另外，交流电力电子开关的控制频率通常比交流调功电路低得多。

在公用电网中，交流电力电容器的投入与切断是控制无功功率的重要手段。通过对无功功率的控制，可以提高功率因数，稳定电网电压，改善供电质量。和用机械开关投切电容器的方式相比，晶闸管投切电容器（Thyristor Switched Capacitor，TSC）是一种性能优良的无功补偿方式。

图 6-9 是由三个基本单元并联构成的分组投切单相简图。可以看出 TSC 的基本原理实际上是就是用交流电力电

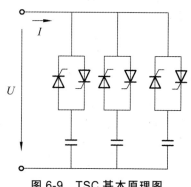

图 6-9　TSC 基本原理图

子开关来投入或者切除电容器，两个反并联的晶闸管起着把电容 C 并入电网或从电网断开的作用，串联的电感很小，只是用来抑制电容器投入电网时可能出现的冲击电流，在简化电路图中常不画出来。在实际工程中，为避免容量较大的电容器组同时投入或切断会对电网造成较大的冲击，一般把电容器分成几组，根据电网对无功的需求而改变投入电容器的容量，TSC 实际上就成了断续可调的动态无功功率补偿器。

TSC 运行时晶闸管投入时刻的原则是，该时刻交流电源电压应和电容器预先充电的电压相等。这样电容器电压不会产生跃变，也就不会产生冲击电流。一般来说，理想情况下，希望电容器预先充电电压为电源电压峰值，这时电源电压的变化率为零，因此在投入时刻 i_C 为零，之后才按正弦规律上升。这样，电容投入过程不但没有冲击电流，电流也没有阶跃变化。

如图 6-10 所示，导通开始时 u_C 已由上次导通时段最后导通的晶闸管 VT_1 充电至电源电压 u_s 的正峰值，t_1 时刻导通 VT_2，以后每半个周波轮流触发 VT_1 和 VT_2；切除这条电容支路时，如在 t_2 时刻 i_C 已降为零，VT_2 关断，u_C 保持在 VT_2 导通结束时的电源电压负峰值，为下一次投入电容器做了准备。

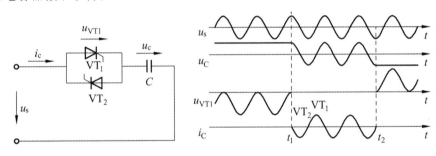

图 6-10 TSC 理想投切时刻原理图

6.3 交-交变频电路

本节讲述采用晶闸管的交-交变频电路，这种电路也称为周波变流器（Cycloconvertor）。交-交变频电路是把电网频率的交流电直接变换成可调频率的交流电的变流电路。因为没有中间直流环节，因此属于直接变频电路。

交-交变频电路广泛用于大功率交流电动机调速传动系统，实际使用的主要是三相输出交-交变频电路。单相输出交-交变频电路是其基础，本节只介绍单相交-交变频电路的构成、工作原理、控制方法及输入输出特性。

1. 单相交-交变频电路构成和基本工作原理

图 6-11 是单相交-交变频电路的基本原理图和输出电压波形。电路由 P 组和 N 组反并联的晶闸管变流电路构成。变流器 P 和 N 都是相控整流电路，P 组工作时，负载电流 i_0 为正，N 组工作时，i_0 为负。让两组变流器按照一定的频率交替工作，负载就得到该频率的交流电。改变两组变流器的切换频率，就可以改变输出频率 ω_0。改变变流电路工作时的触发延迟角 α，就可以改变交流输出电压的幅值。

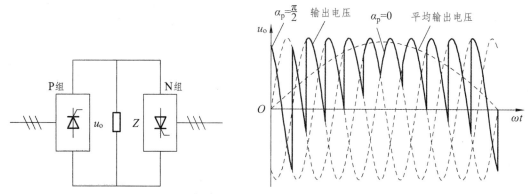

图 6-11　单相交-交变频电路原理图和输出电压波形

为了使输出电压 u_o 的波形接近正弦波，可以按照正弦规律对触发延迟角 α 进行调制。如图 6-11 波形所示，可在半个周期内让正组变流器 P 的 α 按正弦从 90°逐渐减小到 0°或某个值，然后在逐渐增大到 90°。这样，每个控制间隔内的平均输出电压就按正弦规律从零逐渐增至最高，再逐渐降低到零，如图中虚线所示。另外半个周期可对变流器 N 进行同样的控制。

图 6-11 的波形是变流器 P 和 N 都为三相半波可控电路时的波形。可以看出，输出电压 u_o 并不是平滑的正弦波，而是由若干电源电压拼接而成。在输出电压的一个周期内，所包含的电源电压段数越多，其波形就越接近正弦波。因此，交-交变频电路通常采用 6 脉波的三相桥式电路或 12 脉波变流电路。本节在后面的论述中均以最常见的三相桥式电路为例进行分析。

2. 整流与逆变工作状态

交-交变频电路的负载可以是阻感负载、电阻负载、阻容负载或交流电动机负载。这里以阻感负载为例来说明电路的整流工作状态与逆变工作状态，这种分析也适用于交流电动机负载。

如果把交-交变频电路理想化，忽略变流电路换相时输出电压的脉动分量，就可把电路等效成图 6-12（a）所示的正弦波交流电源和二极管的串联。其中交流电源表示变流电路可输出交流正弦电压，二极管体现了变流电路电流的单方向性。

假设负载阻抗角为 φ，即输出电流滞后输出电压 φ 角。另外，为避免两组变流器之间产生环流（在两组变流器之间流动而不经过负载的电流），两组变流电路在工作时不同时施加触发脉冲，即一组变流电路工作时，封锁另一组变流电路的触发脉冲（这种方式称为无环流工作方式）。

图 6-12（b）给出了一个周期内负载电压、电流波形及正反两组变流电路的电压、电流波形。由于变流电路的单向导电性，在 $t_1 \sim t_3$ 期间的负载电路正半周，只能是正组变流电路工作，反组电路被封锁。其中 $t_1 \sim t_2$ 阶段，输出电压和电流均为正，故正组变流电路工作在整流状态，输出功率为正。在 $t_2 \sim t_3$ 阶段，输出电压已反向，但输出电流仍为正，正组变流电路工作在逆变状态，输出功率为负。

在 $t_3 \sim t_5$ 阶段，负载电流负半周，反组变流电路工作，正组电路被封锁。其中 $t_3 \sim t_4$ 阶段，输出电压和电流均为负，反组变流电路工作在整流状态。在 $t_4 \sim t_5$ 阶段，输出电流为负而电压为正，反组变流电路工作在逆变状态。

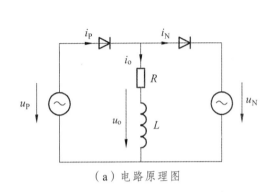
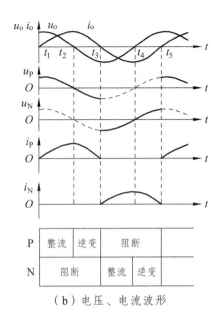

（a）电路原理图　　　　　　　　（b）电压、电流波形

图 6-12　理想化交-交变频电路的整流和逆变工作状态

可以看出，在阻感负载的情况下，在一个输出电压周期内，交-交变频电路有 4 种工作状态。哪组变流电路工作是由输出电流的方向决定的，与输出电压极性无关。变流电路工作在整流状态还是逆变状态，则是根据输出电压方向与输出电流方向是否相同来确定的。

图 6-13 是单相交-交变频电路输出电压和电流的波形图。如果考虑到无环流工作方式下负载电流过零的正反组切换死区时间，一周期的波形可分 6 段，第一段 $i_o < 0$、$u_o > 0$，为反组逆变；第 2 段电流过零，为切换死区；第 3 段 $i_o > 0$、$u_o > 0$，为正组整流；第 4 段 $i_o > 0$、$u_o < 0$，为正组逆变；第 5 段又是切换死区；第 6 段 $i_o < 0$、$u_o < 0$，为反组整流。

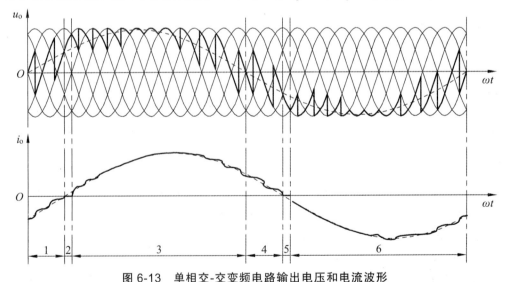

图 6-13　单相交-交变频电路输出电压和电流波形

当输出电压和电流的相位差小于 90° 时，一周期内电网向负载提供能量的平均值为正，若负载为电动机，则电动机工作在电动状态；当二者相位差大于 90° 时，一周期内电网向负

174

载提供能量的平均值为负，即电网吸收能量，电动机工作在发电状态。

3. 输出正弦波电压的调制方法

通过不断改变触发延迟角 α，使交-交变频电路的输出电压波形基本为正弦波的调制方法有多种。这里主要介绍最基本的余弦交点法。

设 U_{do} 为 $\alpha = 0$ 时整流电路的理想空载电压，则触发延迟角为 α 时变流电路的输出电压为

$$\overline{u_{\mathrm{o}}} = U_{\mathrm{do}} \cos \alpha \tag{6-15}$$

对交-交变频电路来说，每次控制时的 α 都不同，式（6-15）中的 $\overline{u_{\mathrm{o}}}$ 表示每次控制间隔内输出电压的平均值。

设要得到的正弦波输出电压为

$$u_{\mathrm{o}} = U_{\mathrm{om}} \sin \omega_0 t \tag{6-16}$$

比较式（6-15）和式（6-16），应使

$$\cos \alpha = \frac{U_{\mathrm{om}}}{U_{\mathrm{do}}} \sin \omega_0 t = \gamma \sin \omega_0 t \tag{6-17}$$

式中，γ 称为输出电压比，$\gamma = \dfrac{U_{\mathrm{om}}}{U_{\mathrm{do}}}(0 \leqslant \gamma \leqslant 1)$。

因此

$$\alpha = \arccos(\gamma \sin \omega_0 t) \tag{6-18}$$

上式就是用余弦交点法求交-交变频电路触发延迟角 α 的基本公式。

下面用图 6-14 对余弦交点法作进一步说明。图 6-14 中，电网线电压 u_{ab}、u_{ac}、u_{bc}、u_{ba}、u_{ca}、u_{cb} 依次用 u_1、u_2、u_3、u_4、u_5、u_6 表示，它们在相位上相差 60°。相邻两个线电压的交点对应于触发延迟角 $\alpha = 0°$。

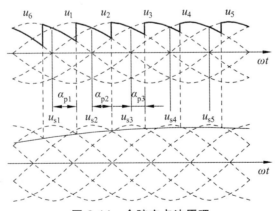

图 6-14　余弦交点法原理

设要得到的正弦波输出电压为 $u_{\mathrm{o}} = U_{\mathrm{om}} \sin \omega_0 t$。为使输出的实际正弦电压波的偏差尽可能小，应随时将前一只晶闸管导通时的电压偏差 u_i 与预定的下一只晶闸管导通时的偏差 u_{i+1} 相比较，如 $u_{\mathrm{o}} - u_i < u_{i+1} - u_{\mathrm{o}}$，则前一只晶闸管继续导通；如 $u_{\mathrm{o}} - u_i > u_{i+1} - u_{\mathrm{o}}$，则应及时切换到下一只晶闸管导通。因此切换的条件为

$$u_{\text{o}} = (u_i + u_{i+1})/2 \qquad\qquad (6\text{-}19)$$

u_i、u_{i+1} 均为正弦波，且 u_{i+1} 滞后 u_i 60°，则 $(u_i + u_{i+1})/2$ 也为正弦波，且超前 u_{i+1} 30°，用 $u_{\text{s}(i+1)}$ 表示，其峰值正好处于 u_{i+1} 波上相当于触发延迟角 $\alpha = 0°$ 的位置，故 $u_{\text{s}(i+1)}$ 即为 u_{i+1} 波触发延迟角 α 的余弦函数，常称为 u_{i+1} 的同步余弦信号。$u_1 \sim u_6$ 所对应的同步余弦信号分别用 $u_{\text{s}1} \sim u_{\text{s}6}$ 来表示。如希望输出的电压为 u_{o}，则各晶闸管的触发时刻由相应的同步电压 $u_{\text{s}(i+1)}$ 的下降段和 u_{o} 交点来决定。

上述余弦交点法可以用模拟电路来实现，但线路复杂，且不易实现准确的控制。采用计算机控制时可方便地实现准确的运算，而且除计算 α 外，还可以实现各种复杂的控制计算，使整个系统获得很好的性能。

4. 输入输出特性

1）输出上限频率

交-交变频电路的输出电压是由许多段电网电压拼接而成的。输出电压一个周期内拼接的电网电压段数越多，就可使输出电压波形越接近正弦波。当输出频率增高时，输出电压一周内所包含的电源电压段数减小，波形将严重偏离正弦。电压波形畸变及由此产生的电流波形畸变和由此带来的交流电机转矩脉动是限制输出频率提高的主要因素。就输出波形畸变和输出上限频率的关系而言，很难确定一个明确的界限。由于每段电源电压的平均持续时间决定于变流电路的脉波数，构成交-交变频电路的两组变流电路的脉波数越多，输出上限频率就越高。就常用的 6 脉波三相桥式变流电路而言，一般认为，输出上限频率不能高于电网频率的 1/3～1/2，电网频率为 50 Hz 时，交-交变频电路的输出上限频率约为 20 Hz。

2）输入功率因数

由于交-交变频电路采用相位控制方式，其输入电流的相位总是滞后于输入电压，晶闸管换流时需要从电网吸收感性无功功率，致使无论负载功率因数是领先还是滞后，输入功率因数总是滞后的。

3）输出电压谐波

交-交变频电路输出电压的谐波成分非常复杂，和电网频率 f_i、输出频率 f_{o}、电路脉波数均有关。

采用三相桥式变流器的单相交-交变频电路输出电压中主要谐波频率为

$$6f_i \pm f_{\text{o}},\quad 6f_i \pm 3f_{\text{o}},\quad 6f_i \pm 5f_{\text{o}}\cdots\cdots$$
$$12f_i \pm f_{\text{o}},\quad 12f_i \pm 3f_{\text{o}},\quad 12f_i \pm 5f_{\text{o}}\cdots\cdots$$

另外，若采用无环流控制方式时，由于电流方向改变时正反组切换死区的影响，将使输出电压中增加 $5f_{\text{o}}$、$7f_{\text{o}}$ 等次谐波。

4）输入电流谐波

由于交-交变频电路输入电流波形及幅值均按正弦规律被调制，和可控整流电路的输入波形相比，交-交变频电路输入电流的频谱要复杂得多，但各次谐波的幅值要比可控整流电路的谐波幅值小。

采用三相桥式电路的单相交-交变频电路的输入电流谐波频率为

176

$$f_{\text{in}} = \left|(6k \pm 1)f_i \pm 2lf_o\right| \tag{6-20}$$

$$\text{和 } f_{\text{in}} = \left|f_i \pm 2kf_o\right| \tag{6-21}$$

式中，$k = 1$，2，3……

$l = 0$，1，2……

前面的分析都是基于无环流控制方式进行的。在无环流控制方式下，由于负载电流反向时为保证无环流而必须留有一定的死区时间，就使得输出电压的波形畸变增大；另外，在负载电流断续时，输出电压被负载电动机反电动势抬高，也会造成输出波形畸变；电流死区和电流断续的影响也限制了输出频率的提高。采用有环流方式可以避免电流断续并消除电流死区，改善输出波形，还可提高交-交变频电路的输出上限频率。但是正反两组变流器之间需要设置环流电抗器，使设备成本增加，运行效率也因环流而有所降低。因此，目前应用较多的还是无环流控制方式。

本节介绍的交-交变频电路是把一种频率的交流电直接变换成可变频率的交流电，是一种直接的变频电路。而先把交流电变换成直流电，再把直流电逆变成可变频率的交流电，即交-直-交变频电路，是一种间接的变频电路。和间接的变频电路比较，直接的变频电路的优点是：只用一次变换，效率较高；可方便地实现四象限工作；低频输出时波形接近正弦波。缺点是：接线复杂；受电网频率和变流电路脉波数的限制，输出频率较低；输入功率因数较低；输入电流谐波含量大，频谱复杂。由于以上优缺点，交-交变频电路主要用于 500 kW 或 1 000 kW 以上的大功率，低转速的交流调速电路中。它既可以用于异步电动机传动，也可以用于同步电动机传动。目前已在轧机主传动装置、鼓风机、卷扬机等场合获得了较多的应用。

6.4 矩阵式变频电路

上节介绍的是采用相位控制方式的交-交变频电路。今年来出现了一种矩阵式交-交变频电路，这种电路也是一种直接变频电路，电路采用全控型开关器件，控制方式为斩控方式。

图 6-15（a）为矩阵式变频电路的拓扑结构。三相输入电压为 u_a、u_b 和 u_c，三相输出电

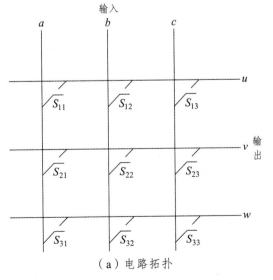

（a）电路拓扑

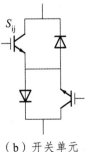

（b）开关单元

图 6-15　矩阵式变频电路

压为 u_u、u_v 和 u_w。9 个开关器件组成 3×3 矩阵，因此该电路被称为矩阵式变频电路，图中每个开关都是矩阵中的一个元素，采用双向全控开关，图 6-15（b）给出其开关单元结构。

矩阵式变频电路的优点是输出电压可控制为正弦波，频率不受电网频率的限制；输入电流也可控制为正弦波且和电压同相，功率因数为 1，也可控制为需要的功率因数；能量可双向流动，适用于交流电动机的四象限运行；不通过中间直流环节而直接实现变频，效率较高。因此，这种电路的电气性能十分理想。矩阵式变频电路将有很好的发展前景。

本章小结

本章所介绍的各种电路都属于直接交流-交流变流电路。其中交流电力控制电路是只改变电压、电流值或对电路的通断进行控制，不改变频率，主要介绍了相控式交流调压电路，和斩控式交流调压电路，重点是相控式交流调压电路。交-交变频电路是改变频率的电路，重点介绍了目前应用较多的晶闸管交-交变频电路。对矩阵式交-交变频电路只简单介绍了其可以达到的电气性能和发展前景。

本章的要点如下：

（1）交流-交流变流电路的分类及其基本概念。

（2）单相交流调压电路的电路组成，相控式电阻负载和阻感负载时的工作原理和电路特性。

（3）介绍了斩控式单相交流调压电路。

（4）三相交流调压电路的基本构成和基本工作原理。

（5）交流调功电路和交流电力电子开关的基本概念。

（6）晶闸管相位控制交-交变频电路的构成、工作原理和输入输出特性。

（7）各种交流-交流变换电路的主要应用。

习题及思考题

1. 一单相交流调压器，电源为工频 220 V，阻感串联作为负载，其中 $R = 0.5\ \Omega$，$L = 2\ \mathrm{mH}$。求：

（1）触发延迟角 α 的变化范围；

（2）负载电流的最大有效值；

（3）最大输出功率及此时电源侧的功率因数；

（4）当 $\alpha = \pi/2$ 时，晶闸管电流有效值、晶闸管导通角和电源侧功率因数。

2. 一台 220 V、10 kW 的电炉（纯电阻负载），现采用晶闸管单相交流调压使其工作于 5 kW。试求晶闸管延迟角、电炉工作电流及电源侧的功率因数。

3. 单相交流调压电路，若电源为工频 220 V，阻性负载，$R = 1\ \Omega$。求：

（1）触发延迟角移相范围；

（2）负载电流的最大有效值；

（3）最大输出功率及功率因数。

4. 一单相反并联调功电路，采用过零触发，电源为工频 220 V，负载电阻为 1 Ω，控制设定周期内，使晶闸管导通 0.3 s，断开 0.2 s，求负载电压有效值、电阻负载功率与假定晶闸管一直导通时所送出的功率。

5. 三相三线星形联结的三相交流调压电路中，如电源相电压为 220 V，负载为 10 kW。试计算晶闸管额定有效电流值，如将反并联的晶闸管改用双向晶闸管，所需双向晶闸管的额定有效电流值。

6. 交流调压电路和交流调功电路有什么区别？二者各适用于什么样的负载？为什么？

7. 什么是 TSC？其基本原理是什么？有何特点？

8. 单相交-交变频电路和直流电动机传动用的反并联可控整流电路有何不同？

9. 交-交变频电路的最高输出频率是多少？制约输出频率提高的因素是什么？

10. 交-交变频电路的主要特点和不足是什么？其主要用途是什么？

第 7 章

开关电源

在许多工程应用场合需要通过在开关变换器中嵌入一个变压器，将变换器的输入和输出进行隔离。例如，监管机构要求离线应用场所（变换器的输入连接到交流公用事业系统）必须进行隔离。在这些情况下，隔离可以通过在变换器的交流输入连接一个 50Hz 或 60Hz 的变压器来实现。然而，因为变压器的体积和质量与频率成反比，如果变换器的开关频率可以达到几十或几百千赫，变压器的体积将减小许多。此类电路就是通称的开关电源。

当需要大的升压或降压转换时，变压器的使用可以更好地优化变换器。通过正确选择变压器的匝比，施加在开关管和二极管上的电压或电流应力可以最小化，从而提高效率和降低成本。

通过添加多个次级绕组和变换器的次级侧电路，可以廉价地获得多路直流输出。通过次级匝数比的选择，获得所需的输出电压。因为变换器的输出电压通常只有一路是占空比调制的，所以对于辅助输出电压而言，稍微大些的误差是允许的。因为主输出电压是完全调节的，所以交叉调节是针对辅助输出电压变化的措施。图 7-1（a）是匝比为 $n_1:n_2:n_3$ 的多绕组变压器。图 7-1（b）其简化等效电路，这个简化电路用来理解大多数

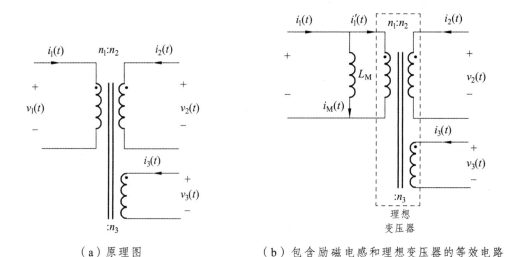

（a）原理图　　　　　　　　　（b）包含励磁电感和理想变压器的等效电路

图 7-1　多绕组变压器的简化模型

变压器隔离的变换器的运行是足够的。这个模型说明了绕组间的耦合，并且忽略了漏感。在以下章节中，将对更精确的等效电路进行讨论。理想的变压器服从以下关系：

$$\frac{v_1(t)}{n_1} = \frac{v_2(t)}{n_2} = \frac{v_3(t)}{n_3} = \cdots$$

$$0 = n_1 i_1'(t) + n_2 i_2(t) + n_3 i_3(t) + \cdots \tag{7-1}$$

在图 7-1（b）中，变压器初级有一个与理想变压器并联的电感 L_M，这个电感叫作励磁电感。

实际上变压器必须包括励磁电感。假设断开初级绕组以外的所有绕组，然后留单一的绕组在磁芯上，这个绕组实际上是一个电感器。图 7-1（b）的等效电路通过励磁电感预测了这种现象。

在变压器铁心里，励磁电流 $i_M(t)$ 与磁场 $H(t)$ 成正比。变压器铁心材料的物理 B-H 特性，控制着励磁电流，如图 7-2 所示。例如，如果励磁电流 $i_M(t)$ 太大，那么磁场强度 $H(t)$ 的幅值将造成磁心饱和。然后励磁电感值变得很小，明显使变压器短路。

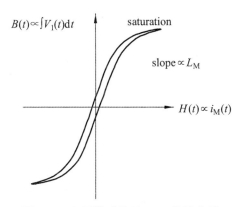

图 7-2　变压器磁芯的 B-H 特性曲线

励磁电感的存在解释了为什么变压器不能工作在直流电路：在直流电路中，励磁电感具有零阻抗，使绕组短路。在一个精心设计的变压器中，励磁电感在工作频率范围内的阻抗值比较大，励磁电流 $i_M(t)$ 比 $i_1(t)$ 的幅值要小很多。因此，$i_1'(t) \approx i_1(t)$，此变压器近似等于一个理想变压器。应该强调的是，励磁电流 $i_M(t)$ 和初级绕组电流 $i_1(t)$ 是相互独立的量。

励磁电感必须遵守所有的电感的基本规则。在图 7-1（b）的模型中，初级绕组电压 $v_1(t)$ 加在 L_M 上，因此

$$v_1(t) = L_M \frac{\mathrm{d}i_M(t)}{\mathrm{d}t} \tag{7-2}$$

综上可得

$$i_M(t) - i_M(0) = \frac{1}{L_M} \int_0^t v_1(\tau)\,\mathrm{d}\tau \tag{7-3}$$

因此，励磁电流是由所施加的绕组电压的积分确定的。电感的第二电压平衡原则也指出：当变换器工作在稳定状态下，励磁电感的直流电压分量必须为零，即

$$0 = \frac{1}{T_s} \int_0^{T_s} v_1(t)dt \tag{7-4}$$

因为励磁电流正比于绕组电压的积分，所以该电压的直流分量为零是重要的。否则，在每个开关周期将有励磁电流的净增加，最终导致过大的电流和变压器的饱和。

含有变压器的变换器的工作原理可以理解为：在变换器的变压器位置嵌入图 7-1（b）中的模型。如同之前的章节，把励磁电感作变换器中其他普通的电感一样对待，然后继续分析。

实际的变压器包含漏感，漏感磁通只连接了产生磁通的绕组而不连接变压器的其他绕组。在两个绕组的变压器中，这个现象可以等效为小电感与绕组串联。在大多数的隔离变换器中，漏感是不理想的，它造成了开关损耗，增加了开关管的电压峰值，并且降低了交叉调节。不过漏感对变换器的基本原理没有影响。

有几种将变压器隔离应用到直流-直流变换器的方法。经常用到的降压型隔离变换器有全桥电路，半桥电路，正激电路以及推挽电路。类似地，升压型隔离变换器也同样会采用变压器进行隔离。反激变换器是一种隔离的升降压变换器。以下章节将对这些变换器以及 Sepic 和 Cúk 的隔离变换器进行讨论。

7.1 反激变换器

反激变换器是基于 Buck-Boost 变换器推导得到的，推导过程如图 7-3 所示。图 7-3（a）描述了基本的 Buck-Boost 变换器，其使用一个 Power MOSFET 和二极管实现开关过程。

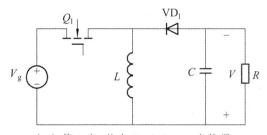

（a）第 1 步 基本 Buck-Boost 变换器

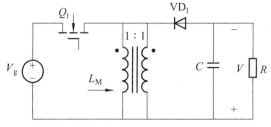

（b）第 2 步 用并联绕组代替电感线圈

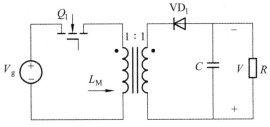

（c）第 3 步 断开两个绕组的连接

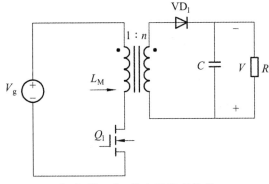

（d）第 4 步 基本反激变换器

图 7-3 反激变换器的推导

在图 7-3（b）中，电感线圈采用两根导线构成，匝数比为 1∶1。在这里，电感的基本作用是不变的，并联绕组相当于较粗的导线构成的单个绕组。在图 7-3（c），两个绕组之间的连接断开。当开关管 Q_1 导通时，使用一个绕组；当二极管 VD_1 导通时，使用另外一个绕组。图 7-3（b）的电路中流过两个绕组的总电流保持不变，但是，流过两个绕组的电流大小是不同的。

变压器初级和次级两个绕组的电感内部的磁场完全相同。虽然这两个绕组的磁性元件使用相同的符号所表示，但是更加准确的名称为"双绕组电感器"，这种装置有时也被称为反激变压器。与理想的变压器相比，反激变压器的两个绕组中不会同时流过电流。图 7-3（d）表示了反激变换器的基本构造。MOSFET 的源极被连接到初级侧接地，简化了栅极驱动电路。变压器极性相反，以获得正向的输出电压。变压器的匝数比为 1∶n，使其可以得到更好的优化。

反激变换器可以通过插入图 7-1（b）的模型来代替反激变压器进行分析，其电路结构如图 7-4（a）所示。励磁电感 L_M 的作用与电感 L 在图 7-3（a）中 Buck-Boost 变换器的作用相同。当开关管 Q_1 导通时，直流电源 V_g 的能量被储存在 L_M 中；当二极管 VD_1 导通时，储存的能量被转移到负载，感应电压的比值为 1∶n。

在区间 1，开关管 Q_1 导通，变换器电路模型简化为图 7-4（b）。电感电压 v_L、电容电流 i_c 和直流电源电流 i_g 由下式给出：

$$\begin{cases} v_L = V_g \\ i_c = -\dfrac{v}{R} \\ i_g = i \end{cases} \tag{7-5}$$

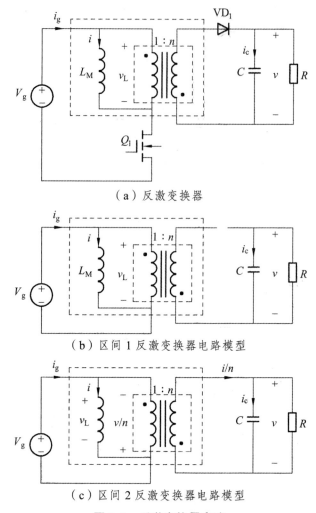

（a）反激变换器

（b）区间 1 反激变换器电路模型

（c）区间 2 反激变换器电路模型

图 7-4 反激变换器电路

假设该变换器工作在连续导通模式，电感电流纹波和电容电压纹波较小。励磁电流 i 和输出电容电压 v 可以由它们的直流分量 I 和 V 分别近似估算，公式（7-5）可表示为

$$\begin{cases} v_L = V_g \\[2mm] i_c = -\dfrac{V}{R} \\[2mm] i_g = I \end{cases} \tag{7-6}$$

在区间 2，开关管处于关断状态，二极管导通，等效电路模型如图 7-4（c）。此时初级侧电感电压 v_L、电容电流 i_c、直流电源电流 i_g 为

$$\begin{cases} v_L = -\dfrac{v}{n} \\[2mm] i_c = \dfrac{i}{n} - \dfrac{v}{R} \\[2mm] i_g = 0 \end{cases} \tag{7-7}$$

184

对于所有的区间，在变压器的同侧定义相同的 $v_L(t)$ 是非常重要的。在作出小纹波近似后，可以得到

$$\begin{cases} v_L = -\dfrac{V}{n} \\[2mm] i_C = \dfrac{I}{n} - \dfrac{V}{R} \\[2mm] i_g = 0 \end{cases} \qquad (7\text{-}8)$$

在连续导通模式下，$v_L(t)$、$i_c(t)$、$i_g(t)$ 的波形如图 7-5 所示。

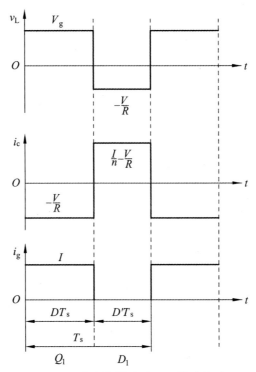

图 7-5　反激变换器连续导通模式的波形

应用伏秒平衡原则，初级侧励磁电感为

$$\langle v_L \rangle = D(V_g) + D'\left(-\frac{V}{n}\right) = 0 \qquad (7\text{-}9)$$

可得转换比为

$$M(D) = \frac{V}{V_g} = n\frac{D}{D'} \qquad (7\text{-}10)$$

因此，反激变换器的转换比是类似于 Buck-Boost 变换器，但包含了一个附加系数 n。

对输出电容 C 应用电荷平衡原则可得

$$\langle i_C \rangle = D\left(-\frac{V}{R}\right) + D'\left(\frac{I}{n} - \frac{V}{R}\right) = 0 \qquad (7\text{-}11)$$

解得 I 的大小为

$$I = \frac{nV}{D'R} \tag{7-12}$$

这是励磁电流的直流分量，与初级有关，电源电流 i_g 的直流分量为

$$I_g = \langle i_g \rangle = D(I) + D'(0) \tag{7-13}$$

反激变换器波形的直流分量可以构造成一个等效的电路模型。如图 7-6 所示（a）为电路对应的电感回路方程（7-9）和节点方程（7-11）、（7-13）。利用理想的直流变压器代替受控源可得图 7-6（b）所示的电路。这是反激变换器的直流等效电路。它包含了一个 $1:D$ 降压型转换比、一个 $D':1$ 升压型转换比和一个反激变压器匝数比所产生的附加因素 $1:n$。通过分析可知，该模型可以精确地考虑损失和预测变换器的效率。反激变换器也可以工作在不连续导通模式，在这里不作分析。考虑到匝数比 $1:n$，其结果类似于 DCM Buck-Boost 变换器。

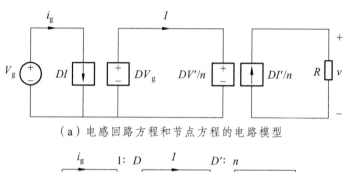

（a）电感回路方程和节点方程的电路模型

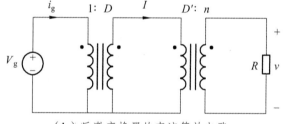

（b）反激变换器的直流等效电路

图 7-6　反激变换器的等效电路模型

反激变换器通常应用于电视和计算机显示器中，作为 50～100 W 的高电压电源。它具有元件少的优势，可以使用较少的元件获得多个输出，每个额外的输出只需要一个附加的绕组、二极管和电容。然而，与全桥、半桥或双管正激变换器相比，反激变换器开关管具有电压应力较高和交叉调节能力差的缺点。开关管的峰值电压等于直流输入电压加上负载电压 V/n，在实际中，附加的电压会与变压器漏感发生振荡。若要区分变压器在降压型电路和反激变换器上的应用是比较难的，因为它们所执行的功能不同。反激变压器的励磁电流是单向的，只利用了磁芯材料不超过一半的 $B-H$ 曲线。反激变压器的励磁电流包含了一个直流分量。反激变压器的体积很小，所以在设计中常常使其工作于不连续导通模式。但是，在不连续导通工作模式下，开关管、二极管和滤波电容的峰值电流增大。如果要使其工作于连续导通模式，则需要设计体积较大的变压器。虽然反激变压器体积更大，但流过功率元件的峰值电流较低。

例 7-1　如图 7-3 所示的连续工作模式的反激电路变换器，输入电压为 50 V，平均输出

电压为 100 V,一次绕组的励磁电感为 1 mH,一二次绕组的匝比为 1∶4。当开关频率为 20 kHz 时，求：（1）二次绕组的励磁电感；（2）占空比；（3）一次电流的变化量。

解：（1）由反激变压器的匝比和电感之间的关系可知：

二次绕组的励磁电感为

$$L_s = Lp\left(\frac{N_s}{N_p}\right)^2 = 1\times4^2 \text{ mH=16 mH}$$

（2）由连续模式下的输出电压的计算公式可知：

$$\frac{D}{1-D} = \left(\frac{V_o}{V_{in}}\right)\left(\frac{N_p}{N_s}\right) = \frac{100}{50}\times\frac{1}{4} = 0.5$$

解得，则占空比为：$D = \dfrac{1}{3}$。

（3）当开关管开通期间，副边绕组没有电流流过，此时可以把原边绕组看成普通的电感进行计算。则有

$$\Delta I = {V_{in}t_{on}}\big/{L_p} = 50\times\frac{1}{3}\times\frac{1}{20}\div1 \text{ A} = \frac{5}{6} \text{ A}$$

7.2 正激变换器

正激变换器的电路如图 7-7 所示，它是一种基于 Buck 的带变压器隔离的变换器。它仅需要一个单相变压器，因此通常应用在比全桥变换器和半桥变换器功率更低的场所。和其他由 Buck 衍生的变换器一样，它的输出电流是连续的，没有脉动，这使得正激变换器可以运用在对输出电流有高要求的场合。它的最大占空比受到限制，当选择变压器的初级和次级的匝比为 1，占空比的范围为 0≤D<0.5。

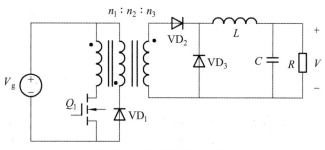

图 7-7　单端正激变换器

当变压器在断开的状态，励磁电流需要复位到零。它是通过图 7-8 所示的电路实现，图 7-8 所示的电路是通过用图 7-1（b）所示的三绕组变压器替换图 7-7 中的三绕组变压器得到的。典型波形如图 7-10 所示。励磁电感 L_M 一定工作在断续模式下。与二极管 VD₃ 相连的输出电感 L 既可以工作在连续模式下，也可以工作在断续模式下。图 7-10 所示的波形是输出电感 L 工作在连续模式下。图 7-9 所示的电路是在每个开关周期，正激电路的三个工作区间的等效电路。

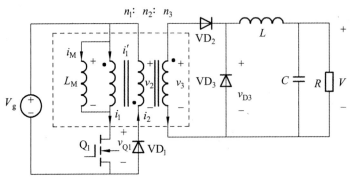

图 7-8　带有变压器等效模型的正激变换器

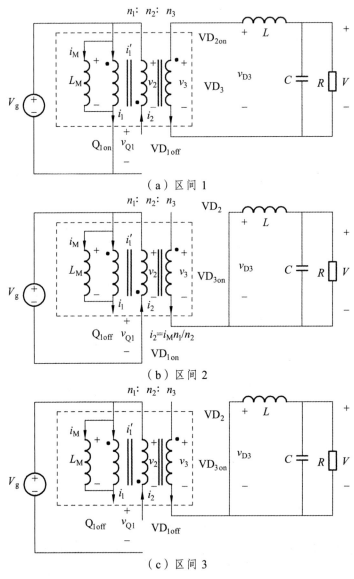

（a）区间 1

（b）区间 2

（c）区间 3

图 7-9　正激变换器电路

如图 7-9（a）所示，在区间 1，开关管 Q_1 导通，二极管 VD_2 导通，二极管 VD_1、VD_3 截止。输入电压 V_g 加到变压器的初级绕组，因此变压器的励磁电流 $i_M(t)$ 以斜率 V_g/L_M 线性增加，如图 7-10 所示。二极管 VD_3 两端的电压等于 $V_g \cdot n_3/n_1$。

当开关管 Q_1 关断时，区间 2 开始。如图 7-9（b）所示。在区间 2，变压器的励磁电流 $i_M(t)$ 在这一瞬间是正向的且必须继续续流，由于开关管 Q_1 关断，这个等效电路模型暗示励磁电流必须流进理想变压器的初级绕组，它可以被看成是 n_1i_M 安匝数流出了初级绕组的同名端，因此根据式（7-1）相等的总的安匝数流进其他绕组的同名端。二极管 VD2 阻断电流进绕组 3 的同名端，因此有电流 $i_M n_1/n_2$ 流进绕组 2 的同名端。此时二极管 VD_1 正向导通，二极管 VD_2 反向截止。输入电压 V_g 加在绕组 2 上，因此励磁电感两端的电压相对绕组 1 为 $-V_g n_1/n_2$。这个负压造成励磁电流以斜率 $V_g n_1/n_2 L_M$ 线性下降。由于二极管 VD_2 关断，因此二极管 VD_3 必须导通来为输出电感电流 $i(t)$ 提供回路。

当励磁电流达到零时，二极管 VD_1 反向截止，区间 3 开始，如图 7-9（c）所示。在区间 3，开关管 Q_1，二极管 VD_1、VD_2 都关断。为了保证在开关周期中平衡，励磁电流一直保持为零。根据变压器的励磁电感的伏秒平衡原理，初级绕 $v_1(t)$ 组电压平均值必须为零，参考图 7-10，$v_1(t)$ 平均值的表达式如下：

$$\langle v_1 \rangle = D(V_g) + D_2(-V_g n_1/n_2) + D_3(0) = 0 \tag{7-14}$$

求得占空比 D_2：

$$D_2 = \frac{n_2}{n_1} D \tag{7-15}$$

注意到占空比 D_3 不能被忽略，但是由于 $D+D_2+D_3=1$，可以得到

$$D_3 = 1 - D - D_2 \geqslant 0 \tag{7-16}$$

将式（7-15）代入式（7-16），可以得到

$$D_3 = 1 - D\left(1 + \frac{n_2}{n_1}\right) \geqslant 0 \tag{7-17}$$

求解 D 得到

$$D \leqslant \frac{1}{1 + \dfrac{n_2}{n_1}} \tag{7-18}$$

所以最大占空比受到了限制。通常情况下，选择 $n_1 = n_2$，限制值为

$$D \leqslant \frac{1}{2} \tag{7-19}$$

如果超过了这个限制，在开关周期结束之前的变压器截止时间内是不能够使励磁电流恢复到零的，变压器可能会发生饱和。

变压器的励磁电流 $i_M(t)$ 的波形如图 7-10 所示，对于一般情况，当 $n_1 = n_2$，图 7-10（a）所示为 $D \leqslant 0.5$ 时励磁电流的波形。励磁电感工作在断续模式，$i_M(t)$ 在开关周期结束前可以恢复

到零。图 7-10（b）所示的为 $D>0.5$ 时励磁电流的波形，这时电路没有工作在第 3 个区间，励磁电流工作在连续模式下，进一步来说，区间 2 的时间不足以使励磁电流恢复到零。因此在每个开关周期都会有一个 $i_M(t)$ 的增量，最终励磁电流会变得足够大使变压器饱和。

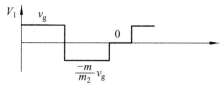

（a）断续模式 $D<0.5$

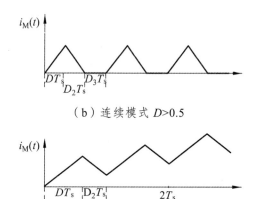

（b）连续模式 $D>0.5$

（c）v_1 波形

图 7-10　正激变换器电路励磁电流波形

这个变换器的输出电压可以由电感 L 的伏秒平衡原理求出，电感 L 两端的电压的直流分量必须为零，因此输出电压的直流分量等于二极管 VD_3 的直流分量 $v_{D3}(t)$，它的平均值为

$$\langle v_{D3} \rangle = V = \frac{n_3}{n_1} D V_g \tag{7-20}$$

这是正激电路在连续模式情况下求解的表达式，因此占空比 D 受限于式（7-18）。

从式（7-18）可知，最大占空比可以随着匝比 n_2/n_1 的增大而减小。这可以导致 $i_M(t)$ 在区间 2 减小得更快，使变压器复位更快。不幸的是这也增加了开关管 Q_1 的电压应力。在区间 2，开关管 Q_1 将会承受最大电压，由图 7-9（b）所示的电路，可以求 Q_1 承受的电压为

$$\max v_{Q1} = V_g \left(1 + \frac{n_1}{n_2} \right) \tag{7-21}$$

通常情况下，选择 $n_1 = n_2$，开关管在区间 2 承受的电压为 $2V_g$。实际上，由于变压器的漏感，更高的电压会被观察到。所以，减少匝比 n_2/n_1 可以允许增加开关管的最大占空比，但是会加大开关管关断时承受的电压。

双端正激变换器如图 7-11 所示，开关管 Q_1 和 Q_2 被同一个门极信号驱动。在区间 1，它们同时导通，在区间 2 和区间 3 同时关断。变换器的二次侧和单端正激变换器一样。在区间 1，二极管 VD_3 导通。在区间 2 和区间 3，二极管 VD_4 导通。在区间 2 励磁电流 $i_M(t)$ 流过 VD_1 和 VD_2。变压器的初级绕组和输入电压 V_g 相连，但是极性与区间 1 的相反。励磁电流以斜

190

率 V_g/L_M 线性减少。当励磁电流减小到零时，二极管 VD_1 和 VD_2 反向截止。励磁电流为了保证在开关周期中平衡，一直保持为零。所以在 $n_1=n_2$ 时，双端正激变换器的工作原理和单端正激变换器的相似，占空比限制在 $D<0.5$。这种变换器可以通过二极管 VD_1 和 VD_2 的钳位将开关管关断后承受的电压限制在 V_g。典型的双端正激变换器的功率水平接近半桥电路。

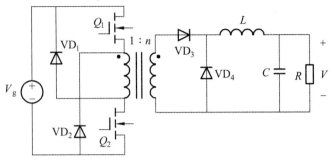

图 7-11 双端正激变换器电路

正激电路的变压器的利用率很高。由于变压器的励磁电流不能是负的，所以只有磁滞曲线 $B\text{-}H$ 的一半被使用。这时正激电路的磁芯应该是全桥变换器和半桥变换器的 2 倍。然而，在现代的高频变换器中，磁通的摆幅受限于磁芯损耗而不是磁芯材料的饱和磁通密度。因此正激变换器的磁芯利用率和全桥变换器及半桥变换器一样好。由于正激变换器不需要带中心抽头的绕组，因此变压器的初级绕组和次级绕组的利用率比全桥变换器、半桥变换器、推挽变换器的高。在区间 1，所有有效的铜线绕组都用来传送电能给负载。本质上在区间 2 和区间 3 没有任何不需要的电流流通。通常情况下，相比于由次级折算到初级的负载电流来说，励磁电流是一个很小的值，可以忽略其对变压器利用率的影响。所以变压器的磁芯和线圈有效地利用在现代的正激变换器中。

7.3 推挽变换器

推挽变换器如图 7-12。其次级电路结构与全桥和半桥变换器相同，波形也相同。初级电路包含一个有中间抽头的绕组。开关管 Q_1 在第一个开关周期 DT_s 时间内导通。开关管 Q_2 在下一个开关周期导通相同的时间，这样变压器初级绕组保持伏秒平衡。变换器波形如图 7-13所示。该变换器可以工作在整个占空比范围内，即 $0 \leqslant D<1$。其表达式为

$$V = nDV_g \tag{7-22}$$

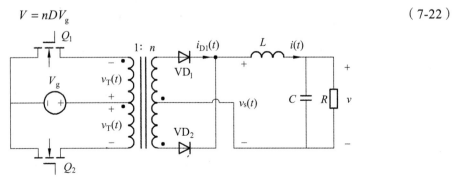

图 7-12 推挽变换器

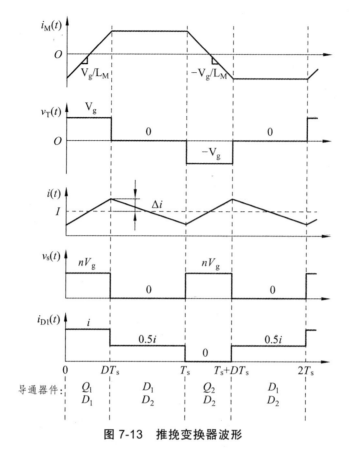

图 7-13 推挽变换器波形

该转换器有时结合低输入电压来应用。它往往表现出较低的初级导通损耗，因为在任何一个给定的瞬间都只有一个开关管与直流电源 V_g 串联，而且开关管占空比接近 1 时，变压器匝数比能达到最小化，从而减少开关管电流。

推挽变换器结构容易出现变压器饱和问题。因为它无法保证开关管 Q_1 和 Q_2 的正向压降和导通时间是完全相同的，而小的不平衡会导致施加到变压器初级电压的直流分量不能为零。因此，在每两个开关周期中，都有一个净增加幅值的励磁电流。如果这种不平衡继续下去，那么励磁电流最终可以变得足够大，使变压器饱和。

可以采用电流控制方法，来减轻变压器饱和问题。仅仅使用占空比控制的推挽变换器是不太可行的。

变压器铁心材料和二次绕组的利用率与全桥变换器类似。磁通和励磁电流既可为正也可为负，因此，如果需要的话，整个 B-H 回路均可以使用。由于变压器初级和次级绕组都是中心抽头，它们的利用率都不是最理想的。

7.4 全桥和半桥隔离式降压变换器

全桥式变压器隔离降压变换器如图 7-14（a）所示。图中显示了一个包含中心抽头的二次绕组；该电路常用于产生低输出电压。中心抽头的二次绕组的两端部分可以被看作是独立的绕组，因此，可以把这个电路元件看作是匝数比为 $1:n:n$ 的三绕组变压器。当用图 7-1（b）的等效电路模型代替变压器时，就可以得到电路如图 7-14（b）所示，其典型波形如图 7-15 所示。该变换器的输出部分与非隔离 Buck 变换器相似。

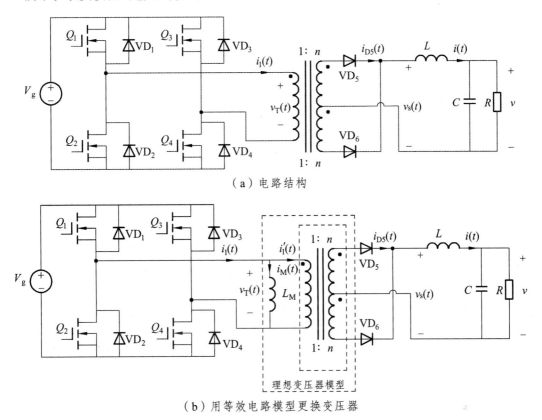

（a）电路结构

（b）用等效电路模型更换变压器

图 7-14　全桥式变压器隔离降压变换器

在第 1 区间 $t\in[0，DT_s]$，开关管 Q_1 和 Q_4 导通，变压器初级电压 $v_T=V_g$。正向电压使得励磁电流 $i_M(t)$ 以 V_g/L_M 的斜率上升。中间抽头的次级绕组的电压为 nV_g，以正电位极性标记。因此，二极管 VD_5 正向偏置，VD_6 反向偏置。电压 $v_s(t)=nV_g$，输出滤波电感电流 $i(t)$ 流过二极管 VD_5。

在第 2 区间 $t\in[DT_s，T_s]$，开关管的开关控制情况可能有好几种。在最常见的方案中，四个开关管都是关断的，因此，变压器电压 $v_T=0$。另外，开关管 Q_2 和 Q_4 可以导通，或者 Q_1 和 Q_3 可以导通。在这一区间的任何情况下，二极管 VD_5 和 VD_6 均是正向偏置；每个二极管导通时间大约为输出滤波电感电流变化周期的 1/2。

实际上，在第 2 区间，二极管电流 i_{D5} 和 i_{D6} 是输出滤波电感电流和变压器励磁电流的函数。在理想情况下（无励磁电流），变压器使得 $i_{D5}(t)$ 和 $i_{D6}(t)$ 在大小上是相等的，如果 $i_1'(t)=0$，那么 $ni_{D5}(t)=ni_{D6}(t)$。但是两个二极管的电流之和等于输出电感电流。

$$i_{D5}(t)+i_{D6}(t)=i(t) \tag{7-23}$$

因此，在第 2 区间，$i_{D5}=i_{D6}=0.5i$ 是真实的。在实际中，由于非零励磁电流的存在，二极管电流与此结果会有些许不同。

图 7-14（b）中的理想变压器电流遵从以下原则：

$$i_1'(t) - ni_{D5}(t) + ni_{D6}(t) = 0 \qquad (7-24)$$

理想变压器的初级电流节点方程为

$$i_1(t) = i_M(t) + i_1'(t) \qquad (7-25)$$

消除式（7-24）和（7-25）中的 $i_1'(t)$ 可以得到

$$i_1(t) - ni_{D5}(t) + ni_{D6}(t) = i_M(t) \qquad (7-26)$$

在第 2 区间，一般情况下，式（7-26）和（7-23）可描述为变压器绕组电流。根据式（7-23），励磁电流 $i_M(t)$ 可能通过初级和次级绕组的其中一个绕组，或者划分给所有这三个绕组。而如何划分电流要取决于导通开关管和二极管的 i-v 特性。在 $i_1=0$ 的情况下，根据式（7-23）和（7-26）可得到

$$\begin{aligned} i_{D5}(t) &= \frac{1}{2}i(t) - \frac{1}{2n}i_M(t) \\ i_{D6}(t) &= \frac{1}{2}i(t) + \frac{1}{2n}i_M(t) \end{aligned} \qquad (7-27)$$

假设 $i_M \ll ni$，则 i_{D5} 和 i_{D6} 均接近为 $0.5i$。

下一个开关周期 $t\in[T_s, 2T_s]$，除了用相反极性的电压激发变压器外，其他可用类似的方式进行分析。在 $t\in[T_s, T_s + DT_s]$ 区段，开关管 Q_2、Q_3 和二极管 VD_6 导通。所用变压器初级电压 $v_T = -V_g$，这使得励磁电流以 $-V_g/L_M$ 的斜率下降。电压 $v_s(t)=nV_g$，输出电感电流 $i(t)$ 通过二极管 VD_6。在 $t\in[D+T_s, 2T_s]$ 区段，二极管 VD_5 和 VD_6 再次导通，其状况类似于之前区间 2 所述。可以看出，输出滤波器元件的开关纹波频率 $f_s=1/T_s$。然而，变压器的波形有 $0.5f_s$ 的频率波动。

根据电感伏秒平衡原理在励磁电感中的应用，当变换器运行在稳态情况下时，变压器电压 $v_T(t)$ 的平均值为零。在第一个开关周期，正伏秒电压施加到变压器上，近似等于

$$[V_g -（Q_1 \text{ 和 } Q_4 \text{ 的正向电压压降}）] \times（Q_1 \text{ 和 } Q_4 \text{ 的导通时间}） \qquad (7-28)$$

在下一个开关周期，负伏秒应用到变压器上，则近似等于

$$-[V_g -（Q_2 \text{ 和 } Q_3 \text{ 的正向电压压降}）] \times（Q_2 \text{ 和 } Q_3 \text{ 的导通时间}） \qquad (7-29)$$

净伏秒，也就是等式（7-28）、（7-29）之和应该为零。虽然全桥电路使得该结果更接近真实，但在实践中仍然存在不平衡，例如开关管的正向电压压降或开关管的开关时间的微小差异，所以 $\langle v_T \rangle$ 很小但是不为零。因此，在每两个开关周期中，存在一个净增加的励磁电流的数值。这种增加可能会导致开关管的正向电压压降发生变化，这样小的不平衡可以得到补偿。然而，如果这种不平衡太大，那么励磁电流会变得足够大使得变压器饱和。

在稳态条件下，变压器饱和可以通过放置一个与变压器初级串联的电容器来避免。然后这种不平衡在电容两端产生一个直流电压分量，而不是作用在初级变压器。当采用电流控制时，串联电容可以省略。

通过伏秒平衡原理在输出滤波电感 L 上的应用，直流负载电压等于直流分量 $v_s(t)$

$$V = \langle v_s \rangle \qquad (7-30)$$

通过查阅图 7-15 中的 $v_s(t)$ 波形，$<v_s>=nDV_g$。因此

$$V = nDV_g \qquad (7-31)$$

所以在降压变换器中，输出电压可以由开关管的占空比 D 控制。一个额外的电压增加或减少可以通过变压器匝数比 n 获得。式（7-31）在连续导通模式下才是有效的；在非隔离降压变换器中，全桥和半桥变换器在轻载时会进入断续模式。该变换器基本上可以工作在整个占空比范围内，即 $0 \leqslant D < 1$。

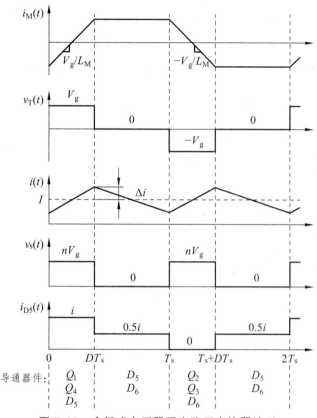

图 7-15　全桥式变压器隔离降压变换器波形

开关管 Q_1 和 Q_2 不能同时导通，否则将使直流电源 V_g 短路而导致工作效率低、损坏开关管。如果有必要的话，一个开关管的关断和下一个开关管的导通之间引入一个死区以防止重叠导通。二极管 $VD_1 \sim VD_4$ 可以使开关管的尖峰电压钳位在直流输入电压 V_g 上，而且轻载时可以为变压器励磁电流提供一个通路。全桥电路中的开关管的详细情况将在后面的章节中结合零电压开关情况进一步讨论。

全桥结构通常用于功率大于 750 W 的大功率开关电源。全桥结构一般不应用在低功率等级上，因为其元器件较多——四个开关管及与其相关的驱动电路都是必需的。全桥结构的变压器体积小，其利用率也很好。特别是，由于变压器的励磁电流可正可负，使得变压器磁芯的利用率很好。因此，在整个磁滞回路中都可以使用。然而，在实际中，磁通量受到了铁损的限制。虽然变压器初级绕组能够有效利用，但是有中间抽头的次级绕组却不能，因为有中间抽头的每部分绕组的功率转换仅仅发生在开关周期的交替转换时刻。因此，在第 2 区间，次级绕组电流会引起绕组的功率损耗，无法给负载传递能量。有关全桥结构的变压器设计将在后面的章节中详细讨论。

半桥式变压器隔离降压变换器如图 7-16 所示，典型波形如图 7-17 所示。该电路除了用大容量电容 C_a 和 C_b 代替了 Q_3 和 Q_4 及其反并联二极管之外，与图 7-14（a）中的全桥电路结构类似。根据变压器励磁电感的伏秒平衡原理，电容 C_b 的直流电压等于晶体管 Q_2 两端的直流电压分量，即为 $0.5V_g$。当开关管 Q_1 导通时，变压器一次侧电压 $v_T(t)$ 变为 $0.5V_g$，当开关管 Q_2 导通时，变压器一次侧电压 $v_T(t)$ 变为 $-0.5V_g$。电压 $v_T(t)$ 是全桥结构的一半，由此输出电压降低了 50%，即

$$V = 0.5nDV_g \tag{7-32}$$

输出电压降低的 50% 可以通过两倍的变压器匝数比 n 来补偿。但是，这使得开关管承受的电流加倍。

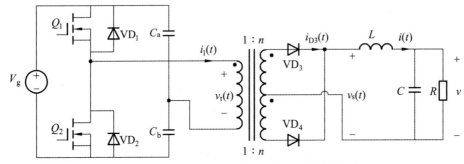

图 7-16 半桥式变压器隔离降压变换器

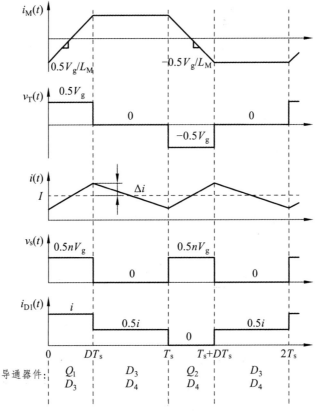

图 7-17 半桥式变压器隔离降压变换器波形

196

所以，半桥电路结构只需要两个开关管，但是这两个开关管必须要能承受比全桥电路大两倍的电流。因此，半桥结构一般应用在低功率等级场合，因为其开关管有足够的额定电流，而且零件数低也是很重要的。变压器铁心和绕组的利用率基本与全桥一样，开关管的峰值电压被二极管 VD_1 和 VD_2 钳位为直流输入电压 V_g。如果需要的话，亦可以省略电容 C_a。半桥变换器一般不采用电流控制。

7.5 带隔离的 Sepic 和 Cúk 变换器

在反激电路中获得隔离的技巧同样也可以应用在 Sepic 和反向 Sepic 电路。图 7-18（a）指出，电感 L_2 可用两个绕组替换，引出图 7-18（b）的隔离 Sepic 电路。图 7-18（c）为其等效电路。可以看出，励磁电感扮演着电感 L_2 能量储存的功能。另外，理想变压器提供隔离和一个匝数比。

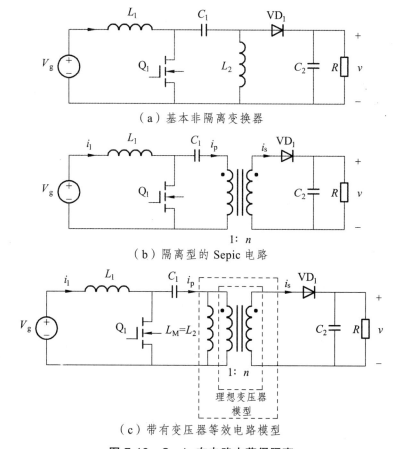

（a）基本非隔离变换器

（b）隔离型的 Sepic 电路

（c）带有变压器等效电路模型

图 7-18 Sepic 在电路中获得隔离

对于连续导通模式，典型的初级和次级绕组电流波形 $i_p(t)$ 和 $i_s(t)$ 如图 7-19 所示。磁性元件必须同时具备反激变压器和常规二绕组变压器的功能。在区间 1 内，当开关管 Q_1 导通时，励磁电流在初级绕组流过，次级绕组的电流为零。在区间 2 内，当二极管 VD_1 导通时，励磁电流由次级绕组流向负载。另外，输入电感电流 i_1 流过初级绕组。这在次级绕组上感应出次

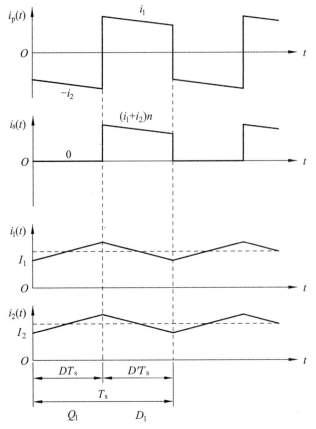

图 7-19　连续导通模式下的隔离 Sepic 电路的波形

级电流 i_1/n。因此，Sepic 变压器的设计与普通变压器设计不一样，并且绕组电流的有效值比同样的反激变压器更大。

对电感 L_1 和 L_M 应用伏秒平衡原理，电压增益可以表示为

$$M(D) = \frac{V}{V_g} = \frac{nD}{D'} \tag{7-33}$$

理想情况下，开关管必须阻断电压 V_s/D'。在实际上，由于与变压器漏感的作用，还会在开关管上增加附加的尖峰电压。

隔离的反向 Sepic 电路如图 7-20 所示。其变压器的运算和设计类似于 Sepic 电路。

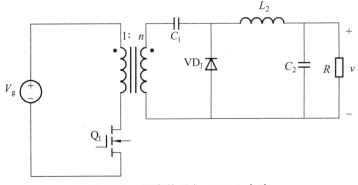

图 7-20　隔离的反向 SEPIC 电路

198

Cúk 变换器的隔离用不同的方式获得。基本的非隔离 Cúk 变换器如图 7-21（a）所示，在图 7-21（b）中，电容 C_1 分离成两个串联的电容 C_{1a} 和 C_{1b}。此时在电容 C_{1a} 和 C_{1b} 之间就可以插入变压器，如图 7-21（c）所示。

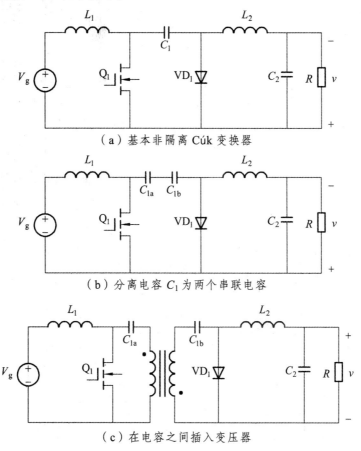

（a）基本非隔离 Cúk 变换器

（b）分离电容 C_1 为两个串联电容

（c）在电容之间插入变压器

图 7-21　在 Cúk 变换器中获得隔离

由于同名端被逆转，所以获得输出正电压。为了确保变压器没有直流电压的作用，在变压器初级和次级绕组上分别串上电容。常规变压器励磁电流小，励磁电感储存的能量可忽略不计。

Cúk 变换器中的变压器利用率非常好。励磁电流既可以为正也可以为负，如果需要，整个磁芯的磁滞曲线可以得到利用。它没有中间抽头绕组，所有的铜线得到了有效的利用。开关管的阻断电压为 V_g / D'，但要加上由变压器漏感带来的附件尖峰电压。其转化率和隔离 Sepic 电路相同，如式（7-33）。

隔离的 SEPIC 和 Cúk 变换器在开关电源中的应用，主要在几百瓦的功率等级。它们现在也使用在交直流低谐波整流器中。

7.6　Boost 派生隔离变换器

变压器隔离型 Boost 变换器是将 Buck 派生隔离型变换器的电源和负载颠倒而成的一种拓

扑。其中一些拓扑已得到广泛研究，本节仅简要介绍其中的两种 Boost 派生隔离变换器。这类变换器已应用在高压功率电源中，在低谐波整流器中也广泛采用。

一种全桥 Boost 派生隔离变换器拓扑如图 7-22 所示。它的 CCM 工作波形如图 7-23 所示。在第 1 和第 2 区间内的电路拓扑与基本的非隔离 Boost 变换器形式相同。当匝比为 $1:1$ 时，电感电流 $i(t)$ 和输出电流 $i_\mathrm{o}(t)$ 的波形与非隔离型 Boost 变换器电感电流和二极管电流波形一致。

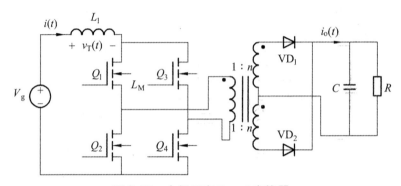

图 7-22　全桥隔离 Boost 变换器

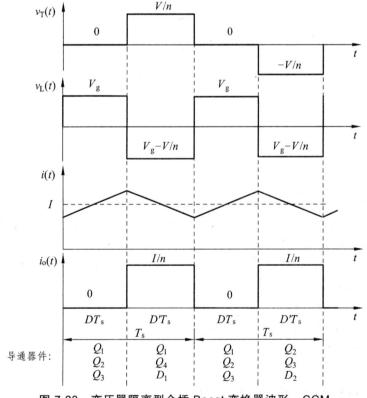

图 7-23　变压器隔离型全桥 Boost 变换器波形，CCM

在区间 1 中，所有的 4 个开关管处于导通状态，这会导致电感 L_1 与直流输入电源 V_g 直接相连，并导致二极管 VD_1 和 VD_2 反偏。电感电流 $i(t)$ 以斜率 V_g/L 上升，而能量由直流电源

V_g 传输至电感 L。区间 2 中，开关管 Q_2 和 Q_3 处于关断状态，电感 L 通过开关管 Q_1 和 Q_4 与变压器相连，二极管 VD_1 与直流输出端相连，能量由直流电源 V_g 传输至输出端。下一个开关周期与此类似。开关管 Q_1 和 Q_4 处于关断状态，电感 L 通过开关管 Q_2 和 Q_3 与变压器相连，二极管 VD_2 与直流输出端相连，能量由直流电源 V_g 传输至输出端。

如果开关管关断时间与二极管正向电压跌落时间相同，那么变压器平均电压为零。在两个开关周期内，变压器励磁电感伏秒数为零。

应用于电感电压波形 $v_L(t)$ 的电感伏秒平衡原则可得公式如下：

$$\langle V_L \rangle = D(V_g) + D'(V_g - V/n) = 0 \tag{7-34}$$

电压增益 $M(D)$ 表示为

$$M(D) = \frac{V}{V_g} = \frac{n}{D'} \tag{7-35}$$

这个结果与 Boost 变换器的 $M(D)$ 类似，根据变压器匝比另外增加了一个变量 n。

开关管必须将负载电压钳位于 $V/n = V_g/D'$。实际上，外加电压要考虑变压器漏感的影响。开关管瞬时电流由电感 L 限制，变压器饱和由半导体器件正向电压降的微小不平衡导致。

事实上，变压器饱和状态下的控制原则在区间 1 已有研究。

一种基于 Boost 变换器的推挽拓扑如图 7-24（a）所示。这种拓扑仅仅需要两个开关管，每个开关管电压必须箝位于 $2V/n$。工作模式与全桥拓扑相同。在区间 1，每个开关管处于通态。在区间 2，一个开关管处于断态，能量从电感 L 向变压器及其中一个二极管连接的输出端传递。在区间 2，两只开关管在开关周期内交替导通，保证了变压器保持伏秒平衡。

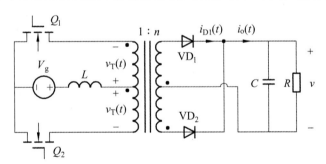

（a）基于 Boost 变换器

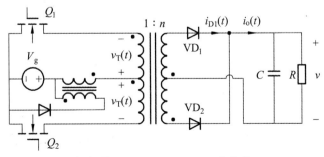

（b）基于 Watkins-Johnson 变换器

图 7-24 推挽隔离型变换器

7.7 软开关技术

现代电力电子技术朝着小型化、轻量化的方向发展，同时对装置的效率和电磁兼容性也提出了更高的要求。

一般来说，滤波电感、电容和变压器的体积和质量占了装置的体积和质量的很大比例，所以要实现小型化和轻量化首先必须设法降低它们的体积和质量。从电路的相关知识可以得知，工作频率的提高可以减小变压器中各绕组的匝数和铁心的尺寸，从而使变压器小型化。因此高频化是实现装置小型化、轻量化的最直接的途径。但是，频率的提高，开关损耗也会随之提高，电路效率就会下降，电磁干扰会增大，所以简单机械的提高开关频率的措施是不可行的。针对这些问题提出了软开关技术，它主要利用谐振的辅助换流手段，解决电路中的开关损耗和开关噪声问题，这样可以使开关频率大幅度提高。

7.7.1 硬开关与软开关

在对电路进行分析时，我们总是将电路理想化，尤其是将其中的开关理想化，认为开关转换的过程是在瞬间完成的，而忽略了开关过程对电路的影响。但是在实际的电路转换中，开关过程是客观存在的，一定条件下还可能对电路产生重要影响。开关过程中电压、电流不为零，出现了重叠，因此导致了开关损耗。而且电压和电流的变化很快，波形出现了明显的过冲，这导致了开关噪声的产生，具有这样的开关过程的开关被称为硬开关（图 7-25）。在硬开关过程中，开关损耗随着开关频率的提高而增加，使电路效率下降；开关噪声给电路带来严重的电磁干扰问题，影响周边电子设备的正常工作。

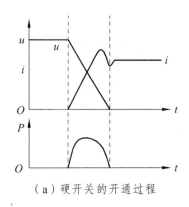
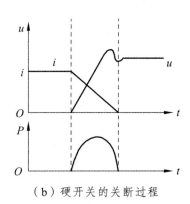

（a）硬开关的开通过程　　　　　　　　（b）硬开关的关断过程

图 7-25　硬开关的开关过程

在原电路中增加电感 L_r、C_r 等谐振元件，构成辅助换流网络，在开关过程前后引入谐振过程，开关开通前电压先降为零或关断前电流先降为零，消除开关过程中电流电压的重叠，降低它们的变化率，从而大大减小甚至消除损耗和开关噪声，这样的电路称为软开关电路。

软开关的典型开关过程如图 7-26 所示。

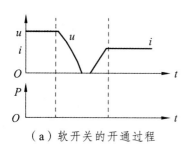 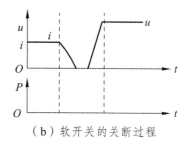

（a）软开关的开通过程　　　　　　　（b）软开关的关断过程

图 7-26　软开关的开关过程

7.7.2　零电压开关与零电流开关

零电压开通：

开关开通前其两端电压为零——开通时不会产生损耗和噪声。

零电流关断：

开关关断前其电流为零——关断时不会产生损耗和噪声。

零电压关断：

与开关并联的电容能延缓开关关断后电压上升的速率，从而降低关断损耗。

零电流开通：

与开关串联的电感能延缓开关开通后电流上升的速率，降低了开通损耗。

值得注意的是，当不指明是开通还是关断状态时，一般就简称为零电压开关和零电流开关。简单的利用并联电容或串联电感实现零电压关断或零电流开通一般会给电路造成总损耗增加、关断过电压增大等影响，所以要与零电压开通和零电流关断配合使用。

7.7.3　软开关电路分类

下面我们对于软开关电路进行分类：

根据开关元件开通和关断时电压电流状态，分为零电压电路和零电流电路两大类。

根据软开关技术发展的历程可以将软开关电路分成准谐振电路、零开关 PWM 电路和零转换 PWM 电路。

每一种软开关电路都可以用于降压型、升压型等不同电路，可以从基本开关单元导出具体电路，如图 7-27 所示。

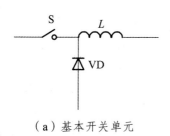 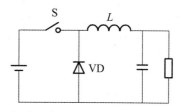

（a）基本开关单元　　　　　　　　　（b）降压斩波器中的基本开关单元

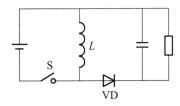

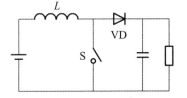

（c）升压斩波器中的基本开关单元 （d）升降压斩波器中的基本开关单元

图 7-27 基本开关单元的概念

下面分别介绍三类软开关电路。

1）准谐振电路（图 7-28）

准谐振变换器是开关技术的一次飞跃，其特点是谐振元件参与能量变换的某一个阶段，不是全程参与。由于正向和反向 LC 回路值不一样，即振荡频率不同，电流幅值不同，所以振荡不对称。一般正向正弦半波大过负向正弦半波，所以常称为准谐振。无论是串联 LC 或并联 LC 都会产生准谐振。利用准谐振现象，使电子开关器件上的电压或电流按正弦规律变化，从而创造了零电压或零电流的条件，以这种技术为主导的变换器称为准谐振变换器。准谐振变换器分为零电流开关准谐振变换器（Zero-current-switching Quasi-resonant Converters，ZCS QRCs）和零电压开关准谐振变换器（Zero-voltage-switching Quasi-resonant Converters，ZVS QRCs）。而谐振电压峰值很高，要求器件耐压必须提高；谐振电流有效值很大，电路中存在大量无功功率的交换，电路导通损耗加大；谐振周期随输入电压、负载变化而改变，因此电路只能采用脉冲频率调制（Pulse Frequency Modulation，PFM）方式来控制。

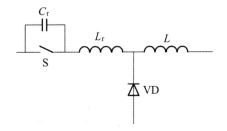

（a）零电压开关准谐振电路的基本开关单元 （b）零电流开关准谐振电路的基本开关单元

图 7-28 准谐振电路的基本开关单元

2）多谐振变换器（图 7-29）

多谐振变换器和准谐振变换器一样，也是开关技术的一次飞跃，其特点是谐振元件参与能量变换的某一个阶段，不是全程参与。多谐振变换器的谐振回路、参数可以超过两个，例如三个或更多，称为多谐振变换器。多谐振变换器一般实现开关管的零电压开关。这类变换器需要采用频率调制控制方法。

3）零开关 PWM 电路（图 7-30）

此类电路引入了辅助开关来控制谐振的开始时刻，使谐振仅发生于开关过程前后。

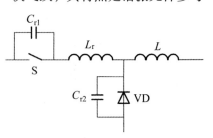

图 7-29 零电压开关多谐振电路的基本开关单元

零开关 PWM 电路可以分为：

（1）零电压开关 PWM 电路（Zero-Voltage-Switching PWM Converter，ZVS PWM）；

（2）零电流开关 PWM 电路（Zero-Current-Switching PWM Converter，ZCS PWM）。

这类电路有以下特点：

电路在很宽的输入电压范围内和从零负载到满载都能工作在软开关状态；电路中无功功率的交换被削减到最小，这使得电路效率有了进一步提高。

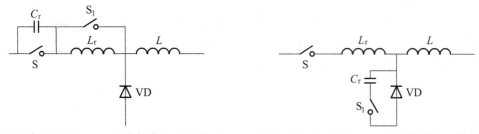

（a）零电压开关 PWM 电路的基本开关单元　　（b）零电流开关 PWM 电路的基本开关单元

图 7-30　零开关 PWM 电路的基本开关单元

4）零转换 PWM 电路（图 7-31）

这类电路采用辅助开关控制谐振的开始时刻，但谐振电路是与主开关并联的。这类电路在很宽的输入电压范围内和从零负载到满载都能工作在软开关状态。电路中无功功率的交换被削减到最小，这使得电路效率有了进一步提高。零转换 PWM 电路可以分为：零电压转换 PWM 电路（Zero-Voltage-Transition PWM Converter，ZVT PWM）和零电流转换 PWM 电路（Zero-Current Transition PWM Converter，ZCT PWM）。

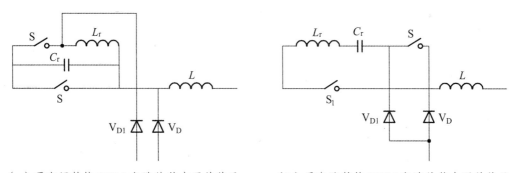

（a）零电压转换 PWM 电路的基本开关单元　　（b）零电流转换 PWM 电路的基本开关单元

图 7-31　零转换 PWM 电路的基本开关单元

本章小结

本章主要介绍了几类应用广泛的开关电源电路，它们都是由非隔离的 DC-DC 电路转换而来。其中，反激变换器的原型是升-降压电路；正激、推挽、半桥和全桥变换器的原型是降压电路。软开关技术也是开关电源中的一个主要发展方向，它的应用为提升开关电源的功率密度发挥着重要作用。

习题及思考题

1. 解释反激变换器的工作原理，调查并举例应用场合。
2. 设计一个电脑适配器用反激变换器主电路。
3. 解释正激变换器的工作原理。
4. 试说明反激变换器和正激变换器的区别。
5. 解释推挽变换器的工作原理，开关管的电压应力。
6. 解释全桥和半桥变换器的工作原理，两者的主要差异。
7. 什么是软开关技术？采用软开关技术有什么好处？

教学实验

实验1 单结晶体管同步移相触发电路性能研究

一、实验目的

（1）熟悉单结晶体管触发电路的工作原理及各元件的作用。
（2）掌握单结晶体管触发电路的调试步骤和方法。
（3）熟悉单相半波可控整流电路性能。
（4）了解续流二极管的作用。

二、实验内容

（1）单结晶体管触发电路的调试。
（2）单结晶体管触发电路各点波形的观察。
（3）单相半波整流电路带电阻性负载时特性的测定。
（4）单相半波整流电路带电阻电感性负载时，续流二极管作用的观察。

三、实验线路及原理

单结晶体管触发电路及单相半波可控整流电路如实验图1-1所示。

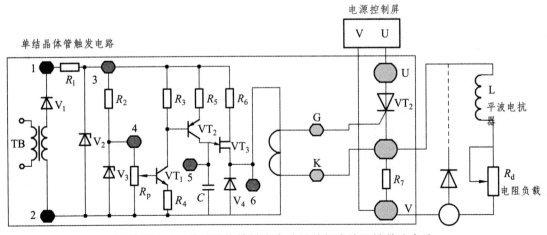

实验图1-1　单结晶体管触发电路及单相半波可控整流电路

四、实验设备及仪器

（1）教学实验台主控制屏；

（2）晶闸管；

（3）单结晶体管触发电路；

（4）可调电阻；

（5）双踪示波器（自备）；

（6）万用表（自备）。

五、注意事项

（1）双踪示波器有两个探头，可以同时测量两个信号，但这两个探头的地线都与示波器的外壳相连接，所以两个探头的地线不能同时接在某一电路的不同两点上，否则将使这两点通过示波器发生电气短路。为此，在实验中可将其中一根探头的地线取下或外包以绝缘，只使用其中一根地线。当需要同时观察两个信号时，必须在电路上找到这两个被测信号的公共点，将探头的地线接上，两个探头各接至信号处，即能在示波器上同时观察到两个信号，而不致发生意外。

（2）为保护整流元件不受损坏，需注意实验步骤：

① 在主电路不接通电源时，调试触发电路，使之正常工作。

② 在控制电压 $U_{ct}=0$ 时，接通主电路电源，然后逐渐加大 U_{ct}，使整流电路投入工作。

③ 正确选择负载电阻或电感，须注意防止过流。在不能确定的情况下，尽可能选择较大的电阻或电感，然后根据电流值来调整。

六、实验方法

1. 单结晶体管触发电路调试及各点波形的观察

将触发电路面板左下角的同步电压输入接电源控制屏的 U、V 输出端。按照实验接线图正确接线。

电源控制屏的"三相交流电源"开关拨向"直流调速"。合上主电源，即按下主控制屏绿色"闭合"开关按钮，这时候主控制屏 U、V、W 端有电压输出，触发电路箱内部的同步变压器原边接 220 V，副边输出分别为 60V（单结晶触发电路）、30 V（正弦波触发电路）、7 V（锯齿波触发电路）。

用示波器观察触发电路单相半波整流输出（"1"）、梯形电压（"3"）、锯齿波电压（"4"）及单结晶体管输出电压（"5""6"）等波形。

采用双踪示波器同时去观测（"1"）与（"6"）对地（"2"）的波形，调节移相可调电位器 R_P，观察输出脉冲的移相范围能否在 30° ~ 180°。

采用正弦波触发电路、锯齿波触发电路或其他触发电路，同样需要注意，谨慎操作。

2. 单相半波可控整流电路带电阻性负载

负载 R_d 接可调电阻，并调至阻值最大（R_d 接近 400 Ω），短接电感 L。

合上主电源，调节脉冲移相电位器 R_P，分别用示波器观察 α=30°、60°、90°、120° 时负载电压 U_d，晶闸管 VT_1 的阳极、阴极电压波形 U_{VT}。并测定 U_d 及电源电压 U_2，验证

$$U_d = 0.45U_2 \frac{1+\cos\alpha}{2}$$

α	60°	90°	120°
U_d	图	图	图
U_2	图	图	图

3. 单相半波可控整流电路带电阻电感性负载，无续流二极管

串入平波电抗器，在不同阻抗角（改变 R_d 数值）情况下，观察并记录 α = 60°、90°、120° 时的 U_d、i_d 及 U_{VT} 的波形。注意调节 R_d 时，需要监视负载电流，防止电流超过 R_d 允许的最大电流及晶闸管允许的额定电流。

α	60°	90°	120°
U_d	图	图	图
U_2	图	图	图

4. 单相半波可控整流电路带电阻电感性负载，有续流二极管

接入续流二极管，重复"3"的实验步骤。

α	60°	90°	120°
U_d	图	图	图
U_2	图	图	图

七、实验内容

（1）画出触发电路在 $\alpha = 90°$ 时的各点波形。

（2）画出电阻性负载，$\alpha = 90°$ 时，$U_d = f(t)$，$U_{vt} = f(t)$，$i_d = f(t)$ 波形。

（3）分别画出电阻、电感性负载，当电阻较大和较小时，$U_d = f(t)$、$U_{VT} = f(t)$，$i_d = f(t)$ 的波形（$\alpha = 90°$）。

（4）画出电阻性负载时 $U_d/U_2 = f(a)$ 曲线，并与 $U_d = 0.45U_2 \frac{1+\cos\alpha}{2}$ 进行比较。

（5）分析续流二极管的作用。

八、思　考

（1）本实验中能否用双踪示波器同时观察触发电路与整流电路的波形？为什么？

（2）为何要观察触发电路第一个输出脉冲的位置？

（3）本实验电路中如何考虑触发电路与整流电路的同步问题？

实验 2　正弦波同步移相触发电路性能研究

一、实验目的

（1）熟悉正弦波同步触发电路的工作原理及各元件的作用。
（2）掌握正弦波同步触发电路的调试步骤和方法。

二、实验内容

（1）正弦波同步触发电路的调试。
（2）正弦波同步触发电路各点波形的观察。

三、实验线路及原理

　　电路分脉冲形成、同步移相、脉冲放大等环节，具体工作原理可参见电力电子技术方面的有关教材。正弦波触发电路如实验图 2-1 所示。

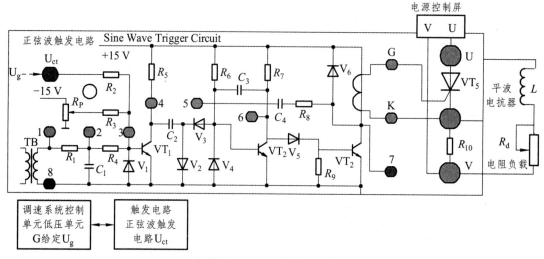

实验图 2-1　正弦波触发电路

四、实验设备及仪器

（1）教学实验台主控制屏；
（2）晶闸管；
（3）正弦波触发电路；
（4）可调电阻；
（5）双踪示波器（自备）；

（6）万用表（自备）。

五、实验方法

（1）将触发电路面板上左下角的同步电压输入端接电源控制屏的 U、V 端。

（2）合上电源控制屏主电路电源绿色开关，用示波器观察各观察孔的电压波形，测量触发电路输出脉冲的幅度和宽度，示波器的地线接于"8"端。

（3）确定脉冲的初始相位。当 $U_{ct}=0$ 时，调节 U_b（调 R_P）要求 α 接近于 $180°$。

（4）保持 U_b 不变，调节低压单元的给定电位器 R_{P1}，逐渐增大 U_{ct}，用示波器观察 U_1 及输出脉冲 U_{GK} 的波形，注意 U_{ct} 增加时脉冲的移动情况，并估计移相范围。

（5）调节 U_{ct} 使 $\alpha=60°$，观察并记录面板上观察孔"1"～"7"及输出脉冲电压波形。

六、实验报告

（1）画出 $\alpha=60°$ 时，观察孔"1"～"7"及输出脉冲电压波形。

（2）指出 U_{ct} 增加时，α 应如何变化？移相范围大约等于多少度？指出同步电压的那一段为脉冲移相范围。

七、注意事项

（1）双踪示波器有两个探头，可以同时测量两个信号，但这两个探头的地线都与示波器的外壳相连接，所以两个探头的地线不能同时接在某一电路的不同两点上，否则将使这两点通过示波器发生电气短路。为此，在实验中可将其中一根探头的地线取下或外包以绝缘，只使用其中一根地线。当需要同时观察两个信号时，必须在电路上找到这两个被测信号的公共点，将探头的地线接上，两个探头各接至信号处，即能在示波器上同时观察到两个信号，而不致发生意外。

（2）为保护整流元件不受损坏，需注意实验步骤：

① 在主电路不接通电源时，调试触发电路，使之正常工作。

② 在控制电压 $U_{ct}=0$ 时，接通主电路电源，然后逐渐加大 U_{ct}，使整流电路投入工作。

③ 正确选择负载电阻或电感，须注意防止过流。在不能确定的情况下，尽可能选择较大的电阻或电感，然后根据电流值来调整。

实验 3　锯齿波同步移相触发电路性能研究

一、实验目的

（1）加深理解锯齿波同步移相触发电路的工作原理及各元件的作用。

（2）掌握锯齿波同步触发电路的调试方法。

二、实验内容

（1）锯齿波同步触发电路的调试。

（2）锯齿波同步触发电路各点波形观察，分析。

三、实验线路及原理

锯齿波同步移相触发电路主要由脉冲形成和放大、锯齿波形成、同步移相等环节组成，其工作原理可参见"电力电子技术"有关教材，构成如实验图 3-1 所示的实验线路。

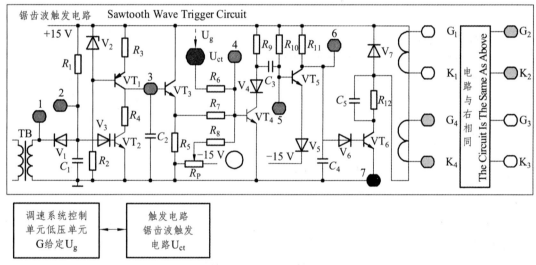

实验图 3-1　锯齿波触发电路

四、实验设备及仪器

（1）教学实验台主控制屏；

（2）晶闸管；

（3）锯齿波触发电路；

（4）可调电阻；

（5）双踪示波器（自备）；

（6）万用表（自备）。

212

五、实验方法

（1）将触发电路面板上左下角的同步电压输入端接电源控制屏的 U、V 端。

（2）合上电源控制屏主电路电源绿色开关。用示波器观察各观察孔的电压波形，示波器的地线接于"7"端。

同时观察"1""2"孔的波形，了解锯齿波宽度和"1"点波形的关系。

观察"3"～"5"孔波形及输出电压 U_{G1K1} 的波形，调整电位器 R_{P1}，使"3"的锯齿波刚出现平顶，记下各波形的幅值与宽度，比较"3"孔电压 U_3 与 U_5 的对应关系。

（3）调节脉冲移相范围。

将低压单元的输出电压 U_g 调至 0 V，即将控制电压 U_{ct} 调至零，用示波器观察 U_2 电压（即"2"孔）及 U_5 的波形，调节偏移电压 U_b（即调 R_P），使 $\alpha = 180°$。

调节低压单元的给定电位器 R_{P1}，增加 U_{ct}，观察脉冲的移动情况，要求 $U_{ct} = 0$ 时，$\alpha = 180°$，$U_{ct} = U_{max}$ 时，$\alpha = 30°$，以满足移相范围 $\alpha = 30° \sim 180°$ 的要求。

（4）调节 U_{ct}，使 $\alpha = 60°$，观察并记录 $U_1 \sim U_5$ 及输出脉冲电压 U_{G1K1}，U_{G2K2} 的波形，并标出其幅值与宽度。

六、实验报告

（1）整理、描绘实验中记录的各点波形，并标出幅值与宽度。

（2）总结锯齿波同步触发电路移相范围的调试方法，移相范围的大小与哪些参数有关。

（3）如果要求 $U_{ct} = 0$ 时，$\alpha = 90°$，应如何调整？

（4）讨论分析其他实验现象。

七、注意事项

（1）双踪示波器有两个探头，可以同时测量两个信号，但这两个探头的地线都与示波器的外壳相连接，所以两个探头的地线不能同时接在某一电路的不同两点上，否则将使这两点通过示波器发生电气短路。为此，在实验中可将其中一根探头的地线取下或外包以绝缘，只使用其中一根地线。当需要同时观察两个信号时，必须在电路上找到这两个被测信号的公共点，将探头的地线接上，两个探头各接至信号处，即能在示波器上同时观察到两个信号，而不致发生意外。

（2）为保护整流元件不受损坏，需注意实验步骤：

① 在主电路不接通电源时，调试触发电路，使之正常工作。

② 在控制电压 $U_{ct} = 0$ 时，接通主电路电源，然后逐渐加大 U_{ct}，使整流电路投入工作。

③ 正确选择负载电阻或电感，须注意防止过流。在不能确定的情况下，尽可能选择较大的电阻或电感，然后根据电流值来调整。

实验4　单相桥式全控整流电路性能研究

一、实验目的

（1）了解单相桥式全控整流电路的工作原理。

（2）研究单相桥式全控整流电路在电阻负载、电阻电感性负载及反电势负载时的工作情况。

（3）熟悉触发电路（锯齿波触发电路）。

二、实验线路及原理

参见实验图4-1。

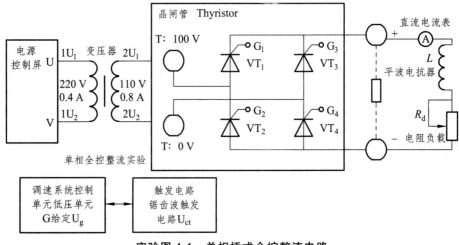

实验图4-1　单相桥式全控整流电路

三、实验内容

（1）单相桥式全控整流电路供电给电阻负载。

（2）单相桥式全控整流电路供电给电阻电感性负载。

四、实验设备及仪器

（1）教学实验台主控制屏；

（2）触发电路（锯齿波触发电路）组件；

（3）组式变压器组件；

（4）双踪示波器（自备）；

（5）万用表（自备）。

五、注意事项

（1）本实验中触发可控硅的脉冲来自触发电路（锯齿波触发电路）组件。

（2）电阻 R_d 的调节需注意。若电阻过小，会出现电流过大造成过流保护动作（熔断丝烧断，或仪表告警）。

（3）电感的值可根据需要选择。

（4）变压器采用组式变压器，原边为 220 V，副边为 110 V。

（5）示波器的两根地线由于同外壳相连，必须注意需接等电位，否则易造成短路事故。

（6）为保护整流元件不受损坏，需注意实验步骤：

① 在主电路不接通电源时，调试触发电路，使之正常工作。

② 在控制电压 $U_{ct} = 0$ 时（即触发角度为 180°时），接通主电路电源，然后逐渐加大 U_{ct}，使整流电路投入工作。

③ 正确选择负载电阻或电感，须注意防止过流。在不能确定的情况下，尽可能选择较大的电阻或电感，然后根据电流值来调整。

六、实验方法

（1）将触发电路（锯齿波触发电路）面板左下角的同步电压输入接电源控制屏的 U、V 输出端。

（2）断开变压器和晶闸管（T）主回路的连接线，合上控制屏主电路电源（按下绿色开关），此时锯齿波触发电路应处于工作状态。

调速系统控制单元（低压单元）的 G 给定，电位器 R_{P1} 逆时针调到底 $U_g = 0$，使 $U_{ct} = 0$。调节偏移电压电位器 R_P，使 $\alpha = 90°$。

断开主电源，按实验图 4-1 连线。

（3）单相桥式全控整流电路供电给电阻负载。

接上电阻负载，逆时针调节电阻负载至最大，首先短接平波电抗器。闭合电源控制屏主电路电源，调节调速系统控制单元（低压单元）给定 U_g，求取在不同 α 角（60°、90°、120°）时整流电路的输出电压 $U_d = f(t)$，晶闸管的端电压 $U_{VT} = f(t)$ 的波形，并记录相应 α 角，电阻负载 U_d 和交流输入电压 U_2 值。

u or i	U_d	U_{VT}	I_d
$\alpha = 60°$	图	图	
$\alpha = 90°$	图	图	
$\alpha = 120°$	图	图	

（4）单相桥式全控整流电路供电给电阻电感性负载。

断开平波电抗器短接线，求取在不同控制电压 U_g 时的输出电压 $U_d = f(t)$，负载电流 $i_d = f(t)$ 以及晶闸管端电压 $U_{VT} = f(t)$ 的波形或数值，并记录相应 α 角。

u or i	U_d		U_{VT}	I_d
$\alpha = 60°$	图		图	
$\alpha = 90°$	图		图	
$\alpha = 120°$	图		图	

注意，增加 U_g 使 α 前移时，若电流太大，可增加与 L 相串联的电阻加以限流。

实验 5 单相桥式有源逆变电路实验

一、实验目的

（1）加深理解单相桥式有源逆变的工作原理，掌握有源逆变条件。
（2）了解产生逆变颠覆现象的原因。

二、实验线路及原理

触发电路及晶闸管主回路的整流二极管 $VD_1 \sim VD_6$ 组成三相不控整流桥作为逆变桥的直流电源，回路中接入电感 L 及限流电阻 R_d。具体线路参见实验图 5-1。

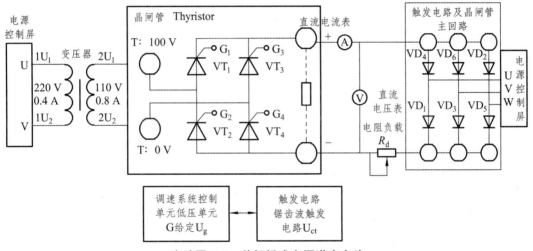

实验图 5-1 单相桥式有源逆变电路

三、实验内容

（1）单相桥式有源逆变电路的波形观察。
（2）有源逆变到整流过渡过程的观察。
（3）逆变颠覆现象的观察。

四、实验设备及仪表

（1）教学实验台主控制屏；
（2）触发电路（锯齿波触发电路）组件；
（3）电阻负载组件；
（4）变压器组件；

（5）双踪示波器（自备）；

（6）万用表（自备）。

五、注意事项

（1）本实验中触发可控硅的脉冲及晶闸管来自触发电路挂箱。

（2）电阻 R_P 的调节需注意。若电阻过小，会出现电流过大造成过流保护动作（熔断丝烧断，或仪表告警）。

（3）电感的值可根据需要选择。

（4）逆变变压器采用组式变压器，原边为 220 V，副边为 110 V。

（5）示波器的两根地线由于同外壳相连，必须注意需接等电位，否则易造成短路事故。

六、实验方法

（1）将触发电路（锯齿波触发电路）面板左下角的同步电压输入接电源控制屏的 U、N 输出端。

（2）有源逆变实验。

有源逆变实验的主电路如实验图 5-1。

① 将触发电路（锯齿波触发电路）面板左上角的同步电压输入接电源控制屏的 U、N 输出端。

将限流电阻 R_d 调整至最大，先断开变压器和晶闸管（T）的连接线及二极管整流三相输入电源，连接控制回路。合上主电源，用示波器观察锯齿波的 "1" 孔和 "6" 孔，调节偏移电位器 R_{P2}，使 $U_g = 0$ 时，$\alpha = 170°$，然后调节 U_g，使 α 在 150°附近。

② 按实验图 5-1 连接主回路。合上主电源，用示波器观察逆变电路输出电压 $U_d = f(t)$，晶闸管的端电压 $U_{VT} = f(t)$ 波形，并记录 U_d 和交流输入电压 U_2 的数值。

③ 采用同样方法，绘出 a 在分别等于 120°、90°时，U_d、U_{VT} 波形。

u or i	U_d	U_{vt}	I_d
$\alpha = 150°$	图	图	
$\alpha = 120°$	图	图	
$\alpha = 90°$	图	图	

（3）逆变到整流过程的观察。

当 α 小于 90°时，晶闸管有源逆变过渡到整流状态，此时输出电压极性改变，可用示波器观察此变化过程。注意，当晶闸管工作在整流时，有可能产生比较大的电流，需要注意监视。

（4）逆变颠覆的观察。

当 $\alpha = 150°$时，继续减小 G 给定，此时可观察到逆变输出突然变为一个正弦波，表明逆变颠覆。当突然断开触发电路（锯齿波触发电路）面板的电源，使脉冲消失，此时，也将产生逆变颠覆。

实验 6　电力 MOSFET、IGBT 的特性与驱动电路研究

一、实验目的

（1）熟悉电力 MOSFET、IGBT 的开关特性。
（2）掌握电力 MOSFET、IGBT 缓冲电路的工作原理与参数设计要求。
（3）掌握电力 MOSFET、IGBT 对驱动电路的要求。
（4）熟悉电力 MOSFET、IGBT 主要参数的测量方法。

二、实验内容

（1）电力 MOSFET 的特性与驱动电路研究。
（2）IGBT 的特性与驱动电路研究。

三、实验设备和仪器

（1）功率器件组；
（2）双踪示波器（自备）；
（3）万用表（自备）；
（4）教学实验台主控制屏。

四、实验方法

1. 电力 MOSFET 的特性与驱动电路研究

1）不同负载时电力 MOSFET 的开关特性测试

（1）电阻负载时的开关特性测试。

电力 MOSFET：将开关 S_1 接 $V+$，S_3 拨到 $+15\text{ V}$，S_2 接地，PWM 波形发生器的"21"与面板上的"20"相连，"26"与功率器件 MOSFET 的"G"端相连，"D"端与主回路的"1"相连，"S"端与"14"相连，见实验图 6-1。

用示波器分别观察，栅极驱动信号 i_g（"G"端与"24"之间）的波形及电流 i_s（"14"与"18"之间）的波形，记录开通时间 t_{on}，存贮时间 t_s、下降时间 t_f。

$t_{on}=$ 　　　　μs，$t_s=$ 　　　　μs，$t_f=$ 　　　　μs

（2）电阻电感性负载时的开关特性测试。

除了将主回路部分由电阻负载改为电阻电感性负载以外（即将"1"断开，而将"2"相连），其余接线与测试方法同上。

$t_{on}=$ 　　　　μs，$t_s=$ 　　　　μs，$t_f=$ 　　　　μs

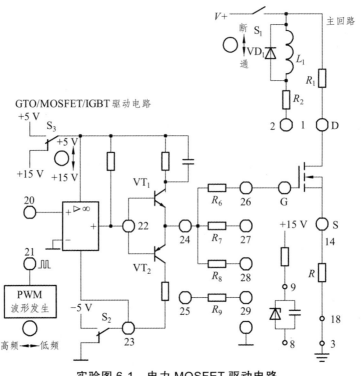

实验图 6-1　电力 MOSFET 驱动电路

2）不同栅极电流时的开关特性测试

（1）断开"26"与"G"端的连接，将栅极回路的"27"与"G"端相连，其余接线同上，测量并记录栅极驱动信号 i_g（"G"端与"24"之间）及电流 i_s（"14"与"18"之间）波形，记录开通时间 t_{on}、存贮时间 t_s、下降时间 t_f。

（2）断开"27"与"G"端的连接，将栅极回路的"28"与"G"端相连，其余接线与测试方法同上。

$t_{on} =$　　　　μs, $t_s =$　　　　μs, $t_f =$　　　　μs

3）电力 MOSFET 有与没有栅极反压时的开关过程比较

（1）没有栅极反压时的开关过程测试——与上述 2）测试方法相同。

（2）有栅极反压时的开关过程测试。

电力 MOSFET：将原来的"18"与"地"断开，并将"18"与"9"以及"8"与"地"相连，其余接线与测试方法同上。

$t_{on} =$　　　　μs, $t_s =$　　　　μs, $t_f =$　　　　μs

4）并联缓冲电路作用测试（实验图 6-2）

（1）带电阻负载测试。

电力 MOSFET："4"与电力 MOSFET 的"D"端相连、"5"与"S"端相连，观察有与没有缓冲电路时"S"端与"18"及电力 MOSFET 的"D"端与"S"之间波形。

（2）带电阻电感负载测试。

将"1"断开，将"2"接入，有与没有缓冲电路时，观察波形的方法同上。

220

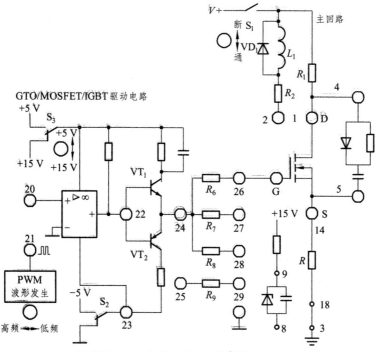

实验图 6-2 电力 MOSFET 并联缓冲电路

2. IGBT 的特性与驱动电路研究

1) 不同负载时 IGBT 的开关特性测试 (实验图 6-3)

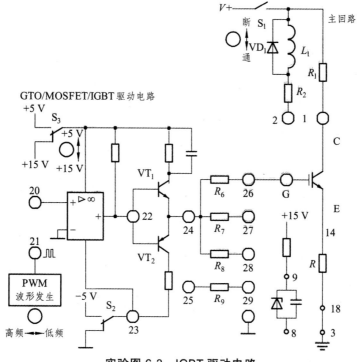

实验图 6-3 IGBT 驱动电路

（1）电阻负载时的开关特性测试。

IGBT：将开关 S_1 接 $V+$，S_3 拨到 $+15$ V，S_2 接地，PWM 波形发生器的"21"与面板上的"20"相连，"26"与功率器件 IGBT 的"G"端、"C"端与主回路的"1"、"E"端与"14""18"与"3"相连。

用示波器分别观察，栅极驱动信号 i_g（"G"端与"24"之间）的波形及电流 i_e（"14"与"18"）的波形，记录开通时间 t_{on}，存贮时间 t_s、下降时间 t_f。

$t_{on} = $ μs，$t_s = $ μs，$t_f = $ μs

（2）电阻电感性负载时的开关特性测试。

除了将主回器部分由电阻负载改为电阻、电感性负载以外（即将"1"断开，而将"2"相连），其余接线与电阻负载测试方法相同。

$t_{on} = $ μs，$t_s = $ μs，$t_f = $ μs

2）不同栅极电流时的开关特性测试

（1）断开"26"与"G"端的连接，将栅极回路的"27"与"G"端相连，其余接线同上，测量并记录栅极驱动信号 i_g（"27"与"24"之间）及电流 i_e（"14"与"18"之间）波形，记录开通时间 t_{on}，存贮时间 t_s、下降时间 t_f。

（2）断开"27"与"G 端"的连接，将栅极回路的"28"与"G"端相连，其余接线与测试方法同上。

$t_{on} = $ μs，$t_s = $ μs，$t_f = $ μs

3）并联缓冲电路作用测试（实验图 6-4）

（1）带电阻负载。

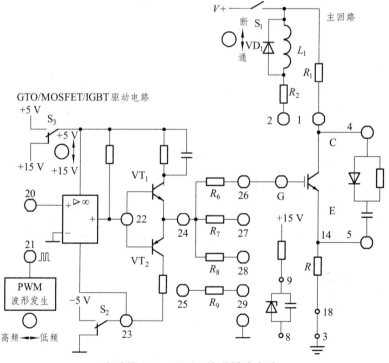

实验图 6-4　IGBT 并联缓冲电路

222

IGBT："4"与 IGBT 的"C"端相连，"5"与"E"端相连，观察有与没有缓冲电路时 IGBT "E"端与"18"及"C"端与"E"与之间波形。

（2）带电阻电感负载。

将 1 断开，将 2 接入，有与没有缓冲电路时，观察波形的方法同上。

五、实验报告

（1）绘出电力 MOSFET、IGBT 电阻负载，电阻电感负载以及不同栅极电阻时的开关波形，并分析不同负载时开关波形的差异，并在图上标出 t_{on} 与 t_{off}。

（2）绘出电力 MOSFET、IGBT 电阻负载与电阻电感负载有与没有并联缓冲电路时的开关波形，并说明并联缓冲电路的作用，并在图上标出 t_{on}、t_{off}。

（3）绘出电力 MOSFET 有与没有栅极反压时的开关波形，并分析其对关断过程的影响。

（4）实验的收获、体会与改进意见。

实验 7　直流斩波电路性能研究（设计性）

一、实验目的

熟悉六种斩波电路（Buck chopper、Boost chopper、Buck-boost chopper、Ćuk chopper、Sepic chopper、Zeta chopper）的工作原理，掌握这六种斩波电路的工作状态及波形情况。

二、实验内容

（1）SG3525 芯片的调试。
（2）斩波电路的连接。
（3）斩波电路的波形观察及电压测试。

三、实验设备及仪器

（1）电力电子教学试验台主控制屏；
（2）现代电力电子及直流脉宽调速组件；
（3）双踪示波器（自备）；
（4）万用表（自备）。

四、实验方法

按照面板上各种斩波器的电路图，取用相应的元件，搭成相应的斩波电路即可。

1. SG3525 性能测试

用示波器测量，PWM 波形发生器的"VT-G"孔和地之间的波形。调节占空比调节旋钮，测量驱动波形的频率以及占空比的调节范围。

2. PWM 性能测试

测量输出最大与最小占空比。

3. Buck Chopper

（1）连接电路。

将 PWM 波形发生器的输出端"VT-G"端接到斩波电路中 IGBT 管 VT 的 G 端，将 PWM 的"地"端接到斩波电路中"VT"管的 E 端，再将斩波电路的（E、5、7），（8、11），（6、12）相连，最后将 15 V 直流电源 U1 的"+"正极与 VT 的 C 相连，负极"－"和 6 相连。（照图接成 buck chopper 斩波器。）

（2）观察负载电压波形。

经检查电路无误后，闭合电源开关，用示波器观察 VD 两端 5、6 孔之间电压，调节 PWM

波形发生器上的电位器，即改变触发脉冲的占空比，观察负载电压的变化，并记录电压波形。

（3）观察负载电流波形。

用示波器观察并记录负载电阻 R 两端波形

4. Boost Chopper

照图接成 Boost Chopper 电路。电感和电容任选，负载电阻为 R。实验步骤同 Buck Chopper。

5. Buck-boost Chopper

照图接成 Buck-boost Chopper 电路。电感和电容任选，负载电阻为 R。实验步骤同 Buck Chopper

6. Cúk Chopper

照图接成 Cúk chopper 电路。电感和电容任选，负载电阻 R。实验步骤同 Buck Chopper。

7. Sepic Chopper

照图接成 Sepic Chopper 电路。电感和电容任选，负载电阻为 R。实验步骤同 Buck Chopper。

8. Zeta Chopper

照图接成 Zeta Chopper 电路。电感和电容任选，负载电阻为 R。实验步骤同 Buck Chopper。

五、具体实验项目参数

序号	元器件符号	元器件参数及型号
1	VT	MOSFET IRF840
2	VD	二极管 FR307
3	C_1	10 μF/100 V 无极性电容
4	C_2	47 μF/100 V 无极性电容
5	L_1	75 mH
6	L_2	75 mH
7	R	510 Ω/10 W

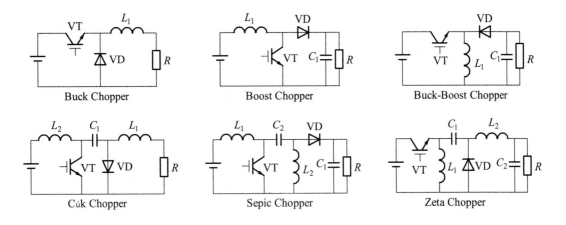

Buck Chopper Boost Chopper Buck-Boost Chopper

Cúk Chopper Sepic Chopper Zeta Chopper

实验 8　采用自关断器件的单相交流调压电路性能研究

一、实验目的

（1）掌握采用自关断器件的单相交流调压电路的工作原理、特点、波形分析与使用场合。

（2）熟悉 PWM 专用集成电路 SG3525 的组成、功能、工作原理与使用方法。

二、实验内容

（1）PWM 专用集成电路 SG3525 性能测试。

（2）控制电路相序与驱动波形测试。

（3）带与不带电感时负载与 MOS 管两端电压波形测试。

（4）在不同占空比条件下，负载端电压、负载端谐波与输入电流的位移因数测试。

三、实验系统组成及工作原理

随着自关断器件的迅速发展，采用晶闸管移相控制的交流调压设备，已逐渐被采用自关断器件（功率 MOSFET、IGBT 等）的交流斩波调压所代替，与移相控制相比，斩波调压具有下列优点：

（1）谐波幅值小，且最低次谐波频率高，故可采用小容量滤波元件。

（2）功率因数高，经滤波后，功率因数接近于 1。

（3）对其他用电设备的干扰小。

因此，斩波调压是一种很有发展前途的调压方法，可用于马达调速、调温、调光等设备。本实验系统以调光为例，进行斩波调压研究。

斩波调压的主回路由 MOSFET 及其反并联的二极管组成双向全控电子斩波开关，其实验图如实验图 8-1 所示。当 MOS 管分别由脉宽调制信号控制其通断时，则负载电阻 R_L 上的电压波形如实验图 8-2（b）所示（输出端不带滤波环节时），显然，负载上的电压有效值随 PWM 信号的占空比而变，当输出端带有滤波环节时的负载端电压波形如实验图 8-2（c）所示。

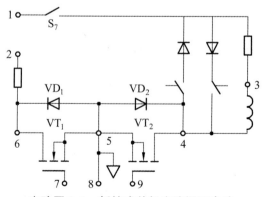

实验图 8-1　斩控式单相交流调压电路

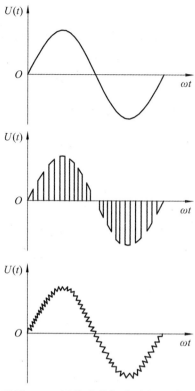

实验图 8-2　斩控式单相交流调压波形图

　　脉宽调制信号由专用集成芯片 SG3525 产生，有关 SG3525 的内部结构、功能、工作原理与使用方法等可参阅直流斩波电路实验。

　　控制系统中由变压器 T、比较器和或非门等组成同步控制电路以确保交流电源的 2 端为正时，MOS 管 VT_1 导通；而当交流电源的 1 端为正时，MOS 管 VT_2 导通。

四、实验设备和仪器

（1）现代电力电子及直流脉宽调速；
（2）万用表；
（3）双踪示波器。

五、实验方法

1. SG3525 性能测试

（1）测量"1"端。
（2）输出最大与最小占空比测量。测量"2"端。

2. 控制电路相序与驱动波形测试

将"UPW"的"2"端与控制电路的"14"端相连。将电位器 R_P 左旋到底，用双踪示波器观察并记录下列各点波形：

（1）控制电路的"11""12"与地端间波形，应仔细测量该波形是否对称互补。

（2）控制电路的"13""15"与地端间波形。

（3）主电路的"4"与"5"及"6"与"5"端间波形。

3. 不带电感时负载与 MOS 管两端电压波形测试

将主电路的"3"与"4"短接，将 UPW 的电位器 R_P 右旋到大致中间的位置，测试并记录负载与 MOS 管两端电压波形。

4. 带电感时负载与 MOS 管两端电压波形测试

将主电路的"3"与"4"不短接，将 UPW 的电位器 R_P 右旋到大致中间的位置，测试并记录负载与 MOS 管两端电压波形。

5. 不同占空比 D 时的负载端电压测试

实验中，将电位器 R_P 从左至右旋转 4～5 个位置，分别观察并记录 SG3525 的输出"2"端脉冲的占空比、负载端电压大小与波形

6. 不同占空比 D 时的负载端谐波大小的测试

分别观察并记录 R_P 左旋与右旋到底时的负载端波形，从而判断出占空比 D 大小对负载端谐波大小的影响。

7. 输入电流的位移因数测试

（1）将主电路的"3""4"两端用导线短接，即不接入电感。

（2）在不同占空比条件下，用双踪示波器同时观察并记录"2"与"1"端和"2"与"6"端间波形。

实验 9 整流电路的有源功率因数校正研究

一、实验目的

（1）熟悉整流电路功率因数的定义，提高功率因数的意义以及功率因数校正的基本原理。
（2）掌握 BOOST 功率因数校正器（PFC）的组成、工作原理、特点及调试方法。
（3）熟悉功率因数校正集成控制电路 UC3854 的组成、功能、工作原理与使用方法。

二、实验内容

（1）PFC 集成控制电路芯片 UC3854 性能测试。
① 芯片的开启电压与关断电压。
② 振荡频率。
③ 限流保护功能。
④ 软起动性能。
⑤ 输出 PWM 波形。
⑥ 8 脚、9 脚与 11 脚的电压。
（2）有与无 PFC 电路时的交流输入电压与电流波形测试。
（3）交流输入电路的位移因数测试。
（4）不同振荡频率时的交流输入电流的高频谐波测试。
（5）输入电压调整率（抗电压波动能力）测试。
（6）负载调整率（抗负载波动能力）测试。

三、实验系统组成及工作原理

目前使用的绝大部分整流电路均采用二极管整流与滤波大电容相结合的电路结构形式，这种 AC/DC 变换电路的输入电压虽为正弦波，但输入电流却发生了畸变，如实验图 9-1 所示，输入电流的非正弦化，导致电流的总谐波失真（*THD*）高和功率因数（*PF*）低。

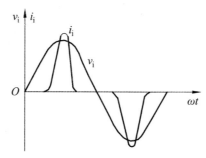

实验图 9-1 输入电压电流波形

有源功率因数校正技术的基本思路是在整流电路的滤波电容与负载之间增加一个功率变换电路，将整流电路的输入电流校正成与电网电压同相的正弦波，从而消除了谐波和无功电流，因而可使电网功率因数提高到近似为1。

实验系统原理框图如实验图9-2所示。

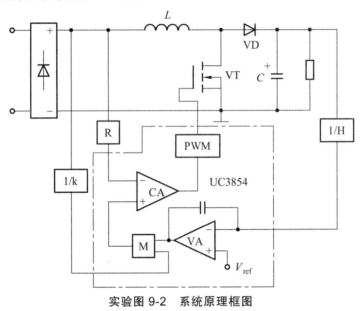

实验图 9-2　系统原理框图

系统主电路采用 BOOST 升压电路，控制电路采用功率因数校正专用集成芯片 UC3854，为图中虚线部分所示，该芯片内部主要包含电压误差放大器 VA 及基准电压 V_{ref}，电流误差放大器 CA，乘法器 M，脉宽调制器和驱动器，等。

由上述系统原理框图可见，该 BOOST 功率因数校正电路是一个双闭环控制系统。内环是控制 i_L 的电流环，外环则是控制输出电压 V_O 的电压环，即检测直流输出电压 V_O 并和指令电压 V_{ref} 相比较，偏差通过电压调节器 VA 进行放大，其输出为反映负载大小的电流信号 i_L。通过乘法器把 i_d 与正弦函数 $|\sin wt|$ 相乘，该 $|\sin wt|$ 信号实际上是用单相全波整流后的 U_{ae} 信号代替的，乘法器的输出 $i_L = i_d \sin wt$ 加到内环电流调节器的输入端作为电流指令信号与检测到的电感电流 i_L 相比较，通过电流调节器 CA 调节后，再通过脉宽调制器控制器控制开关器件 Tr，即使 i_L（即充流输入电流）跟踪指令电流 I，显然，通过上述控制不仅可使整流 i_d 的形状与充流输入电压（正弦波）基本一致，使电流谐波大为减少，提高了输入端功率因数，而且当输出电压 V_O 由于某种原因发生变化时，通过电压外环的控制可使输出电压 V_O 且有较高的电压稳定性。

四、实验设备和仪器

（1）电力电子及电气传动教学实验台主控制屏；
（2）MCL-15 整流电路的有源功率因数校正（APFC）实验挂箱；
（3）双踪示波器；
（4）万用表。

五、实验方法

（1）认真阅读实验指导书，掌握 APFC 电路的工作原理、实验内容与要求。

（2）电路连线。

将"2"与"4"端、"20"与"21"端、"23"与"24"端、"27"与"28"端相连，开启电源开关，测量输出端"13"与"15"间的电压。

（3）PFC 芯片 UC3854 性能测试。

① 开启电压。

关闭电源，断开"23"与"24"的连线，将（"16"与"17"端）、（"18"与"24"端）相连，将电位器 R_P 逆时针旋转到底。

开启电源，将 R_P 顺时针慢旋转，观察"30"与"31"端间波形，直到锯齿波形刚出现为止，用万用表测"24"与"31"端间的电压，该电压即为芯片的开启阈值电压。

② 振荡频率。

a. 接线同上，使芯片工作在开启状态，测量"30"端与"31 端"之间锯齿波的频率，峰值与谷点电压。

b. 将"29"与"30"端相连，测量上述锯齿波的频率，峰值与谷点电压。

③ 峰值电流（限流保护功能）。

连接"2"与"4"端、"16"与"17"端、"23"与"24"端、"21"与"18"端、"27"与"28"端，其他地方不连线，将 R_P 顺时针慢慢旋转到底，合上电源，用示波器观察"10"与"12"端的 PWM 波形慢慢逆时针旋转 R_P，直到 PWM 波形，消失为止，测出此时的"18"与"31"端电压，该电压即为峰值电流限制电压 u_1 也可称为芯片的限流保护电压；而电路正常工作时的"21"与"31"端电压为 u_2，当已知"11"与"12"端间的取样电阻值 R_S 后则峰值电流 $I_T = (u_2 - u_1)/R_S$，即可求出，系统允许的最大峰值电流。

④ 软起动（起动延时）性能。

连接"2"与"4"端、"20"与"21"端、"23"与"24"端、"27"与"28"端，其他地方不连线，用双踪示波器同时观察"8"与"12"端和"10"与"12"端的波形快速开启电源，读出上述两个波形起始点的时间差，该时间即为软起动时间（或称起动延时时间，由于软起动速度非常快应当用光线示波器或记忆示波器才能看到），断开"27"与"28"端连线，比较没有软起动电路时的延时时间。

⑤ 测试下列各端电压与波形。

a."22"与"31"端的比较电压。

b."25"与"31"端的输出反馈电压。

c."26"与"31"端的输入电源电压。

d."10"与"31"端的输出 PWM 波形，记录其周期与占空比。

（4）有 PFC 电路时的交流输入电压与电流波形测试。

将"2"与"4"端、"20"与"21"端、"23"与"24"端、"27"与"28"端相连，其他地方不连线，用示波器观察并记录"2"与"5"端及"6"与"5"端的波形。

（5）无 PFC 电路时的交流输入电压与电流波形测试。

将"2"与"4"端、"7"与"13"端相连，其他地方不连线，观察并记录"2"与"5"端及"6"与"5"端的波形（注意示波器探头共地问题）。

（6）输入电路的位移因数测试。

实验步骤同上述（4），将示波器时间轴拉开，测出电压与电流过零点的时间差（μs），换算成电位与电流的相位角中，即可求得输入电路的位移因数 $\cos\phi$。

（7）振荡频率高低对交流输入电流丝波的影响测试。

"29"与"30"端相连使振荡频率降低一半，观察并描绘"6"与"5"端的交流输入电流波形。

（8）储能电感大小对电路工作影响的测试。

将主回路中"9"与"8"端、"2"与"4"端、"20"与"21"端、"23"与"24"端、"27"与"28"端相连，其他地方不连线，使储能电感量减小一半，观察并描绘"6"与"5"端的交流输入电流波形和"11"与"12"端的整流波形。

（9）输入电压调整率（抗电网电压波动能力）测试。

将"9"与"8"端及"29"与"30"端断开，测出"13"与"15"端电压 U_{O1}，然后将"2"与"4"端断开，并将"1"与"4"端相连使交流输入电压增加 20%，测出"13"与"15"端电压 U_{O2}，再将"1"与"4"端断开，将"3"与"4"端相连使交流输入电压降低 20%，测出"13"与"15"端电压 U_{O3}，即可计算出：

$$输入电压调整率 = \frac{V_{O1} - V_{O2}(V_{O3})}{V_{O1}} \times 100\%$$

（10）负载调整率（抗负载波功能力）测试。

断开"3"与"4"端连线，将"2"与"4"端相连，将"14"与"15"端相连使负载增大一倍，测出"13"电压 V_{O4}，即可计算出负载调整率 $= \frac{V_{O1} - V_{O4}}{V_{O1}} \times 100\%$（注意：测试负载调整率的时间不要过长，超过 30 min 则会烧毁 FR307）。

六、实验报告

（1）测出芯片的开启电压值与峰值限流电压值，计算出限流保护动作电流值。

（2）测出实测的两种振荡频率值，画出对应的锯齿波，并注明峰值与谷点电压。

（3）画出 MOS 管的栅极驱动波形。

（4）写出软起动的延时时间值。

（5）列出所测的"22""25"与"26"端电压值。

（6）画出有与没有 PFC 电路时的交流输入电压与电流波形。

（7）计算出 PFC 电路的位移因数值。

（8）画出不同振荡频率、不同储能电感时的交流输入电流波形。

（9）根据实际测量值计算出电压调整率与负载调整率。

（10）实验的收获、体会与改进意见。

七、思考题

（1）试简述谐波和功率因数低时对电网的不利影响以及消除谐波和提高功率因数的方法和思路。

（2）根据你所观察到的输入电流高频纹波波形，试分析该电路的控制方式是采用峰值电流控制法、电流滞环控制法还是平均电流控制法。

（3）试简述 Boost 功率因数校正电路的主要优缺点。

附 录

电力电子技术中英文词汇对照表

A

安全工作区   Safe Operating Area—SOA

B

半桥电路   Half Bridge Converter

贝克钳位电路   Baker Clamping Circuit

变频器   Frequency Inverter

变压变频   Variable Voltage Variable Frequency—VVVF

并联谐振式逆变电路   Parallel-Resonant Inverter Circuit

不间断电源   Uninterruptable Power Supply—UPS

C

场控晶闸管   Field Controlled Thyristor—FCT

触发   Trigger

触发角   Trigger Angle

触发延迟角   Trigger Delay Angel

磁心复位   Magnetic Core Reset

D

单端电路   Single End Converter

单相半波可控整流电路   Single-phase Half-Wave Controlled Rectifier

单相半桥逆变电路   Single-Phase Half-Bridge Inverter

单相桥式全控整流电路   Single-Phase Full-Bridge Controlled Rectifier

单相全波可控整流电路   Single-Phase Full-Wave Controlled Rectifier

单相全桥逆变电路   Single-Phase Full-Bridge Inverter

导通角   Conduction Angle

电力半导体器件   Power Semiconductor Device

电力变换	Power Conversion
电力场效应晶体管	Power MOSFET
电力二极管	Power Diode
电力电子技术	Power Electronic Technology
电力电子器件	Power Electronic Device
电力电子系统	Power Electronic System
电力电子学	Power Electronics
电力晶体管	Giant Transistor—GTR
（电流）断续模式	Discontinuous Conduction Mode—DCM
电流可逆斩波电路	Current Reversible Chopper
（电流）连续模式	Continuous Conduction Mode—CCM
电气隔离	Electrical Isolation
电网换流	Line Commutation
电压（源）型逆变电路	Voltage Source Inverter—VSI
电流（源）型逆变电路	Current Source Inverter—CSI
断态（阻断状态）	Off-State
多重化	Multiplex
多重逆变电路	Multiplex Inverter
多电平逆变电路	Multi-Level Inverter

E

二次击穿	Second Breakdown

F

反激电路	Flyback Converter
负载换流	Load Commutation

G

高压集成电路	High Voltage IC—HVIC
功率变换技术	Power Conversion Technique
功率集成电路	Power Integrated Circuit—PIC
功率模块	Power Module
功率因数	Power Factor—PF
功率因数校正	Power Factor Correction—PFC
关断	Turn-off
光控晶闸管	Light Triggered Thyristor—LTT
规则采样法	Rule Sampling Method

H

恒压恒频	Constant Voltage Constant Frequency—CVCF
缓冲电路	Snubber Circuit
环流	Loop Current
换流	Commutation

J

畸变功率	Distortion Power
基波因数	Fundamental Factor
集成门极换流晶闸管	Integrated Gate-Commutated Thyristor—IGCT
间接电流控制	Indirect Current control
间接直流变换电路	Indirect DC-DC Converter
降压斩波器	Buck Chopper, Step Down Chopper
交流电力电子开关	AC Power Electronic Switch
交流电力控制	AC Power Control
交流调功电路	AC Power Controller
交流调压电路	AC Voltage Controller
交交变频电路	AC/AC Frequency Converter
静电感应晶闸管	Static Induction Thyristor—SITH
静电感应晶体管	Static Induction Transistor—SIT
静止无功补偿器	Static Var Compensator—SVC
晶闸管	Thyristor
晶闸管控制电抗器	Thyristor Controlled Reaction—TCR
晶闸管投切电容器	Thyristor Switched Capacitor—TSC
矩阵式变频电路	Matrix Frequency Converter
绝缘栅双极晶体管	Insulated-Gate Bipolar Transistor—IGBT

K

开通	Turn-on
开关电源	Switching Mode Power Supply
开关损耗	Switching Loss
开关噪声	Switching Noise
可控硅	Silicon Controlled Rectifier—SCR
控制电路	Control Circuit
快恢复二极管	Fast Recovery Diode—FRD
快恢复外延二极管	Fast Recovery Epitaxial Diode—FRED
快速晶闸管	Fast Switching Thyristor—FST
快速熔断器	Fast Acting Fuse

L

零电流	Zero Current
零电压	Zero Voltage
零电压转换 PWM 电路	Zero Voltage Transition PWM Converter
零电压准谐振电路	ZVS Quasi-Resonant Converter
零开关	Zero Switching
零转换	Zero Transition
漏感	Leakage Inductance

M

脉冲宽度调制	Pulse-Width Modulation—PWM
门极可关断晶闸管	Gate Turn-Off Thyristor—GTO

N

逆变	Inversion
逆导晶闸管	Reverse Conducting Thyristor—RCT

Q

器件换流	Device Commutation
强迫换流	Forced Commutation
桥式可逆斩波电路	Bridge Reversible Chopper
擎住效应	Latching Effect
驱动电路	Driving Circuit
全波整流电路	Full Wave Rectifier
全桥电路	Full Bridge Converter
全桥整流电路	Full Bridge Rectifier

R

软开关	Soft Switching

S

三相半波可控整流电路	Three-Phase Half-Wave Controlled Rectifier
三相桥式可控整流电路	Three-Phase Full-Bridge Controlled Rectifier
升降压斩波电路	Boost-Buck Chopper，Step Up & Down Chopper
升压斩波电路	Boost Chopper，Step Up Chopper
双端电路	Double End Converter
双极结型晶体管	Bipolar Junction Transistor—BJT

双向晶闸管　　　　　　　　Triode AC Switch—TRIAC

T

特定谐波消去 PWM　　　　Selected Harmonic Elimination PWM—SHEPWM
同步调制　　　　　　　　　Synchronous Modulation
同步整流电路　　　　　　　Synchronous Rectifier
通态（导通状态）　　　　　On-State
推挽电路　　　　　　　　　Push-Pull Converter

W

位移因数　　　　　　　　　Displacement Factor
无源逆变　　　　　　　　　Reactive Invert

X

吸收电路　　　　　　　　　Absorption Circuit
相控　　　　　　　　　　　Phase Controlled
肖特基二极管　　　　　　　Schottky Diode
肖持基势垒二极管　　　　　Schottky Barrier Diode—SBD
谐波　　　　　　　　　　　Harmonics
谐波电流总畸变率　　　　　Total Harmonic Distortion for i—THDi
谐振　　　　　　　　　　　Resonation
谐振直流环电路　　　　　　Resonant DC Link

Y

异步调制　　　　　　　　　Asynchronous Modulation
移相全桥电路　　　　　　　Phase Shift Controlled Full Bridge Converter
硬开关　　　　　　　　　　Hard Switching
有源逆变　　　　　　　　　Active Inverter

Z

正激电路　　　　　　　　　Forward Converter
正弦 PWM　　　　　　　　　Sinusoidal PWM—SPWM
整流　　　　　　　　　　　Rectification
整流电路　　　　　　　　　Rectifier
整流二极管　　　　　　　　Rectifier Diode
滞环比较方式　　　　　　　Hysteresis Comparison
直交直电路　　　　　　　　DC-AC-DC Converter
直接电流控制　　　　　　　Direct Current Control

直流-直流变换器	DC/DC Converter
直流斩波	DC Chopper
直流斩波电路	DC Chopper Circuit
智能功率集成电路	Smart Power IC—SPIC
智能功率模块	Intelligent Power Module—IPM
中性点钳位型逆变电路	Neutral Point Clamped Inverter
周波变流器	Cycloconvertor
主电路	Main Circuit，Power Circuit
准谐振	Quasi-Resonant
自然采样法	Natural Sampling Method

其他

Boost 变换器	Boost Converter
Buck 变换器	Buck Converter
Cúk 斩波电路	Cúk Chopper
MOS 控制晶闸管	MOS Controlled Thyristor—MCT
n 次谐波电流含有率	Harmonic Ratio for In—HRIn
PWM 跟踪控制	PWM Tracking control
PWM 整流电路	PWM Rectifier
Sepic 斩波电路	Sepic Chopper
Zeta 斩波电路	Zeta Chopper

英文中文词汇对照

A

Absorption Circuit	吸收电路
Active Inverter	有源逆变
AC Power Control	交流电力控制
AC Power Controller	交流调功电路
AC Power Electronic Switch	交流电力电子开关
AC Voltage Controller	交流调压电路
AC/AC Frequency Converter	交交变频电路
Asynchronous Modulation	异步调制

B

Baker Clamping Circuit	贝克钳位电路
Bipolar Junction Transistor—BJT	双极结型晶体管

Boost Chopper, Step Up Chopper	升压斩波电路
Boost Converter	Boost 变换器
Boost-Buck Chopper, Step Up & Down Chopper	升降压斩波电路
Bridge Reversible Chopper	桥式可逆斩波电路
Buck Chopper, Step Down Chopper	降压斩波器
Buck Converter	Buck 变换器

C

Commutation	换流
Conduction Angle	导通角
Constant Voltage Constant Frequency—CVCF	恒压恒频
Continuous Conduction Mode—CCM	（电流）连续模式
Control Circuit	控制电路
Cúk Chopper	Cúk 斩波电路
Current Reversible Chopper	电流可逆斩波电路
Current Source Inverter—CSI	电流（源）型逆变电路
Cycloconvertor	周波变流器

D

DC Chopping	直流斩波
DC Chopping Circuit	直流斩波电路
DC/DC Converter	直流-直流变换器
DC-AC-DC Converter	直交直电路
Device Commutation	器件换流
Direct Current Control	直接电流控制
Discontinuous Conduction Mode—DCM	（电流）断续模式
Displacement Factor	位移因数
Distortion Power	畸变功率
Double End Converter	双端电路
Driving Circuit	驱动电路

E

Electrical Isolation	电气隔离

F

Fast Acting Fuse	快速熔断器
Fast Recovery Diode—FRD	快恢复二极管
Fast Recovery Epitaxial Diode—FRED	快恢复外延二极管

Fast Switching Thyristor—FST	快速晶闸管
Field Controlled Thyristor—FCT	场控晶闸管
Flyback Converter	反激电路
Forced Commutation	强迫换流
Forward Converter	正激电路
Frequency Inverter	变频器
Full Bridge Converter	全桥电路
Full Bridge Rectifier	全桥整流电路
Full Wave Rectifier	全波整流电路
Fundamental Factor	基波因数

G

Gate Turn-Off Thyristor—GTO	门极可关断晶闸管
Giant Transistor—GTR	电力晶体管

H

Half Bridge Converter	半桥电路
Hard Switching	硬开关
Harmonic Ratio for In—HRIn	n 次谐波电流含有率
Harmonics	谐波
High Voltage IC—HVIC	高压集成电路
Hysteresis Comparison	滞环比较方式

I

Indirect Current control	间接电流控制
Indirect DC-DC Converter	间接直流变换电路
Insulated-Gate Bipolar Transistor—IGBT	绝缘栅双极晶体管
Integrated Gate-Commutated Thyristor—IGCT	集成门极换流晶闸管
Intelligent Power Module—IPM	智能功率模块
Inversion	逆变

L

Latching Effect	擎住效应
Leakage Inductance	漏感
Light Triggered Thyristor—LTT	光控晶闸管
Line Commutation	电网换流
Load Commutation	负载换流
Loop Current	环流

M

Magnetic Core Reset	磁心复位
Main Circuit, Power Circuit	主电路
Matrix Frequency Converter	矩阵式变频电路
MOS Controlled Thyristor—MCT	MOS 控制晶闸管
Multi-Level Inverter	多电平逆变电路
Multiplex	多重化
Multiplex Inverter	多重逆变电路

N

Natural Sampling Method	自然采样法
Neutral Point Clamped Inverter	中性点钳位型逆变电路

O

Off-State	断态（阻断状态）
On-State	通态（导通状态）

P

Parallel-Resonant Inverter	并联谐振式逆变电路
Phase Controlled	相控
Phase Shift Controlled Full Bridge Converter	移相全桥电路
Power Conversion	电力变换
Power Conversion Technique	交流技术
Power Diode	电力二极管
Power Electronic Device	电力电子器件
Power Electronic System	电力电子系统
Power Electronic Technology	电力电子技术
Power Electronics	电力电子学
Power Factor—PF	功率因数
Power Factor Correction—PFC	功率因数校正
Power Integrated Circuit—PIC	功率集成电路
Power Module	功率模块
Power MOSFET	电力场效应晶体管
Power Semiconductor Device	电力半导体器件
Pulse-Width Modulation—PWM	脉冲宽度调制
Push-Pull Converter	推挽电路
PWM Rectifier	PWM 整流电路
PWM Tracking Control	PWM 跟踪控制

参考文献

[1] WU BIN，NARIMANI MEHDI. 大功率变频器及交流传动. 2 版. 卫三民，等，译. 北京：机械工业出版社，2018.

[2] 陈坚，康勇. 电力电子学——电力电子变换和控制技术. 3 版. 北京：高等教育出版社，2011.

[3] 王兆安，刘进军，电力电子技术. 5 版. 北京：机械工业出版社，2009.

[4] RASHID M H. Power Electronics Handbook. Academic Press，2001.

[5] KRAUSE P C，WASYNCZUK O，et al. Analysis of Electric Machinery and Drive Systems. 2nd edition. IEEE Press，Wiley-Inter science，2002.

[6] MOHAN N，UNDELAND T M，et al. Power Electronics-Converters，Applications and Design. 3rd edition. John Wiley & Sons，2003.

[7] HAVA A M，KERKMAN R J，et al. Carrier-based PWM-VSI Over modulation Strategies：Analysis，Comparison and Design. IEEE Trans on Power Electronics，1998，13（4）：674-689.

[8] HOLMES D G，LIPO T A. Pulse Width Modulation for Power Converters—Principle and Practice. IEEE Press，Wiley-Inter science，2003.